T0132960

GÉOGRAPHIES DU MONDE
sous la direction de Frank Lestringant
18

La Non Trubada

Arlette Girault-Fruet

La Non Trubada

La question des îles errantes dans les navigations d'autrefois

PARIS
CLASSIQUES GARNIER
2014

Professeur de lettres, souvent en poste dans des îles d'outre-mer, Arlette Girault-Fruet travaille actuellement sur les relations de voyages anciens. Elle a obtenu le prix du récit dans l'océan Indien en 2002, le prix du récit décerné par l'association des Écrivains méditerranéens en 2006, et publié sa thèse de doctorat, *Les Voyageurs d'îles sur la route des Indes aux* XVII*e* *et* XVIII*e* *siècles* (Paris, 2010).

ISBN 978-2-8124-3035-0 (livre broché)
ISBN 978-2-8124-3036-7 (livre relié)
ISSN 1279-8428

À Lou Fruet.

INTRODUCTION

Au commencement étaient les îles.

C'est du moins l'impression qui finit par dominer le lecteur des récits de voyage qui furent édités au XVIe et au XVIIe siècles, et qui rendaient compte de difficiles périples effectués par mer. La représentation du monde se trouve, à cette époque, largement soumise à un imaginaire géographique qui apparaît comme l'aboutissement de longues fermentations : ce qui est du ressort de l'héritage culturel, ce qui est progressivement apporté par l'expérience des navigateurs, les croyances séculaires des marins – elles n'évoluent que très lentement au contact des réalités nouvelles – sont autant de données que l'on ne peut guère dissocier. Les îles errantes constituent dans ce contexte une perspective idéale pour que se réalise une complète osmose entre un réel que l'on commence à com-prendre, mais de manière encore fragmentaire, et un imaginaire dont la vocation semble être justement de combler les lacunes qui demeurent dans les connaissances en voie d'organisation. L'imaginaire propose en effet les éléments d'une réponse, plus séduisante que rationnelle, aux innombrables incertitudes qui perdurent et agitent l'opinion.

D'un point de vue scientifique et géographique, l'île errante, comme territoire à la dérive, n'existe pas. D'un point de vue humain, c'est sans doute la plus authentique de toutes les îles. Rencontrée par hasard, toujours reperdue, jamais fixée sur les cartes et les planisphères, elle conserve intacte, pendant le XVIe et le XVIIe siècles, son aura de terre lointaine, d'accès aléatoire, et nourrit un discours, des projets d'expédition et des rêves qui ne cessent de la réinventer. Ce faisant, elle acquiert une présence qui la rend souvent plus fascinante qu'aucune île réelle ne pourrait jamais l'être aux yeux des navigateurs. Toutes les cultures, orientales ou occidentales, l'ont mise en scène à un moment de leur histoire. Elle apparaît pendant les longues périodes de transition au cours desquelles la connaissance encore embryonnaire du monde ne permet pas d'en dessiner les contours exacts. Elle croise alors dans les marges inexplorées des océans, toujours un peu au large des terres déjà reconnues. On ne la trouve pas lorsqu'on la cherche, peut-être parce que le découvreur tente à ce moment-là d'atteindre l'idée d'une île, une intime conviction, à laquelle le réel refuse presque toujours d'apporter une confirmation. Sur le long cours, l'île fugitive incarne souvent, pour les hommes qui la rêvent, le but ultime, la quintessence de la quête. Envisagée comme espace conservatoire d'un âge d'Or perdu, voire comme la source originelle de l'or, elle représente le pays où l'on n'arrive jamais, une terre encore à venir.

TEXTES DU CORPUS

L'étude s'appuie sur des récits de voyage et des Routiers de navigation.

Les récits de voyage peuvent être des journaux de bord, des relations personnelles écrites par le voyageur lui-même, ou des relations « à deux voix », un homme de plume ayant rédigé et organisé les souvenirs du voyageur à son retour. Le thème de l'île errante est abordé différemment selon les textes. Il peut l'être brièvement, chaque narrateur rapportant surtout les rumeurs, les hypothèses, les superstitions, les attentes et les craintes dont l'île est l'objet. À l'inverse, la poursuite d'une île peut également devenir le but affiché du voyage, et l'île inaccesssible devient alors le protagoniste dans un récit auquel elle confère une atmosphère un peu oppressante : l'errance de l'île finit en effet par se confondre avec celle, toute personnelle et déstabilisante, du découvreur qui s'entête à la reconnaître.

D'autre part, *les Routiers* donnent un état détaillé et précieux des repères de navigation dont disposent pilotes et capitaines, et des connaissances souvent empiriques sur lesquelles s'appuient les équipages. D'une manière générale, l'île dont le gisement n'est pas fixe est celle qui focalise le plus l'attention, car l'impossibilité de la positionner de manière satisfaisante oblige à tenir compte des localisations diverses qui lui ont été attribuées. D'autre part, si la connaissance des routes maritimes s'améliore, la difficulté de calculer les longitudes jusqu'à l'invention du chronomètre de marine laisse toutes ses chances à l'île errante. Le *Neptune Oriental* de D'Après de Mannevillette apporte la preuve que, même à une époque tardive (1775) et même pour un excellent navigateur, le gisement fluctuant des îles fait aussi fluctuer la représentation globale de zones déjà explorées et parfois bien connues.

Dans tous les cas, les textes du corpus sont des textes publiés. Lorsqu'ils n'ont fait l'objet d'aucune réédition récente, nous avons travaillé sur les récits numérisés, acquis auprès de la BNF. Les citations, nombreuses puisque la démonstration prend continuellement appui sur les textes, reprennent alors la ponctuation, l'orthographe, l'accentuation adoptées dans les éditions d'époque, aussi surprenantes qu'elles puissent apparaître à un lecteur moderne. Des éditions récentes de journaux de bord anciens, comme celui du capitaine Dubocage, ont respecté scrupuleusement la graphie fantaisiste du manuscrit original et nous avons suivi fidèlement la leçon que les éditeurs avaient si visiblement eue à cœur de sauvegarder.

Quatre-vingt-quatre récits ont servi de base à l'étude des îles errantes dans les navigations d'autrefois. Ils ont été cités dans leur traduction française lorsqu'il s'agissait de textes portugais, espagnols, hollandais, ou anglais.

DÉLIMITATION HISTORIQUE

Si le XVIe et le XVIIe siècle demeurent notre terrain d'enquête privilégié, il était presque impossible d'ignorer la longue tradition culturelle qui confirme l'existence des îles errantes avant cette époque. Elles étaient déjà signalées par les Anciens, et les voyageurs cultivés avaient lu l'*Histoire* d'Hérodote ou l'*Histoire naturelle* de Pline. Certains récits de voyage comme *Le Devisement du monde* de Marco Polo en 1298 ou le *Voyage autour de la Terre* de Jean de Mandeville en 1356 ont eu un retentissement immense en Europe, et Christophe Colomb décide parfois de la route à suivre alors qu'il navigue dans les parages de Cuba en se rappelant le *Cipangu* de Marco Polo ou les cinq mille îles de Mandeville. Nous avons donc fréquemment cité des auteurs antérieurs à notre époque de référence, parce qu'il ne semble pas que l'on puisse ignorer leur influence sur les représentations qui se sont imposées à la Renaissance.

De même, nous avons fait régulièrement appel dans notre corpus aux récits des voyageurs et des découvreurs des deux premiers tiers du XVIIIe siècle, période pendant laquelle la navigation dite « à l'estime » laisse encore toute liberté aux îles de surgir là où personne ne les attendait. La mise en service des chronomètres de marine, dont Cook utilise un prototype lors de son deuxième voyage en 1772-1775, va permettre de passer à une navigation plus rigoureuse, déjà scientifique, qui anéantit le mythe de l'île errante, désormais immobilisée par le calcul de plus en plus précis de sa latitude et de sa longitude.

Exceptionnellement, nous avons fait référence à des textes ou à des données contemporaines – le mythe d'une île qui se déplace à la surface des mers reste trop séduisant pour pouvoir disparaître totalement – et des investigations récentes ont parfois réactualisé, pour les chercheurs et les archéologues qui les conduisaient, l'étrangeté des situations anciennes.

DÉLIMITATION GÉOGRAPHIQUE

L'île errante n'a pas un espace d'émergence déterminé : elle est susceptible d'apparaître et de dériver dans toutes les mers du globe. L'Atlantique est semée depuis l'Antiquité d'îles hypothétiques, pour lesquelles il reste, en l'état actuel des connaissances, impossible de déterminer sur quelles bases réelles aurait éventuellement proliféré la légende. San Porandon, que l'on croyait apercevoir à l'ouest des Canaries, ou l'île des Sept Cités, ne semblent pas avoir jamais trouvé d'ancrage, même temporaire. Mais Antilla, île-fantôme au large de l'Espagne, ou l'île Brazil, ont peut-être trouvé le leur, après les découvertes de Colomb et de Cabral ?

Cependant, notre étude a accordé une large place à l'océan Indien, parce que l'Inde comme l'Insulinde comportent un si grand nombre d'archipels que les îles ont pu y extravaguer longtemps en toute quiétude. Par exemple, des escadres ont régulièrement remonté le Canal du Mozambique pendant deux siècles, sans avoir pu en fixer les terres émergées avec certitude, sans avoir réussi à bâtir une carte fiable : archipels crédités d'îles en surnombre, hauts-fonds déconcertants, paraissaient recomposer continuellement un décor mobile qui ne se ressemblait jamais, où les repères acquis n'étaient jamais définitifs. Les mers de la Sonde, les mers Australes si longtemps méconnues, ont à leur tour nourri le mythe, en multipliant les îles découvertes, nommées, reperdues, confondues avec des îles voisines, et que l'on ne parvenait plus à localiser. Les cartes les mentionnent alors sur des positions variables, et les îles errent finalement dans les océans comme les suppositions dont elles sont l'objet et comme les rêves débridés qu'elles autorisent.

Aussi peut-on dire qu'avant la géographie scientifique que nous connaissons, réalité physique et humaine définie, existait une géographie subjective, empirique et instable, qui parlait des voyageurs à voix basse, en même temps qu'elle s'efforçait de décrire la terre à voix haute. De plus, les incertitudes des cartes ne sont pas source d'inquiétude uniquement. Elles sont en fait acceptées voire exploitées, elles font partie de la vision du monde, un monde en devenir, en pleine métamorphose, où les îles comme les hommes cherchent un ancrage : géographie et poésie se confondent donc souvent.

PERSPECTIVES DE RECHERCHE

Le projet d'étude consiste à mettre en lumière tout un faisceau de données d'ordre différent qui expliquent et justifient l'errance des îles pendant deux siècles. Au-delà des superstitions et des légendes – bien présentes – c'est surtout la relation que l'homme entretient avec le monde qui est en question. Les mers restent, sur la période qui nous concerne, un immense espace d'émergence toujours possible, que les connaissances scientifiques balbutiantes rendent totalement incontrôlable, et qui réserve donc de continuelles surprises.

« Les représentations mentales » sont étudiées dans la première partie. Les îles errantes, déjà légitimées par les textes anciens, occupent une aire élargie dans un monde finalement bien plus vaste que prévu, dont les frontières mal dessinées autorisent toutes les confusions. Au retour de Vasco de Gama à Lisbonne, en 1499, le marchand florentin

Girolamo Sernigi[1], qui commente l'événement, écrit que les Maldives sont les mêmes îles que celles récemment atteintes par Christophe Colomb. D'autre part, les corrections successives effectuées chaque fois que des découvertes nouvelles permettent de clarifier la confusion initiale placent les hommes de la Renaissance devant un monde en pleine mutation, dont la représentation géographique évolue plus vite que leurs habitudes de pensée. Comme les territoires insulaires constituent déjà en eux-mêmes des zones géologiquement instables, que les toponymes variés attribués à une même île ne permettent pas de savoir de quelle terre on parle exactement, l'île se rencontre finalement presque toujours « par hasard », là où on ne l'attendait pas, et de surcroît elle ne se laisse pas forcément aborder. La perception qui se construit d'une île peut donc être fortement entachée d'irrationnel.

« Les causes scientifiques et politiques » mises en lumière dans la deuxième partie s'avèrent encore plus déterminantes. Les savoirs en matière de navigation restent très élémentaires. L'incapacité à calculer la longitude introduit une inconnue grave, continuelle, dans tous les relevés de position. Les cartes par voie de conséquence comportent des indications erronées, et si l'on parvient à préciser peu à peu des points stratégiques sur la côte des continents, le gisement exact d'une île reste toujours incertain. Aussi, prenant exemple sur les navigateurs portugais, les marins se fient-ils volontiers à des repères plus empiriques que scientifiques, l'observation attentive de données fragiles permettant, par recoupement, d'anticiper une terre que les cartes n'indiquent pas. De nombreuses erreurs involontaires laissent ainsi aux îles la liberté de vagabonder à leur guise.

Parallèlement, cette inévitable marge d'erreur est récupérée par les puissances politiques de l'époque, qui y ont vu une occasion d'accroître leur zone d'influence. Elle est également exploitée par les cartographes, qui appliquent le principe de précaution et font figurer toutes les îles supposées, même celles dont l'existence est plus que douteuse. Ils indiquent d'autre part les îles plus au large des côtes qu'elles ne le sont en réalité, afin que les navigateurs se tiennent sur leurs gardes, et ne

1 *La première lettre de Girolamo Sernigi*, in Vasco de Gama, Voyages de Vasco de Gama, Relations des expéditions de 1497-1499 et 1502-1503, Récits et Témoignages traduits et annotés par Paul Tessier et Paul Valentin, Préface de Jean Aubin, Paris, Chandeigne, coll. Magellane, 1995, 399 p, p. 176. – Les Indes viennent d'être atteintes par l'ouest, c'est l'opinion de Colomb. Et c'est l'opinion commune. L'affirmation est donc moins incohérente qu'elle le paraît au premier abord.

soient pas pris de court pour effectuer les manœuvres d'évitement. La marge d'erreur est également exploitée par les marins et les équipages, qui peuvent toujours prétexter une estime fautive pour ne pas rejoindre, dans l'île qui sert souvent de point de rendez-vous, une escadre de la tutelle de laquelle ils souhaitent s'affranchir un moment. Les erreurs volontaires aggravent par conséquent l'errance des îles, et le monde conserve longtemps des frontières vagues, abritant de mystérieuses zones franches, dont les hommes s'accommodent assez bien et qu'ils savent, si besoin est, retourner à leur profit.

« Les mobiles humains », qui demeurent une cause profonde de l'instabilité insulaire, font l'objet de la troisième partie. Car l'île erre d'autant plus que le voyageur la contraint à épouser sa propre quête. Île-refuge, elle peut être investie d'une véritable mission. En maintenant intact un état antérieur de la société bouleversée, l'île des Sept Cités attendait, au large en Atlantique, que Grenade fût rendue aux Rois Catholiques et que la péninsule ibérique fût délivrée des Maures. Elle autorisait la survie du monde d'origine en voie d'extinction. De même l'île des Femmes accueille, sur tous les océans du monde, les marins en escale. Concession territoriale et morale, île imaginaire que les navigateurs ont abordée quelquefois, refuge transitoire où le voyageur ne séjourne que de manière temporaire, l'île des Femmes s'est libérée des lois religieuses et sociales en vigueur en Occident. De telles îles ont pour vocation de réenchanter le monde.

La quête de richesses, sans doute l'un des premiers motifs d'embarquement, contraint également les îles à errer. Pour les hommes du XVIe et du XVIIe siècles, héritiers directs de la physique médiévale, l'abondance des mines est liée à l'ensoleillement et l'île tropicale a donc toutes les chances de receler des métaux précieux. De nombreux découvreurs ont beaucoup vagué à la recherche de ces îles fabuleuses. À titre d'exemple, Christophe Colomb a cherché désespérément Babeque et Cipangu, où il atteindrait, pensait-il, la source de l'or. Les Portugais ont monté des expéditions vers les îles de l'Or supposées se trouver à l'ouest de Sumatra. Diverses nations européennes ont parié sur l'or malgache, qui n'existait qu'en petite quantité, et sur l'argent malgache, qui n'existait pas du tout. Dans tous les cas, les navigateurs tentent de reconnaître une île autre, celle qu'ils ont découverte ne lui correspond pas tout à fait – une île qui dérive un peu plus au large, un double fantasmé de l'île réelle.

L'étude ci-après s'efforce donc de capturer la vérité d'un mirage. Soit une petite terre repérée et reperdue que les savoirs nautiques de l'époque ne permettent pas de fixer. Soit une île volontairement déplacée pour répondre à des exigences particulières, qui peuvent même s'avérer généreuses quelquefois ! Soit une île qui extravague dans la tête du voyageur, et celle-là n'aura jamais de lieu. C'est l'île que tout le monde cherche, mais que personne n'a trouvée. C'est la Non Trubada : plus elle s'absente, plus elle existe.

PREMIÈRE PARTIE

REPRÉSENTATIONS MENTALES

Quelles que soient les régions du monde – Chine, Inde, pays d'Europe – les légendes les plus anciennes font toutes état d'îles errantes. Elles dérivent sur les eaux noires, au large, dans des zones maritimes inconnues, toujours sombres, et les vaisseaux que l'on y envoie ne reviennent jamais. La représentation que l'on se faisait de la Terre en Occident est longtemps restée incomplète et fluctuante, et la découverte du quatrième continent à la fin du XVe siècle est venue ébranler le peu de certitudes que l'on croyait posséder. Volonté de maintenir les schémas mentaux et les repères culturels hérités du passé, ou donnée même de l'esprit humain, les découvreurs du XVIe et du XVIIe siècles croient volontiers, au premier moment, reconnaître *une île et rien d'autre* dans la terre nouvelle qu'ils abordent.

Les îles errantes, déjà légitimées par les auteurs anciens, trouvent presque naturellement leur place dans un monde que l'on cherche à envisager : elles permettent, en premier lieu, d'apporter une réponse aux graves incertitudes de la navigation. En accord avec leur milieu d'émergence, *des îles comme des lentilles d'eau* se déplacent à la surface des mers. La difficulté à retrouver une terre déjà repérée, l'absence de fond à proximité, donc l'impossibilité d'ancrer dans ses parages, apparaissent comme autant d'indices, et ont parfois conduit à créditer une île d'arrière-pensées mauvaises.

De surcroît, les *territoires insulaires en perpétuelle mutation* viennent corroborer l'impression générale d'instabilité. Des îles connues se trouvent modifiées. Le dessin d'une côte varie. Les îles basses sont peu à peu submergées. Un tremblement de terre, un effondrement sous-marin, les engloutissent. La force des courants détache aussi des terres, comme en allées à la dérive. Par ailleurs, en signalant continuellement des îles dont il n'est pas en mesure d'indiquer le gisement exact, faute d'en connaître la longitude, le découvreur accroît la confusion, déjà grande dans les représentations. Quelquefois, les Anciens ont fait mention d'une île, à laquelle les voyageurs du XVIe et du XVIIe siècles ont cherché avec application l'ancrage qui correspondait le mieux à ce qu'ils en avaient lu, et leurs hésitations expliquent par exemple *le grand voyage de la Taprobane*, des rivages de l'Inde aux îles de la Sonde.

Par ailleurs, d'autres motifs justifient l'errance des îles. Et d'abord le fait que personne, même actuellement[1], ne puisse évaluer leur nombre avec précision : l'incapacité de compter les îles de l'Inde ou de l'Insulinde autorise leur prolifération et leur vagabondage. Les voyageurs s'adonnent tous par conséquent à *la rhétorique du nombre.* Le comptage s'effectue en milliers d'îles le plus souvent. Comme les chiffres avancés sont infiniment variables, l'impression dominante reste celle d'une grande inconstance des territoires insulaires dans tout l'Océan Indien et dans toutes les mers du Sud.

D'autre part, *les toponymes changeants* attribués à une même île accroissent les risques de méprise. L'île est continuellement re-nommée par ses découvreurs successifs, procédé qui a régulièrement conduit à créditer les archipels d'îles supplémentaires, dont les navigateurs suivants se demandent si elles sont momentanément absentes – si elles extra-vaguent – ou si elles n'ont jamais existé. Une marge reste donc toujours libre, dans laquelle naviguent pendant deux siècles les îles incertaines.

Enfin, pour nombre d'aventuriers, la seule île qui vaille reste la Non Trubada, une île autre, plus loin, la « belle île » attendue dans tous les récits. Une île abordée se réduit vite à son cercle de terre émergée, comme une marguerite effeuillée. L'île encore à découvrir est finalement la seule qui demeure attirante. Moins on la trouve et plus elle s'impose. Sous divers prétextes, et d'abord celui de résoudre la question de son existence, la quête est sans cesse relancée pour essayer de la localiser de manière irréversible.

Enfin, l'incapacité des navigateurs à retrouver l'île là où elle avait été aperçue la première fois, et où ils reviennent la chercher, a renforcé la conviction déjà grande que certaines îles pouvaient se déplacer, et alimenté le penchant marqué des gens de mer pour les légendes. Lorsque les analyses rationnelles semblent démenties par les faits, que les équipages s'interrogent sans trouver de réponses satisfaisantes à des situations déroutantes, les interprétations d'ordre occulte prennent le relais et comblent les lacunes laissées par des connaissances nautiques encore embryonnaires. Dans le discours inquiet dont elle devient l'objet, l'île semble alors disposer d'une volonté, d'une autonomie personnelles qui

1 Le nombre d'îles aux Maldives continue de varier en fonction de la définition qui a été donnée de ce que l'on peut effectivement considérer ou non comme « une île ».

lui permettent de tenir les visiteurs indésirables à distance. C'est le cas de *l'île de hasard*, qui ne peut être abordée que par inadvertance ou par erreur. Et qui, après la première rencontre, refusera toute nouvelle visite.

Les voyageurs la décrivent alors comme *protégée par des sortilèges*. La tempête, souvent associée à une présence démoniaque qui provoquerait le gros temps pour mieux empêcher l'atterrage, est le premier indice d'une inaccessibilité probable, revendiquée. Certaines de ces îles ont acquis une sorte de renommée, comme l'île Pollouoys aux Maldives, ou Krakatau dans l'archipel de la Sonde, concentrant sur leur petit territoire des forces inconnues, incontrôlables, dangereuses, ces forces qui constituent l'arrière-plan toujours séduisant des récits. Comme représentation archaïque, l'île errante offre en fait un contexte idéal à la quête d'étrangeté qui anime la plupart des voyageurs. Ils n'oublient jamais de mentionner l'île entrevue au cours de leur navigation, si les marins à bord leur ont assuré qu'elle était le cadre de maléfices.

La perte de tous les repères qui peuvent normalement permettre de localiser une terre semble avoir atteint son comble dans *le Canal du Mozambique* : en aucun autre endroit de l'océan Indien les îles ne s'absentent avec une telle légèreté. Les éléments eux-mêmes paraissent capables de mutations inexplicables ; les îles s'y rencontrent toujours sur une autre position que celle indiquée par des cartes dont l'utilisation avait donné satisfaction jusqu'alors ; les bateaux incertains du lieu où ils se trouvent doivent progresser à la sonde souvent, et les relevés effectués, loin de rassurer, révèlent des fonds incohérents, des bancs que rien ne laissait prévoir un instant auparavant, et dont l'émergence subite accroît l'incompréhension et la peur. Le système des courants, violents et imprévisibles, la mer grosse alors que le temps est calme, achèvent de déstabiliser des équipages qui ont longtemps perçu le Canal comme une zone vouée aux sortilèges, parce qu'elle concentrait en les aggravant toutes les inconnues troublantes de leur navigation.

UNE REPRÉSENTATION FLOTTANTE DU MONDE

UNE ÎLE ET RIEN D'AUTRE

Longtemps, la représentation du monde est restée flottante, puisque de ce monde on ne savait pas faire le tour, et qu'on ne pouvait donc pas l'imaginer dans sa globalité. De manière assez significative, des populations très éloignées, qui n'avaient pas encore connaissance les unes des autres, l'envisageaient cependant de manière presque identique. Toutes les cosmogonies, par exemple, qu'elles soient orientales ou occidentales, faisaient intervenir des îles errantes. En Chine, la légende ouvrait dans le fond de la mer un gouffre immense nommé Guixu, non loin duquel erraient cinq îles montagneuses habitées par les Immortels. Quoique vastes, elles n'avaient aucun appui et flottaient au gré des vagues comme d'immenses radeaux. Les Immortels appréhendaient d'être entraînés par les courants vers l'Extrême-Occident, région sombre et glacée, sans soleil et sans lune, et de tomber dans le gouffre, ce qui advint effectivement pour deux des cinq îles. Après avoir unifié la Chine en 221 avant notre ère, le premier empereur Shi Huangdi envoya à la recherche des trois îles restantes des bateaux qui ne revinrent jamais. De même en Occident. Au chant X de l'*Odyssée*, l'île pouvait être également perçue comme mobile et inconnaissable : « Nous gagnons Eolie, où le fils d'Hippotès, cher aux dieux immortels, Eole, a sa demeure. C'est une île qui flotte : une côte de bronze, infrangible muraille, l'encercle toute entière[1]. » Jusqu'à la fin du Moyen-Âge, l'Atlantique passait pour engloutir les marins audacieux

1 Homère, *L'Odyssée*, « Poésie Homérique », texte traduit et établi par Victor Bérard, Paris, Société d'édition « Les belles lettres », coll. des Universités de France, 1968, (1re éd. 1924), 3 tomes, 206, 225 et 212 p., t. II, Chant X, v. 1-4, p. 54. Eolie est peut-être l'île Stromboli, dans l'archipel des Lipari.

qui dépassaient le cap Bojador : « Les courants y sont si forts que tout navire qui franchirait le cap ne pourrait jamais en revenir[1] », assurait-on. L'on ajoutait foi également aux dires de géographes arabes, comme Edrisi, qui faisaient état de statues avertissant qu'au-delà des Canaries, il était interdit de naviguer. Lorsque Gil Eanes de Lagos eut franchi le Cap Bojador en 1434, on repoussa plus loin, vers les espaces maritimes encore inconnus, la Mer des Ténèbres obscure et froide vers laquelle les bateaux craignaient de dériver, ses îles flottantes, ses brouillards traîtres dans lesquels les hommes s'évanouissaient. En Inde, la peur de « l'eau noire » au large rendait l'océan répulsif, ceux qui s'y aventuraient étaient tenus en marge de la société, n'appartenaient plus tout à fait au monde des humains[2]. Comme le note François Moureau, « les îles flottantes de l'Antiquité donnaient au tissu de la réalité cet aspect incertain des choses qui n'ont pas encore trouvé leur forme définitive. [...] L'île qui erre sur la mer est l'embryon du monde avant sa forme définitive, sexuée, socialisée[3]. » Et l'océan demeurait, pour tous, l'espace privilégié dans lequel des émergences improbables, mobiles, extrêmes, pouvaient se produire. Il alimentait toutes les peurs, mais restait également ouvert à tous les possibles.

D'autre part, la perception globale du monde se révèle incertaine – elle aussi flottante – susceptible de révisions considérables qui bouleversent les repères, les Grandes Découvertes ayant remis en question les croyances auxquelles le plus grand nombre adhérait. Même si les hypothèses et les polémiques n'ont jamais cessé[4], l'existence de trois continents semblait généralement admise. Les auteurs les plus lus et les plus admirés à la Renaissance et à l'Âge Classique avaient rendu familière une telle

1 Gomes Eanes de Zurara, *Chronique de Guinée (1453)*, traduction et notes de Léon Bourdon avec la participation de Robert Ricard, Théodore Monod, Raymond Mauny et Elias Serra Ràfols, préface de Jacques Paviot, Paris, Chandeigne, coll. Magellane avec le concours de la Fondation Gulbenkian, 2011, 589 p., p. 92.

2 Bouchon, Geneviève, *Inde découverte, Inde retrouvée, 1498-1630 : études d'histoire indo-portugaise*, Paris, Centre Culturel Calouste Gulbenkian, Lisbonne, Commisson nationale pour les commémorations des découvertes portugaises, 1999, imp. au Portugal, 402 p., p. 30.

3 François Moureau, « L'Ile d'Amour à l'Age Classique », in Jean-Claude Marimoutou et Jean-Michel Racault, co-dir, *L'insularité, Thématique et représentations*, (Actes du colloque international de Saint-Denis de La Réunion, avril 1992), Paris, L'Harmattan, 1995, 475 p., p. 69-77, p. 71.

4 W. G. L. Randles, *De la terre plate au globe terrestre : une mutation épistémologique rapide, 1480-1520*, Paris, Armand Colin, coll. Cahiers des Annales n° 38, 1980, 120 p.

assertion. La Lybie, l'Asie, l'Europe, constituaient les trois parties de la terre au livre IV de l'*Histoire* d'Hérodote[1], qui s'interrogeait de manière insistante sur la présence ou non de mers autour de chacune d'entre elles : « La Libye montre elle-même qu'elle est environnée de la mer [...][2] », écrivait-il, faisant état d'une circumnavigation de l'Afrique par les Phéniciens, qui, partis de la mer Érythrée, seraient revenus en Égypte par Gibraltar. « [...] On a reconnu que l'Asie, si l'on en excepte la partie orientale, ressemble en tout à la Lybie[3] », assure-t-il ensuite, s'appuyant sur la navigation menée le long des côtes de l'Inde par les hommes de Darius. « Quant à l'Europe, il ne paraît pas que personne jusqu'ici ait découvert si elle est environnée de la mer à l'est et au nord[4]. » Tout se passe comme si l'une des questions de fond était de savoir si chacune des trois zones connues pouvait ou non être assimilée à une très grande île, si l'on pouvait ou non en faire le tour pour revenir à son point de départ, la circonférence étant, de fait, le premier principe de réalité d'une île. La tradition médiévale représentait l'œcumène environné par les mers, et tous les continents devenaient par conséquent circumnavigables. Au livre II de son *Histoire Naturelle*, Pline l'Ancien soulignait l'immense surface occupée par l'Océan, ce qui le conduisait à nommer à son tour les trois continents connus jusqu'alors : « Entrant par tant de mers dans les terres, et découpant l'Afrique, l'Europe et l'Asie, combien d'espace n'occupe-t-il pas[5] ? »

Il faut donc, au XVIe siècle, redessiner le monde à partir de données nouvelles surprenantes, et, ce faisant, reconnaître la fragilité des représentations antérieures[6]. Dès 1501, Amerigo Vespucci qui navigue le long des côtes méridionales du Nouveau Monde admettait l'existence d'un continent inconnu : « Ce fut exactement le 7 août 1501 que nous arrivâmes sur les côtes de ces pays [...]. Là, nous nous aperçûmes que

1 Hérodote, *Histoire*, traduite du grec par P. H. Larcher, avec des notes de Bossard, et alii, Paris, Charpentier, libraire-éditeur, 1850, 2 vol., 466 et 416 p., t. 1, Livre IV Melpomène, XLII.

2 *Ibid.*

3 *Id.*, XLIV.

4 *Id.*, XLV.

5 Pline, *Histoire naturelle de Pline*, avec la traduction en français, par E. Littré..., Paris, Firmin-Didot et Cie, 1877, 2 vol., XVII-740, 707 p., Livre II, LXVIII.

6 Voir Michel Mollat du Jourdin, *Les explorateurs du XIIIe au XVIe siècle, premiers regards sur des mondes nouveaux*, Paris, CTHS, 2005, 258 p., « Les Anciens n'ont pas toujours raison », p. 124-131.

cette terre n'était pas une île mais un continent, car elle s'étendait sur de très longues plages qui n'en faisaient pas le tour [...][1]. » Le cosmographe André Thevet fait clairement le point en 1557 : « Parquoi le lecteur simple, n'ayant pas beaucoup versé en la cosmographie et connaissance des choses, notera que tout le monde inférieur est divisé par les anciens en trois parties inégales, à savoir Europe, Asie et Afrique ; desquelles ils ont écrit les uns à la vérité, les autres ce que bon leur a semblé, sans toutefois rien toucher des Indes Occidentales, qui font aujourd'hui la quatrième partie du monde, découvertes par les modernes[2]. » João dos Santos, qui a voyagé sur la côte orientale de l'Afrique en 1609, rappelle à son tour la récente expansion du monde connu : « Les géographes antiques décrivant toute la terre qui avait été découverte à leur époque [...] la divisèrent en trois parties qui sont l'Asie, l'Afrique et l'Europe. Les modernes ajoutèrent la quatrième partie, lorsqu'elle fut découverte en 1497[3]. » Mais modifier les schémas mentaux habituels, se détacher de certitudes que l'on pensait définitives demande du temps, et la volonté de réactiver des repères rassurants, alors même qu'ils sont devenus caducs, conduit à mettre en question ce continent que l'on n'attendait pas, et qui n'est peut-être après tout, lui aussi, qu'une très grande île dont les Anciens auraient déjà eu connaissance. De surcroît, la légende n'avait semé que des îles sur la Mer des Ténèbres : l'Atlantide, Ante-Ilhia, l'île des Sept Cités, l'île de Saint-Brandan, l'île Brazil... La découverte des Açores, celle des Canaries – les « îles Fortunées » des Anciens – en 1336, celle du Cap Vert en 1456, avaient également contribué à entretenir la foi en l'existence de ces terres lointaines auxquelles on aborderait un jour. Un doute a donc plané longtemps sur le statut exact du Nouveau Monde. Même s'il estime que c'est « fable », Thevet croit cependant utile de rappeler que « Platon aussi dit en son *Timée* que le temps passé avait en la mer Atlantique et Océan un grand pays de terre ; et que là était

1 Amerigo Vespucci, *Le nouveau monde, Les voyages d'Amerigo Vespucci*, traduction, introduction et notes de Jean-Paul Duviols, Paris, Chandeigne, coll. Magellane, 2005, 303 p., p. 135-136.

2 André Thevet, *Les Singularités de la France Antarctique (1557)*, sous le titre *Le Brésil d'André Thevet*, édition intégrale établie, présentée et annotée par Frank Lestringant, Paris, Chandeigne, coll. Magellane, 1997, 446 p., p. 77.

3 João dos Santos, *Ethiopia Orientale, L'Afrique et l'Océan Indien au XVIe siècle, La relation de João dos Santos*, introduction, traduction et notes de Florence Pabiou éd., Préface de Rui Manuel Loureiro, Paris, Chandeigne, coll. Magellane, 2011, 768 p., p. 79.

semblablement une île appelée Atlantique, plus grande que l'Afrique, ni que l'Asie ensemble, laquelle fut engloutie par tremblement de terre[1]. » Mais l'engloutissement n'est pas une certitude pour tous, semble-t-il. En 1715 encore, un voyageur comme le Gentil de la Barbinais, qui vient de passer au Pérou et s'interroge sur l'origine des populations locales, écrit : « Je laisse ces matieres à des gens plus éclairez, ou plutôt dans une matiere si obscure, je souscris aux conjectures d'autrui. Ainsi que l'Amerique soit l'Isle Atlantique, comme quelques commentateurs de Platon le prétendent, ou qu'elle soit jointe au reste de la Terre, comme le croyent quelques voyageurs modernes : c'est ce que je ne deciderai point[2]. » La prudence de Le Gentil, alors que l'Amérique est découverte depuis plus de deux siècles, montre quelles résistances ont rencontré des données qui infirmaient les croyances anciennes. Et même lorsque l'Amérique est enfin perçue comme un continent à part entière, le voyageur n'abandonne pas pour autant sa quête d'une mythique île Atlantique. Lorsqu'il fait escale aux Canaries le 16 mars 1768, Bernardin de Saint-Pierre pense qu'il en a peut-être les vestiges sous les yeux : « Ces îles sont, dit-on, les débris de cette grande île Atlantide dont parle Platon. À la profondeur des ravins dont leurs montagnes sont creusées, on peut croire que ce sont les débris de cette terre originelle, bouleversée par un événement dont la tradition s'est conservée chez tous les peuples[3]. » Dans l'étude qu'il a menée sur les îles imaginaires, William H. Babcock s'interrogeait en 1922 sur la fortune imprévisible rencontrée par cette île Atlantique dont l'errance se prolonge depuis l'Antiquité : "*Perhaps Plato never intended that any one should take it as literally true, but his story undoubtedly influenced maritime expectations and legends during medieval centuries*[4]." Et bien au-delà. Comme si elle plongeait ses racines dans les tréfonds de l'imaginaire, l'idée d'une île qui resterait à découvrir, ou à retrouver quelque part, afin de l'identifier pour de bon, continue long-

1 André Thevet, *op. cit.*, p. 77.

2 Guy Le Gentil de la Barbinais, *Nouveau voyage autour du monde par M. Le Gentil, enrichi de plusieurs Plans, Vues et Perspectives [...]*, Amsterdam, Pierre Mortier, 1728, 3 tomes, 345-227-199 p., p. 76.

3 Jacques-Henri Bernardin de Saint-Pierre, *Voyage à l'Ile de France, 1768-1771*, Pascal Dumaih éd. (à partir des *Œuvres Complètes*, t. 1 et 2, dir. A. Martin, Paris, 1818), Clermont-Ferrand, éditions Paléo, Géographes et Voyageurs, La collection de sable, 2008, 364 p., p. 21.

4 William H. Babcock, *Legendary islands of the Atlantic, a study in Medieval Geography*, American Geographica Society Research Series N°8, New York, W. L. G. Editor, 1922, 196 p., p. 3.

temps de prévaloir, de fasciner, alors même que rien dans l'expérience acquise jusque-là n'a permis d'en confirmer l'existence avec certitude.

L'île apparaissait déjà comme la représentation géographique par excellence dans le texte de Jean de Mandeville en 1356[1]. Que l'auteur ait ou non existé, qu'il ait été un grand voyageur ou un grand compilateur de récits de pélerinages ne change rien à la question qui nous importe : comment ce récit, qui était accessible dès le XVᵉ siècle dans toutes les langues parlées en Europe, qui a connu plus de cent quatre-vingts éditions au cours du XVIᵉ siècle, qui a été l'un des textes les plus lus jusqu'au XVIIᵉ siècle, donne-t-il à voir les régions les plus lointaines ? Or, les divers espaces évoqués sont presque continuellement perçus comme insulaires. La Chine du Nord est « l'île de Cathay. C'est la principale région de tous les pays de par-delà et elle appartient au Grand Chan[2] ». Certaines descriptions ont conduit les commentateurs à identifier des régions d'Asie Centrale, voire le désert de Gobi dans la représentation du Val Périlleux, où le vent, le tonnerre et la tempête jettent à terre ceux qui s'y aventurent[3]. La mer devrait donc être bien loin, et pourtant les formulations retenues sont toujours identiques : « Au-delà de cette vallée, il y a une grande île où les gens sont de grands géants [...] ». « On nous a dit encore que, dans une île un peu plus loin par-delà, [...] ». « Il y a une autre île vers le sud où on trouve des gens pleins de malice [...] ». « Il y a une autre île très belle et bonne et grande et bien peuplée[4] ». « Au-delà, il y a une autre île où les femmes mènent grand deuil quand les enfants naissent [...] ». « Au-delà de cette île, il y a une autre île où il y a une grande quantité de gens[5]. » Chaque mention d'une île nouvelle ouvre un nouveau paragraphe, et ce monde éclaté rappelle davantage un archipel mobile, dont les éléments instables louvoient au milieu d'un espace global non précisé, que les vastes territoires qui constituent l'Asie et l'Inde, apparemment évoqués par Mandeville. Il est encore plus surprenant de voir en 1610 Linschoten, après une longue description de la Chine, clore le chapitre par une assertion qui semble renouveler celles de Mandeville : « Or cest assez parlé de la Chine qui est

1 Jean de Mandeville, *Voyage autour de la Terre*, traduit et commenté par Christiane Deluz, Paris, Les Belles Lettres, coll. La Roue à Livres, 2004, 301 p.
2 *Id.*, p. 161.
3 *Id.*, p. 213.
4 *Id.*, p. 214.
5 *Id.*, p. 215-216.

la derniere Isle de la navigation Orientale, descouverte par les Portugais et aujourdhuy bien cognue[1]. »

Au siècle des Découvertes en effet, une telle géographie mentale, – où l'appréhension du réel laisse toujours une grande latitude à la légende, capable de subvertir la carte du monde que l'on commence à dresser – est restée de mise. C'est « le temps des îles », comme le constate Frank Lestringant : « Il est un fait que dans l'histoire des grandes navigations le temps des îles a précédé celui des continents. [...] L'humanité n'habite plus un sol stable, mais un archipel à la dérive, à peine plus solide que le pont d'un navire[2]. » En naviguant vers l'ouest, Christophe Colomb a trouvé des îles, et même plus qu'il ne pensait. Lors de son troisième voyage aux Antilles, du 30 mai 1498 au 20 novembre 1500[3], il propose une explication qui, selon lui, justifie une telle prolifération : « Je sais aussi bien qu'un autre que les eaux de la mer se dirigent de l'est à l'ouest, en suivant le mouvement du ciel. Lorsqu'elles arrivent dans ces régions-ci, elles voyagent plus rapidement que de coutume ; et c'est pourquoi elles ont rongé tant de parties terrestres. C'est là la raison pour laquelle il y a ici un si grand nombre d'îles, qui sont autant de témoins de cette vérité[4]. » Mais, si chaque navigateur a des convictions, personne n'a de certitudes. Le flottement des descriptions, les graves hésitations qui pèsent sur la représentation des terres nouvelles, sont tout à fait sensibles dans une lettre écrite par le Florentin Guido Detti en août 1499, au retour de la première expédition de Vasco de Gama : « On estime que c'est là un exploit considérable, commente Detti. [...]. Et ce n'est pas encore là que sont les épices : elles sont 150 lieues plus au sud. Le roi [...] les envoie chercher, dans un endroit qu'on appelle "les îles". Mais c'est une terre ferme, et ils y vont avec des navires de cent tonneaux à fond plat [...][5] ».

---

1 Jan Huyghen van Linschoten, *Histoire de la navigation de Jean Hugues de Linscot, Hollandois, et de son voyage aux Indes Orientales* [...], avec annotations de Bernard Paludanus, Amsterdam, H. Laurent, 1610, repro. Paris, Hachette, 1972, 275 p., p. 62.

2 Frank Lestringant, *Le livre des îles, atlas et récits insulaires de la Genèse à Jules Verne*, Genève, Droz, coll. Les seuils de la modernité, vol. 7, (Cahiers d'Humanisme et Renaissance n° 64), 2002, 430 p., p. 13.

3 Christophe Colomb, *Œuvres*, présentées, traduites de l'espagnol et annotées par Alexandre Cioranescu, Paris, Gallimard, coll. Mémoires du passé pour servir au temps présent, 1961, 527 p., p. 470.

4 *Id.*, p. 235.

5 Vasco de Gama, *Voyages de Vasco de Gama, Relations des expéditions de 1497-1499 et 1502-1503*, Récits et Témoignages traduits et annotés par Paul Tessier et Paul Valentin, Préface

La rédaction, ambiguë jusqu'à devenir incohérente, trahit l'embarras de l'épistolier qui a obtenu des marins rentrés à Lisbonne des informations contradictoires. En fait, l'idée d'une « île » est presque toujours première dans la pensée des découvreurs. Marco Polo tient pour une île « grande et illustre, elle fait 2 000 milles de tour », le continent africain qui fait face à Zanzibar[1]. Au cours de son premier voyage en 1492-1493, Colomb cherchait avec obstination l'île de Cipangu – c'est-à-dire le Japon – et pensait bien l'avoir trouvée. Lorsque Cabral touche le Brésil en 1500, il le perçoit d'abord comme une île immense, que le roi du Portugal avait d'avance intégrée à ses possessions par le traité de Tordesillas en 1494. Qu'Amerigo Vespucci reconnaisse dès son premier voyage en 1497 qu'il vient d'aborder « à une terre que nous jugeâmes être terre ferme[2] », et, en 1501, qu'il signale de nouveau le rivage du Brésil comme étant celui d'un continent, ne change rien aux représentations de cœur et aux données culturelles alors en usage. Lors de la deuxième expédition de Vasco de Gama en 1502-1503, Tomé Lopez, écrivain[3] sur l'un des vaisseaux de l'escadre commandée par Estêvao de Gama, mentionne une petite île non découverte jusque-là : « Elle est située par nord-ouest et sud-est par rapport à l'île des Perroquets Rouges [...][4] » écrit-il, et « l'île des Perroquets Rouges » a longtemps désigné le Brésil. Embarqué sur la même escadre, Matteo da Bergamo, un agent commercial, rédige deux exemplaires d'une même lettre qu'il envoie à son patron. Dans la plus brève, il dit être passé à « cent lieues de l'île de Santa Cruz[5] », et dans la plus longue, avoir d'abord navigué sans jamais voir la terre « sauf devant l'île de la Vera Cruz[6] », et lui aussi désigne à chaque fois le Brésil. Comme le fait remarquer Michel Mollat du Jourdin, jusqu'au milieu du XVIe siècle, les contrats d'affrètement ont continué de nommer

de Jean Aubin, Paris, Chandeigne, coll. Magellane, 1995, 399 p., p. 187.

1 Marco Polo, *La description du Monde*, édition, traduction et présentation par Pierre-Yves Badel, Paris, Le Livre de Poche, Coll. Lettres Gothiques, L.G.F., 1998, 509 p., p. 455, CLXXXVI.

2 Amerigo Vespucci, *op. cit.*, p. 156.

3 L'écrivain de bord a les fonctions d'un officier public : il tient les registres, surveille la distribution des vivres, fait le point sur les réserves, dresse un état des achats effectués au cours du voyage, fait l'inventaire des biens de ceux qui sont décédés pendant le voyage et enregistre les testaments.

4 Vasco de Gama, *op. cit.*, p. 204.

5 *Id.*, p. 320.

6 *Id.*, p. 327.

« île du Brésil » toute la partie méridionale du continent américain[1]. Du reste, dans une acception si large, la notion même « d'île » finit par interroger : « Se rapportant à tout lieu enclavé, à toute terre accessible seulement par la mer, le terme "d'île" a induit en erreur[2] », estime Frank Lestringant, puisque ce sont finalement des portions entières de grands pays qui sont perçues comme insularisées.

Lorsque viendra le temps des continents, des expéditions seront envoyées à la recherche de terres que l'on supposait immenses, et qui finalement n'existaient pas. Mais un découvreur comme James Cook semble se faire assez vite une raison lorsqu'il cherche en vain le continent austral (de l'existence duquel Fernández de Quiros se montrait si convaincu au début du XVIIe siècle). Lors de son premier voyage en 1770, la quête inaboutie de Cook n'engendre pas chez lui de regrets excessifs, consolé qu'il est par avance à l'idée des îles sans nombre qui restent en attente dans les mers du Sud encore insuffisamment explorées : « Mais, quand bien même il n'y aurait pas de continent à découvrir, [le navigateur] pourrait orienter ses visées sur la découverte de cette multitude d'îles, qui, à ce qu'on nous a dit, sont situées dans les régions tropicales au sud de la ligne, ce que je tiens, comme je l'ai fait pressentir, de source très autorisée[3]. » En 1774, Cook, qui a continué inutilement sa navigation dans les mers australes, revient à son idée première, la seule qui lui paraisse valide et motivante : « [...] bien que j'eusse prouvé qu'il n'y avait pas de continent situé très loin au sud, il restait cependant de la place pour de très grandes îles dans des régions entièrement inconnues. En outre, beaucoup de celles qui étaient déjà découvertes étaient imparfaitement explorées et leurs situations imparfaitement connues[4] », comme si, pour lui comme pour tant d'autres navigateurs qui l'avaient précédé, la seule quête qui eût vraiment un sens, la seule qui fût digne de passion, c'était la poursuite jamais achevée d'archipels en fuite. Et leur recherche suffisait à justifier tous les voyages de découverte encore à venir.

1 Michel Mollat du Jourdin, *op. cit.*, p. 69.

2 Guillaume Le Testu, *Cosmographie Universelle selon les navigateurs tant anciens que modernes, par Guillaume Le Testu, pillote en la mer du Ponent, de la ville françoise de Grace*, Présentation de Frank Lestringant, Paris, Arthaud, Direction de la Mémoire, du Patrimoine et des Archives, Carnets des Tropiques, 2012, 240 p. Voir p. 50.

3 James Cook, *Relations de voyages autour du monde*, choix, introduction et notes de Christopher Lloyd, traduction de l'anglais par Gabrielle Rives, Paris, Éditions La Découverte, 1987, deux tomes, 308 et 157 p., t. 1, p. 92.

4 *Id.*, p. 221.

DES ÎLES COMME DES LENTILLES D'EAU

L'île flottante semble trouver spontanément sa place dans ce monde en proie aux hypothèses. Tout un faisceau de données justifie par ailleurs sa présence dans les récits jusqu'au XVIIe siècle.

D'une part, elle fait partie de l'héritage culturel, elle appartient à un fonds commun de connaissances qui l'a rendue familière, presque légitime, pour nombre de voyageurs lettrés. C'est très naturellement qu'Hérodote écrivait : « Darius se rendit de Suses à Chalcédoine, sur le Bosphore, [...]. Il s'y embarqua, et fit voile vers les îles Cyanées, qui étaient autrefois errantes, [...][1] ». Qu'Ovide raconte : « Il fut un temps où Ortygie voguait sur les ondes ; à présent elle est fixe. La nef Argo craignit les Symplégades, jouets des vagues, dont les assauts venaient se briser sur elles ; à présent ces îles demeurent immobiles et résistent aux vents[2]. » De telles assertions, sous la plume d'auteurs très lus et qui servent de références, construisent sur le long terme une mémoire collective dont les traces restent largement repérables dans les textes du XVIe et du XVIIe siècles. L'idée qu'une île peut flotter, émerger ou sonder habite pendant longtemps la conscience vague des voyageurs. Des topiques narratives qui ont pour objet une île flottante, dont la présence rôdeuse reste toujours envisageable sur l'horizon marin, sont ancrées dans la pensée des matelots. Elles resurgissent dès qu'en mer les situations échappent un tant soit peu au contrôle de l'équipage. Aussi peut-on dire qu'entre les lectures d'auteurs anciens et le discours contemporain toujours foisonnant lorsqu'il s'agit des îles, les voyageurs du XVIe et du XVIIe siècles s'embarquent avec en tête leurs propres cartes mentales. Elles sont de l'ordre de l'imaginaire géographique, elles appréhendent les terres à venir en fonction des attentes, des rêves et des craintes de chacun. Toutes différentes puisque la subjectivité et la sensibilité viennent remodeler l'héritage commun, elles proposent une image du monde qui parle finalement beaucoup des hommes.

1 Hérodote, *op. cit.*, Livre IV, LXXXV.

2 Ovide, *Les Métamorphoses*, in *Œuvres Complètes*, traduction nouvelle par MM. Th. Burette, N. Caresme, Chappuyzi, J.-P. Charpentier, Paris, C.-L.-F. Panckoucke, 1834-1836, 10 volumes, t. VI, v. 336-339, p. 314.

D'autre part, à l'époque des Découvertes, l'île est susceptible de jouir d'une autonomie qui a sa source initiale dans le regard du voyageur : à la mouvance continue de l'océan répond assez logiquement l'éventuelle mobilité des terres petites rencontrées à sa surface. En 1585, la conscience de cette instabilité ambiante affleure dans le discours de voyageurs qui, en route pour les Indes Orientales mais effectuant la « grande volte » comme c'est l'usage, côtoient dans l'Atlantique Sud les îles Martim Vaz : « Ils aperçurent ces îles à la veille de la Saint-Antoine, et en conçurent autant de joie que s'ils étaient arrivés en vue du port de Goa. Il y eut un homme qui demanda si elles étaient enracinées au fond de la mer ou si elles flottaient sur l'eau comme des bouées[1]. » Ce que le lecteur serait d'abord tenté de considérer comme l'expression d'une réflexion sommaire et isolée, s'avère au fil des relations une représentation ordinaire de l'île, capable de vaguer, et qui entre ainsi en harmonie avec son environnement instable. En 1595, Pedro Fernández de Quirós, pilote et capitaine au service de l'adelantado Alvaro de Mendaña, cherche les îles Salomon découvertes par Mendaña lors d'un premier voyage effectué en 1567-1569, sans parvenir à les retrouver. Les hommes à bord proposent diverses explications possibles à leur absence, les uns pensent que le gisement exact a été oublié, mais « d'autres déclaraient que les îles Salomon s'étaient enfuies, [...][2] ». Parti de Fort-Dauphin à Madagascar, le vaisseau le *Taureau* se rend en 1665 à Galanboulle avec ordre de passer d'abord à Mascareigne qu'il met huit jours à atteindre : « Vous remarquerés icy que, quoy qu'exactement cherchée par nos pilotes, écrit Souchu de Rennefort, l'isle que les cosmographes établissent entre Madagascar et Mascareigne, et qu'ils appellent Sainte Apolonie, n'a point été trouvée, et que nous la croyons imaginaire ou flottante[3]. » Une île qu'on ne trouve pas parce qu'elle se déplace fait donc partie des éventualités, même pour un Secrétaire de l'État de la France Orientale, poste occupé par Souchu de Rennefort à cette date.

---

1 Manuel Godinho Cardoso, *Le naufrage du Santiago sur les « Bancs de la Juive » (Bassas da India, 1585)*, Relations traduites par Philippe Billé et Xavier de Castro, Préface de Michel L'Hour, Paris, Chandeigne, Coll. Magellane, 2006, 190 p., p. 43.

2 Pedro Fernández de Quirós, *Histoire de la découverte des régions australes, Iles Salomon, Marquises, Santa Cruz, Tuamotu, Cook du Nord et Vanuatu*, traduction et notes d'Annie Baert, préface de Paul de Deckker, Paris, L'Harmattan, 2001, 345 p., p. 66.

3 Urbain Souchu de Rennefort, *Relation du premier voyage de la Compagnie des Indes orientales en l'isle de Madagascar ou Dauphine, par M. Souchu de Rennefort, secrétaire de l'État de la France orientale*, À Paris, chez Pierre Aubouin, 1668, 340 p., p. 213-214.

Des brouillards qui rendent tous les contours indécis, une tempête qui perturbe la perception globale de l'espace et irrite les sensibilités, les récits inquiétants que les marins ont en mémoire lorsqu'ils traversent des zones mal connues ou réputées dangereuses, et, plus que tout, l'absence de fond à proximité immédiate d'une côte, sont autant d'indices qui réactivent régulièrement la thèse de l'île flottante. En 1653, La Boullaye-Le Gouz recueille le témoignage d'un pilote hollandais qui a autrefois navigué vers la côte du Groenland : « [...] nous apperçeusmes une isle de cette sorte, et jettasmes la sonde sans trouver de fond, nostre capitaine [...] avoit ouy dire, que vers le Pole il y avoit plusieurs isles, les unes flottantes, les autres non, que l'on voyoit de loing, et desquelles l'on avoit peine d'aprocher [...][1] ». De même, lors de son premier voyage en Orient, Barthélémy Carré effectue en mai 1669, sur le navire la *Force*, la traversée de l'Inde vers la Perse et côtoie ces îles sur lesquelles aucun atterrage ne paraît jamais possible : « Étant repartis de la côte de Malabar, nous fûmes passer dans les Maldives qui sont des milliers de petites îles qui me semblèrent des îles flottantes où nous ne pûmes ancrer, n'y ayant point de fond ni de terrain propre à ancrer des vaisseaux. En sorte qu'ayant passé à travers de ces îles et repris notre route jusqu'à l'île de Socotra qui est proche de l'embouchure de la mer Rouge, nous achevâmes heureusement notre trajet [...][2] » – ce trajet avait donc paru un moment compromis. Car si l'on revient sur la rédaction de Carré, il ressort que l'absence d'ancrage induit l'absence de fond, qui elle-même appelle la représentation d'îles posées sur la mer comme le seraient des lentilles d'eau sur un étang, et au milieu desquelles le vaisseau peine à se frayer un passage, ralenti et empêché par une mer d'îles comme il le serait par une mer de sargasses. Il « reprend » sa route pour sa destination première, sorti de ces embûches sur lesquelles – encore moins que La Boullaye qui, lui, croit à une illusion, à une vapeur trompeuse – à aucun moment Carré n'a levé le doute. Car pour nombre de voyageurs, la position fixe d'une île dont la base immergée rejoindrait nécessairement le socle continental n'est pas encore de l'ordre de l'évidence.

1 François La Boullaye-Le Gouz, *Les voyages et observations du Sieur de La Boullaye-Le-Gouz, Gentil-homme Angevin [...]*, à Paris, chez Gervais Clousier au Palais, sur les gradins de la Sainte Chapelle, 1653, 571 p., p. 435.

2 Barthélemy Carré, *Le Courrier du Roi en Orient, Relations de deux voyages en Perse et en Inde, 1668-1674*, présenté et annoté par Dirk van der Cruysse éd., Paris, Librairie Arthème Fayard, 2005, 1210 p., p. 83.

En juin 1690, dans un contexte également troublant, Robert Challe, embarqué sur la flotte de Duquesne-Guitton, rapporte les conversations des marins de l'*Ecueil* qui, remontant le Canal du Mozambique, cherchent l'île Juan de Nova sans parvenir à la repérer et appréhendent l'échouement. Ils ont déjà cherché cette île avec aussi peu de succès lors d'un précédent voyage effectué sur le navire le *Coche*, et l'inquiétude de l'équipage conduit Challe à formuler cette conclusion ambiguë : « C'est qu'ils ne naviguaient pas juste, car il n'est pas vraisemblable qu'il y ait une île flottante fameuse par des naufrages seulement[1]. » Rédaction qui interroge : le lecteur ne sait pas avec exactitude sur quel syntagme porte le doute. Apparemment, Challe ne semble pas choqué par la thèse de l'île flottante en soi, mais il récuse l'idée d'une île volontairement maléfique qui aurait pour vocation de provoquer des naufrages, allégation qui paraît avoir dominé le discours des matelots autour de lui. Nombreux sont les capitaines qui, à cette époque, cherchaient Juan de Nova sans parvenir à la localiser, et l'on s'est longtemps demandé si cette île existait ou non. Les gisements variables qui en étaient proposés accréditaient la thèse d'une île particulièrement mobile. En tout cas, Challe semble aussi peu à l'aise que Carré dans le témoignage qu'il nous livre, conscient lui aussi de savoirs encore insuffisants dans l'exercice de la navigation : la justification par une volonté perverse de l'île lui paraît couvrir une erreur probable dans l'estime, mais on le sent malgré tout déstabilisé par les propos tenus à bord. Dès la ligne suivante, il se hâte de mentionner Mohéli et Anjouan, les escales proches, avec un soulagement sensible : ce sont deux îles fixes, celles-là, « à neuf lieues de distance l'une de l'autre[2] », il dispose cette fois de repères sûrs et sait avec précision vers quoi il se dirige. L'île errante se trouve rejetée à une distance suffisante pour ne plus menacer la progression du navire, ni jeter le discrédit sur les observations effectuées, et, comme dans le récit de Carré, une forme de confiance se trouve réhabilitée du même coup.

L'appréhension avec laquelle les vaisseaux croisent dans les parages de Juan de Nova est peut-être d'autant plus vive que les équipages, peu

1 Robert Challe, *Journal du voyage des Indes Orientales, Relation de ce qui est arrivé dans le royaume de Siam en 1688*, textes inédits publiés d'après le manuscrit olographe par Jacques Popin et Frédéric Deloffre éd., Genève, Droz, coll. Textes Littéraires Français, 1998, 474 p., p. 116.

2 *Ibid.*

après leur entrée dans le Canal du Mozambique, ont déjà connu la peur du naufrage sur les Bassas da India. Initialement, le nom de ces écueils semble avoir été *Baixos da Judia*, ou « Basses de la Juive ». À la suite d'une erreur de lecture répétée d'une carte à l'autre à la fin du XVIe siècle, les Basses de la Juive sont devenues les *Bassas da India*, les « Basses de l'Inde ». En 1987, Michel L'Hour a dirigé une opération de prospection archéologique maritime dans cette zone : il cherchait l'épave du *Santiago*, naufragé en 1585 sur les Bassas da India. Les expressions échappées à sa plume pour parler de sa mission replongent le lecteur dans une atmosphère où l'irrationnel semble toujours veiller sous les mots. Les Bassas da India sont décrites comme « tapies sous la surface », il les qualifie de « piège à bateaux *idéalement* localisé au plein cœur d'une grande voie de communication[1] », et l'on a de nouveau le sentiment qu'une volonté mauvaise, parfaitement délibérée, gouverne le gisement de ces récifs dangereux. Il leur donne le nom de « terre de lune[2] » et note au passage que les membres de son équipe n'en sont pas revenus indemnes... En quoi il se situe directement dans la lignée des navigateurs d'autrefois. Présentées comme « des hauts-fonds effrayants et redoutables[3] » par Megiser en 1609, comme « de très mauvais et dangereux bancs au canal de la côte de Sofala, où maintes fois se sont perdus bon nombre de navires[4] » par Mocquet en 1610, comme des « bancs, ou basses, qui sont fort à craindre, et où il s'est perdu force navires portugais[5] » par Pyrard de Laval en 1611, comme des « bancs très dangereux, où un capitaine français, nommé Annuis, a péri avec tous ses navires, il y a quelques années[6] » par Herbert en 1626, comme « de vilains

1 Michel L'Hour, *Le Naufrage du Santiago sur les « Bancs de la Juive »*, *op. cit.*, préface, p. 17. – Les italiques sont de Michel L'Hour.

2 *Id.*, p. 19.

3 Jérôme Mégiser, *Description véridique, complète et détaillée [...] de Madagascar*, 1609, in Alfred et Guillaume Grandidier éd., *Collection des ouvrages anciens concernant Madagascar*, Paris, Comité de Madagascar, 1903-1920, 9 volumes., t. 1, 1903, p. 431.

4 Jean Mocquet, *Voyage à Mozambique et Goa, La relation de Jean Mocquet*, texte établi et annoté par Xavier de Castro, préface de Dejanirah Couto, Paris, Chandeigne, avec le concours de la Commission Portugaise pour la commémoration des découvertes, coll. Magellane, 1996, 238 p., p. 52.

5 François Pyrard de Laval, *Voyage de Pyrard de Laval aux Indes orientales* (1601-1611), suivi de *La relation du voyage des Français à Sumatra de François Martin de Vitré (1601-1603)*, édition et notes de Xavier de Castro, Paris, Chandeigne, coll. Magellane, 1998, 2 vol., 1022 p., t. 2, p. 708.

6 Thomas Herbert, *Some years travels into Africa and Asia*, London, 1638, in Grandidier, *op. cit.*, t. 2, 1904, p. 389.

endroits [à cause des] fréquents naufrages qui s'y sont faits[1] » par Challe en 1690, les Bassas da India, « une couronne de récifs fantomatiques que le cycle des marées joue alternativement à faire surgir ou disparaître[2] » ont continuellement donné aux voyageurs l'impression de se trouver dans une situation anormale, dangereuse, génératrice de mal-être. Par lapsus, semble-t-il, ou par involontaire association d'idées, Pyrard de Laval les avait désignées du nom de « Baxos de Judas[3] » en 1611, comme si la traîtrise était définitivement leur caractéristique majeure et que l'on ne puisse en attendre que le pire… D'une manière générale, la capacité de l'île flottante à manquer lorsqu'on compte sur elle, à se constituer en piège, à refuser l'atterrage après lequel tout voyageur soupire, ou simplement une reconnaissance qui permettrait de déterminer la position avec certitude, l'érige en symbole de l'aventure meurtrière tentée par les voyageurs du XVIe et du XVIIe siècles. Souchu de Rennefort la met en scène en 1665 dans un contexte aussi tragique que drôle, qui illustre assez bien l'illusoire réconfort attendu d'elle. Une chaloupe qui, au Cap Vert, transportait les passagers du navire le *Taureau* a chaviré, déstabilisée par la « joye immodérée » qu'éprouvaient ses occupants à l'idée de se rendre à terre. Ce naufrage – il fait treize morts – est l'occasion d'une anecdote qui souligne la dangereuse inconstance de l'île : « De ceux qui échaperent, quelqu'un eut l'esprit assés présent dans le peril, pour rire de l'instinct d'un rat qui se reposa dans son naufrage sur le chapeau du Superieur des Missionnaires qui demeura submergé ; ce ne luy fut pas moins qu'une isle : mais la vague qui la faisoit floter la cacha, puis la fit reparoître deserte[4]. » Hospitalière par inadvertance et seulement en apparence, elle réaffirme à la première occasion son autonomie de terre vagabonde et insoumise.

Dans toutes les situations, la justification par la présence d'une île flottante répond à une incertitude grave dans le déroulement du voyage. L'île flotte alors dans le récit comme les hypothèses dont elle est l'objet dans le discours. Les vents et les courants modifient la course du navire sans que les pilotes puissent apprécier exactement l'erreur d'estime commise, et particulièrement dans le Canal du Mozambique. Situer

1 Robert Challe, *op. cit.*, p. 116.
2 Michel L'Hour, in *le Naufrage du Santiago*, *op. cit.*, p. 7.
3 François Pyrard de Laval, *op. cit.*, t. 2, p. 708.
4 Urbain Souchu de Rennefort, *op. cit.*, p. 26-27.

l'île par rapport à un navire dont la position est elle-même mal déterminée devient aléatoire, son gisement apparaît par conséquent variable, l'incompréhension et la crainte des marins crédite alors l'île errante d'une volonté propre, voire d'intentions mauvaises. Avec le temps, le soupçon qui pesait sur elle s'allège. Mais les archipels mal connus réactivent longtemps la composante la plus habituelle de l'ancien topos : une inexplicable absence de fond dans des parages où tout porte à croire que l'on devrait l'atteindre sans problème. Le 3 avril 1711, le capitaine Dubocage, qui se rend en Chine venant du Pérou, découvre l'île de la Passion, maintenant île Clipperton, qu'aucun navire n'a jamais signalée, alors qu'il s'agit d'une voie maritime bien connue. Il en fait une description rapide mais précise qui s'achève par : « Nous avons sondé a 1/2 lieüe de l'isle sans avoir peu y trouver de fond[1]. » Dans le routier dit le *Neptune Oriental*, le navigateur D'après de Mannevillette recense, légèrement au sud de la Ligne, sur la route normalement suivie par les vaisseaux qui gagnent le Brésil, nombre de situations sur lesquelles l'équipage n'a pu faire le clair, comme celle-ci : « Le 3 octobre 1771, la frégate *le Pacifique*, du Havre-de grace, Capitaine le Sr. Jean Bonfils, de la Rochelle, dans le trajet de la côte d'*Or* à *Saint-Domingue*, à 8 heures du soir, ressentit une secousse ou tremblement extraordinaire et pareil à celui qu'éprouve un vaisseau en échouant, [...]. On fit sur le champ carguer toutes les voiles et sonder sans rencontrer le fond[2]. » D'Après ajoute que l'on avait aperçu pendant la journée une grande quantité d'oiseaux, dont l'un ne se rencontre qu'à terre. D'autre part, bien qu'aucune île ne soit en vue, la mer est très agitée, ce que D'Après interprète habituellement comme une indication de la présence de basses ou d'écueils. En 1788, la frégate la *Dryade*, vaisseau du Roi parti négocier une alliance entre la Cochinchine et la France, porte à son bord le commis aux revues Mullet des Essards : « Il y a des îles près desquelles jamais vaisseau n'a pu mouiller faute de fonds [...][3] », écrit-il

1 Michel-Joseph Dubocage, *Journal du Capitaine Dubocage, Voyage à la Chine par le Cap-Horn, découverte de Clipperton, 1707-1716*, présenté, transcrit, annoté par Claude et Jacqueline Briot, membres du Centre Havrais de Recherche Historique, Paris, Books on Demand, 2010, 419 p., p. 180.

2 Jean-Baptiste-Nicolas-Denis d'Après de Mannevillette, *Instructions sur la Navigation des Indes Orientales et de la Chine pour servir au Neptune Oriental*, à Paris chez Demonville et à Brest chez Malassis, 1775, 588 p., p. 24.

3 Louis-Gabriel Mullet des Essards, *Voyage en Cochinchine, 1787-1789*, Livre de mer de Louis-Gabriel Mullet des Essards commis aux revues sur la frégate *la Dryade*, retranscrit

à son tour, parlant cette fois des Philippines. Les Bassas da India, dans le Canal du Mozambique, se révèlent particulièrement inquiétantes de ce point de vue. Michel L'Hour souligne en 1987 que « [...] rien dans la lecture des courbes bathymétriques n'indique l'approche de cette *terre* isolée[1] », et que, à quelques centaines de mètres de l'atoll, « [...] le sondeur s'épuise [...] à rechercher des fonds [...][2] ». Anomalie qui interpellait également le commandant Forestier envoyé pour reconnaître cette zone en 1897 : « [...] la sonde ne donne pas de fond à plusieurs centaines de mètres et à moins d'un mille[3] » du récif. En somme, toujours rien, même à l'époque contemporaine, qui pourrait permettre de plaider en faveur d'une innocence certaine de l'île...

Du reste, l'idée d'une terre petite qui s'en va à l'aventure continue de flatter en nous des exigences mystérieuses. Celle d'une origine perdue. Celle d'un pays où l'on n'arrive jamais, mais dont tout le monde rêve, que personne n'a trouvé, et que l'on continue de chercher quand même. Celle d'une émancipation absolue dont l'île errante donnerait justement l'exemple. Elle devient alors comme la figure allégorique du voyage, une demande d'affranchissement qui ne se connaîtrait plus de limites. Elle glisse donc toujours avec la même inquiétante légèreté dans l'incipit d'un roman contemporain : « L'île où se déroule cette histoire n'est pas très connue. Elle flotte dans le golfe du Mexique, à la dérive, en quelque sorte, [...]. Elle a surgi tout récemment de la mer, [...]. Et le bruit court qu'elle risque de s'en aller comme venue, de couler sans crier gare [...][4] ». Perception bien moins merveilleuse finalement qu'il n'y paraît au premier abord, et qu'auraient admise sans broncher les voyageurs d'autrefois.

---

par son descendant Bruno Bizalion, Paris, Les Édition de Paris, 1996, 159 p., p. 93.

1 Michel L'Hour, *op. cit.*, p. 7. Les italiques sont de Michel L'Hour.

2 *Id.*, p. 7-8.

3 *Id.*, p. 12.

4 Simone Schwarz-Bart, *Ti Jean l'Horizon*, roman, Paris, Éditions du Seuil, Coll. Points, 1979, 314 p., p. 11.

TERRITOIRES INSULAIRES EN CONTINUELLE MUTATION

Par ailleurs, des zones géographiques connues et déjà fixées peuvent se trouver remaniées, englobées dans des mutations qui en changent la configuration habituelle. Un ensemble organisé, constitué d'éléments repérés, peut se défaire, s'agréger d'une autre manière, se donner à voir sous une autre forme. Au livre II de l'*Histoire Naturelle*, Pline souligne de manière insistante l'inconstance du monde insulaire dont la représentation est, à tous moments, susceptible de modifications importantes. Si la nature a créé des îles, puisqu'elle « a séparé la Sicile de l'Italie, Chypre de la Syrie, l'Eubée de la Béotie, [...][1] », elle a, à l'inverse, « enlevé des îles à la mer et les a jointes aux terres[2]. » L'instabilité est érigée en caractéristique ordinaire des îles, qui peuvent apparaître et disparaître avec les éruptions volcaniques et les tremblements de terre, et cette mobilité a toujours quelque chose d'imprévisible : « Des terres [...] surgissent soudainement dans une mer, écrit Pline, comme si la nature se donnait à elle-même des équivalents, et restituait dans un lieu ce qu'elle a englouti dans un autre. Des îles depuis longtemps célèbres, Délos et Rhodes, sont, d'après la tradition, nées de cette façon. Dans la suite, il en a surgi d'autres plus petites [...][3]. » Il mentionne une île qui « est apparue l'an 3 de la 163e Olympiade [en 126 av. J.-C.] dans le golfe d'Étrurie, tout embrasée, avec un souffle violent ; on rapporte qu'une multitude de poissons flottait autour, et que tous ceux qui en mangèrent expirèrent subitement[4]. » En 851, un voyageur arabe anonyme essaie de donner une description du Golfe Persique, de la côte méridionale de l'Iran et du golfe du Bengale oriental : « Dans toutes ces mers, écrit-il, souffle un vent qui soulève les vagues et se déchaîne tant qu'elles bouillonnent comme l'eau d'une marmite. Les vagues projettent alors vers les îles tout ce qu'elles renferment, fracassent les navires et rejettent de gros et énormes poissons morts. Parfois elles projettent

1 Pline l'Ancien, *op. cit.*, Livre II, XC.
2 *Id.*, XCI.
3 *Id.*, LXXXVIII-LXXXIX.
4 *Id.*, LXXXIX.

même les rochers et les récifs à la vitesse de l'arc qui lance une flèche[1]. » Ainsi, même le dessin d'une côte est susceptible de varier d'une escale à l'autre. La plupart du temps, l'aptitude des îles à la métamorphose est admise, voire anticipée. Revenant de Madagascar en 1666, Souchu de Rennefort fait escale à Sainte-Hélène, et considère la disparition de l'île comme inévitable, alors même que son relief élevé devrait plutôt lui faire exclure cette hypothèse : « [...] il est admirable de considerer ce rocher de cinq lieuës de tour, d'une si excessive hauteur, au milieu d'une vaste étenduë de mers qui l'attaquent sans cesse et s'élevent contre luy sans pouvoir l'engloutir : J'estime neanmoins qu'un jour [...] il disparoîtra et que des mariniers le chercheront sans le trouver, au lieu où il est maintenant[2]. »

L'instabilité des îles basses est la plus fréquemment évoquée. Les zones où elles affleurent sont senties comme particulièrement mouvantes. Certaine îles basses n'émergent qu'au reflux, elles naissent et se perdent au gré des marées. L'affirmation selon laquelle une terre peut être submergée, partiellement ou en totalité, parce qu'elle se trouve juste au niveau de la mer, figurait déjà dans le *Devisement du monde* de Marco Polo en 1298. Il estimait en effet que Ceylan avait une superficie bien plus grande autrefois : « [...] jadis elle était plus importante que maintenant, car elle faisait bien 3 200 milles d'après ce qu'on trouve dans la mappemonde des meilleurs matelots de cet océan, mais le vent du nord souffle si fort qu'il a fait disparaître sous l'eau une partie de l'île, c'est la raison pourquoi elle n'est pas si grande qu'elle était jadis. Sachez donc que l'île est très basse et toute plate du côté d'où vient le vent du nord : quand on arrive en bateau de la haute mer, on ne peut pas voir la terre, sinon quand on est dessus[3]. » Gautier Schouten, qui voyage dans les mers d'Orient de 1658 à 1665, avance la même explication pour justifier l'écart entre la superficie de l'île qu'il découvre et celle que lui donnait la tradition : « Quelques gens [...] ont donné [à Ceylan] quatre cents lieuës de tour ; mais autant que je l'ai pu recüeillir sur le lieu, elle ne doit pas avoir plus de deux cents cinquante lieuës. À la verité

1 Anonyme, *Documents sur la Chine et sur l'Inde, Itinéraire des navires d'Irak jusqu'en Chine*, in *Voyageurs arabes, IBN FADLÂ, IBN JUBAYR, IBN BATTÛTA, et un auteur anonyme*, textes traduits, présentés et annotés par Paule Charles-Dominique, Paris, NRF Gallimard, coll. La Pléiade, 1995, 1409 p., p. 6.

2 Urbain Souchu de Rennefort, *op. cit.*, p. 283.

3 Marco Polo, *op. cit.*, p. 407.

il y a de l'apparence que la mer l'a beaucoup minée, particulièrement du côté du Nord, et qu'elle n'est pas aussi grande qu'elle étoit lorsque les Anciens en ont fait la description[1]. » La thèse de la disparition par submersion est d'ailleurs avancée un peu partout dans l'Océan Indien. On la trouve appliquée aux Comores en 1557 dans le récit de Diogo do Couto : « Jadis, il y avait cinq ou six autres îles auprès de Mayotte, mais, comme elles étaient très basses, elles ont été recouvertes par la mer et aujourd'hui elles forment des hauts-fonds sur lesquels brisent les vagues[2]. » Or, à 130 kms au nord-est de Mayotte, qui est l'île la plus ancienne de l'archipel, il existe un récif de huit kilomètres de long et de cinq kilomètres de large, le banc du Geyser, immergé à marée haute. D'autre part, entre Madagascar et Mayotte, le banc du Leuven, d'aspect tabulaire, long d'une centaine de kilomètres, passe pour une ancienne île aujourd'hui submergée[3]. Avant d'établir une carte de l'archipel, Alexander Dalrymple, hydrographe de la Compagnie anglaise des Indes Orientales, s'interrogeait encore au XVIIIe siècle sur l'existence éventuelle d'une « petite Comore », île à fleur d'eau repérée dès 1600 par Aleixo da Motta qui la décrivait comme petite, basse et couverte d'arbres. Par la suite, « un pilote, qui a été retenu longtemps dans ces parages par des vents contraires, prétend en avoir approché et dit qu'elle a à peine une demi-lieue de long sur un quart de lieue de large, qu'elle s'élève très peu au-dessus de l'eau et qu'elle est couverte d'arbres[4]. » La submersion possible d'îles précédemment repérées était aussi l'une des explications avancées en 1595 par les marins de Pedro Fernández de Quirós lorsqu'ils cherchaient les Salomon sans parvenir à les retrouver, disant que « [...] la mer avait tant monté qu'elle les avait recouvertes d'eau et qu'on était passé au-dessus d'elles[5]. » La représentation des espaces insulaires apparaît donc toujours flottante, et leur présence, plus ou moins provisoire.

1 Gautier Schouten, *Voiage de Gautier Schouten aux Indes Orientales, commencé l'An 1658 et fini l'An 1665*, traduit du hollandais, chez Pierre Mortier, Amsterdam, 1708, 2 vol., 509-492 p., t. 2, p. 5.

2 Diogo do Couto, *Da Asia*, Decade VII, Livre IV, ch. v, p. 318, in Alfred et Guillaume Grandidier, *op. cit.*, t. 1, 1903, p. 104.

3 Voir : M. W. Callmander, *Biogéographie et systématique des Pandanaceae de l'océan Indien occidental*, Université de Neuchâtel, thèse de doctorat, 2002, 253 p.

4 Thomas Howe, *Position et description des îles Comores, 1762-1766, utilisées par Alexander Dalrymple pour établir ses cartes*, in Alfred et Guillaume Grandidier, *op. cit.*, t. 5, 1907, p. 299.

5 Pedro Fernández de Quirós, *op. cit.*, p. 66.

Tout le monde admet comme éventuellement temporaires les données géographiques qui les concernent, puisque susceptibles d'altérations imprévisibles qui peuvent aller de l'absence momentanée à la disparition définitive d'îles initialement reconnues.

Ainsi, lorsqu'ils décrivent l'archipel des Maldives, dont les îles innombrables et si basses interrogent, les voyageurs évoquent régulièrement la thèse de la submersion : « [...] le terroir y est bas comme celuy de Cochin et Craganor, d'ou vient que par fois il est tout couvert de la mer. Au dire des Malabares ces islettes ont autresfois esté jointes à la terre ferme, et par traict de temps en ont esté desjoinctes par la violence de la mer à cause de la bassesse du terroir[1] », écrit Linschoten en 1610. C'est aussi l'explication retenue en 1611 par Pyrard de Laval : « [...] les courants et les grandes marées vont tous les jours diminuant [le] nombre [des îles], comme les habitants m'ont appris [...]. Aussi on dirait, à voir le dedans d'un de ces atollons, que toutes ces petites îles et la mer qui est entre-deux ne sont qu'une basse continuée, ou que ce n'eût été anciennement qu'une seule île, coupée et divisée depuis en plusieurs[2]. » Il observe d'autre part que beaucoup d'îles sont inhabitées aux Maldives, qu'elles « n'ont aucune verdure, et ne sont que pur sable mouvant, encore y en a-t-il qui sont pour la plupart submergées aux grandes marées et sont découvertes quand la mer est basse[3] ». Arrivant à Surate en 1668, Dellon signale pour sa part que les bancs « qui sont à l'entrée de la riviere errent, on ne les voit jamais deux années de suite au même endroit, [...][4] ». Tant de notations convergentes banalisent, dans l'esprit du voyageur, la représentation de petites terres dont la présence serait en fin de compte variable, aléatoire, intermittente. Une île à fleur d'eau peut par conséquent émerger de nouveau, à tout moment, et même à un autre endroit que celui où elle avait été aperçue précédemment.

D'une manière générale, les navigateurs appréhendent les îles basses. Le marin qui monte au mât soir et matin pour scruter la mer ne peut pas les apercevoir longtemps à l'avance. De surcroît, elles sont souvent

---

1 Jan-Huyghen van Linschoten, *op. cit.*, p. 30.

2 François Pyrard de Laval, *op. cit.*, t. 1, p. 119.

3 *Id.*, p. 120.

4 Charles Dellon, *Relation d'un voyage fait aux Indes Orientales, par M. Dellon, docteur en médecine, Auteur de la Relation de l'Inquisition de Goa*, Amsterdam, chez Paul Marret, Marchand Libraire dans le Beurs-straat, à la Renommée, 1699, 319 p., p. 79.

disposées en chapelets qui font naître l'idée d'un encerclement paralysant. Fernández de Quirós craint visiblement la rencontre de ces terres qui enserrent et étreignent. Après avoir quitté, à la fin de l'année 1595, l'archipel de Santa Cruz, il remonte vers Manille sans avoir pu retrouver les îles Salomon[1]. Dès le début de la navigation, il fait gouverner au nord-ouest pour s'écarter de la Nouvelle-Guinée, « afin de ne pas se retrouver au milieu d'îles ou d'autres terres[2] » et rester en eaux libres. Alors qu'il traverse l'archipel des Carolines, le marin aperçoit du haut du mât « de petites îles basses et des bancs de sable, au milieu desquels le navire était prisonnier comme un poisson dans une nasse[3] », et c'est précisément ce que Quirós redoute le plus. En janvier 1596, il cherche la passe entre l'île de Samar et celle de Luçon aux Philippines, et les marins alarmés par la vue des récifs « disaient que ces îles se trouvaient entre eux et Manille et qu'il était impossible d'en sortir[4]. » En février, alors que le navigateur n'est plus qu'à quinze lieues du but, « [...] le navire se retrouva entouré d'îles de toutes parts, sans qu'on pût voir aucune issue [...][5] », et il embouque, en toute méconnaissance de cause, « un chenal très étroit, sans doute pas plus large qu'un jet de pierre[6] », mais ce risque lui paraît préférable à l'asphyxie engendrée par l'encerclement, et promise par les îles coalisées. Car elles se constituent alors en force coercitive, elles semblent être là pour immobiliser le vaisseau, étouffer les projets de conquête qu'il porte, et mettre un terme à la quête entreprise.

Parfois, c'est un tremblement de terre, un effondrement sous-marin, ou la violence des courants, qui ont détaché une île, fragment de continent en allé à la dérive. Vincent Leblanc rapporte en 1649 une rumeur persistante à propos de Sumatra : « Ceux de Malaca disent qu'elle estoit autresfois jointe à leur terre ferme, mais qu'un tremblement de terre l'en a séparée[7] ». Amboine est devenue une autre île après un cataclysme

1 Quirós les aurait atteintes s'il avait navigué seulement deux jours de plus vers l'ouest. Les îles Santa Cruz, où il s'est arrêté, se trouvaient à l'est – et toutes proches – des Salomon.
2 Pedro Fernández de Quirós, *op. cit.*, p. 132.
3 *Id.*, p. 140.
4 *Id.*, p. 145.
5 *Id.*, p. 152.
6 *Ibid.*
7 Vincent Le Blanc, *Les Voyages fameux du sieur Vincent Le Blanc marseillais, qu'il a faits depuis l'âge de douze ans jusques à soixante, aux quatre parties du Monde*, Rédigés fidèlement sur ses Mémoires et Registres par Pierre Bergeron, Paris, Germain Clousier, 1649, 3 parties, 1 vol. (276 – 179 – 150 p.), p. 137, également p. 153.

dont François de L'Estra se fait l'écho : « Nous apprîmes en l'an 1673, écrit-il, qu'une partie de cette île d'Amboine était abîmée par un grand tremblement de terre [...][1] ». En août 1768, Bougainville, qui navigue à son tour dans cette zone, aperçoit quelques îles vers la pointe nord de la Nouvelle-Guinée et note à leur sujet : « Les Hollandais nomment ces îles *les cinq îles*, [...]. Ils nous ont dit qu'autrefois elles étaient au nombre de sept, mais que deux ont été abîmées dans un tremblement de terre ; révolution assez fréquente dans ces parages[2]. » Il note que la mobilité imprévisible qui affecte régulièrement les îles de l'Insulinde introduit de nouvelles inconnues dans une région qui en comporte déjà beaucoup : « Ces tremblements de terre ont, dans cette partie du monde, de terribles conséquences pour la navigation. Quelquefois ils anéantissent des îles et des bancs de sable connus ; quelquefois aussi ils en créent où il n'y en avait pas, et il n'y a rien à gagner à ce marché. Il serait bien moins dangereux aux navigateurs que les choses restassent comme elles sont[3]. » Les récits de voyage à la fin du XVIe siècle font également état d'une tradition orale ancienne à Madagascar, qui s'efforçait de justifier par un effondrement sous-marin la présence des nombreux hauts-fonds qui parsèment le Canal du Mozambique. En 1586, le cosmographe André Thevet rapporte que « ceux du pays disent que ces rochers ainsy estendus et esloignés les uns des autres estoient anciennement une belle isle, (ayant environ soixante et quatorze lieues de tour, qui fut engloutie de la mer), de mesme que celle de Madagascar, en laquelle presentement nous sommes amarrés. Or, ces battures, dont je viens de parler, sont rochers pour la plupart haut eslevés et faits en pointe de diamant [...][4]. » De même, en 1609, Jérôme Mégiser, historiographe du prince Électeur de Saxe, assure en écho à Thevet (qu'il a très probablement lu), que « dans le canal qui sépare l'Afrique de Madagascar, et où aujourd'hui il y a tant de bancs de sable et de récifs dangereux, il existait au temps passé,

1 François de L'Estra, *Le voyage de François de L'Estra aux Indes Orientales*, (1671-1676), introduction, traduction et notes de Dirk van der Cruysse, Paris, Chandeigne, coll. Magellane, 2007, 351 p. (glossaire, notes, bibliographie et table), p. 233.

2 Louis-Antoine de Bougainville, *Voyage autour du monde par la frégate du Roi La Boudeuse et la flûte L'Étoile*, édition présentée, établie et annotée par Jacques Proust, Paris, Gallimard, coll. folio classique, 2010, 477 p., p. 346.

3 *Id.*, p. 360.

4 André Thevet, *Le grand Insulaire et Pilotage d'André Thevet, Angoumoisin, Cosmographe du Roy, dans lequel sont contenus plusieurs plants d'Isles habitées et déshabitées, et description d'Icelles*, manuscrit, 1586, 2 tomes, 413 – 230 feuillets, f° 342 v° au f° 344 r°.

disent les insulaires, une très belle île, de plus de soixante milles de tour, qui s'est depuis abîmée dans la mer ; de nombreux rochers dépassent encore aujourd'hui le niveau de l'eau, [...][1]. » Ce cataclysme aurait eu lieu dans l'Antiquité, mais le souvenir s'en serait transmis de génération en génération. Ainsi les hauts-fonds ne seraient plus seulement des rochers qui affleurent par hasard au large des côtes, ils deviendraient les vestiges bien visibles d'une île jumelle de Madagascar, dont on continuerait de regretter la beauté perdue. Ils constitueraient les témoins incontestables d'une géographie révolue du Canal du Mozambique, dont la population aurait conservé la mémoire sur la longueur du temps, et qui ferait, en somme, partie intégrante de son histoire.

Les courants peuvent également détacher des îles. Dans les années 1660, Gautier Schouten avance cette explication pour justifier le débordement de Ceylan : « On croit qu'autrefois [l'île] de Ceilon étoit unie au continent et en faisoit partie, mais que les courans, qui sont extrémement rapides en beaucoup d'endroits des Indes, l'ont séparée, et en ont fait une isle. On croit la même chose à l'égard des îles de Rammanakoïel, et de plusieurs autres[2]. » Des traces demeureraient d'ailleurs de l'ancienne position de Ceylan qui « [...] étoit autrefois jointe au Continent, par l'endroit où est un banc, ou une chaîne de roches, qu'on nomme le Pont d'Adam, [...][3] », comme un sillage laissé au moment où l'île a levé l'ancre. Actuellement, dans le Canal du Mozambique, la tradition orale continue de faire état d'une cinquième île, qui aurait été située entre Madagascar et l'archipel des Comores et s'appelait Mjomby. Poroani et Ouangani, deux villages de Mayotte où l'on parle kiantalaotse, entretiennent la tradition selon laquelle les ancêtres des Antalaotse, le peuple « venu de la mer », y auraient vécu avant qu'elle ne fût engloutie. Pour les pêcheurs de Moroni, interrogés par un journaliste en 2007, l'ancien site de Mjomby reste « un passage obligé entre Madagascar et Mayotte », peu profond, mais assurent-ils, « tous les vents s'y retrouvent. Quand on arrive à cet endroit, la mer est très agitée, il y a des remous. C'est très dangereux. On dit que c'est Dieu qui décide de notre sort à ce passage. C'est pour cela qu'on jette des cadeaux en offrande. » Selon un lettré qui dit posséder des documents en arabe et en swahili sur l'histoire de Mjomby, « cette île a été emportée

1 Jérôme Megiser, *op. cit.*, in Grandidier *op. cit.*, t. 1, 1903, p. 460.
2 Gautier Schouten, *op. cit.*, t. 1, p. 485.
3 *Id.*, t. 2, p. 5.

par la mer, à partir d'un canal [*i. e.* : un chenal ?] qui a fait des ravages pas seulement sur Mjomby, mais aussi sur toutes les petites îles, il y en avait six autour de Ngazidja[1] ». De telles affirmations font curieusement écho aux récits des voyageurs anciens. L'archipel aurait été finalement, soit à l'est selon Do Couto en 1557, soit à l'ouest si l'on admet la « petite Comore » rencontrée par Aleixo da Motta en 1600 ou les six petites îles évoquées par le villageois en 2007, amputé d'une partie de ses terres émergées. Détachée par une catastrophe naturelle ou par les courants, diminuée voire disparue parce qu'engloutie, l'île « de temps en temps paraît et dans d'autres temps ne paraît plus[2] ».

Ainsi, la mobilité des îles, admise par les Anciens et les Modernes comme un phénomène toujours possible, a-t-elle influé sur la représentation déjà mouvante que l'on se faisait du monde, et l'on peut croiser une île en mer par pur hasard, comme à terre on croiserait une passante. Après quelques semaines de navigation, l'environnement marin fait perdre aux voyageurs leurs repères temporels et spatiaux habituels, ils ne peuvent, au sens propre, faire fond sur rien. La fluidité des lignes se trouve continuellement inscrite dans le paysage, et les éléments qui surgissent temporairement dans un tel environnement se trouvent contaminés. Ils acquièrent eux aussi, par osmose ou par mimétisme, la mobilité incontrôlable que le voyageur perçoit comme permanente et spécifique du milieu marin. Dans cette perspective, l'île flottante devient un repère aussi précaire que naturel, en même temps qu'une tentative d'appropriation de l'espace informe, puisqu'elle s'inscrit logiquement dans l'incertitude globale qui prévaut. En créant une unité de perception, elle introduit une forme de rationalité a contrario, et participe à la tentative de construction d'un espace vécu comme d'autant plus perturbant qu'il est en fait continuellement déconstruit.

Enfin, il existe un « syndrome de la découverte », particulièrement sensible au XVIe siècle. Les découvreurs donnent l'impression de peupler l'océan d'îles qu'ils signalent, et dont ils mentionnent au passage quelques caractéristiques qui les ont frappés. Mais comme la position

1 Toutes les citations sont tirées de l'article de Rémi Carayol, « Mjombi, le mythe tenace de la cinquième île », *Kashkazi*, mensuel indépendant de l'archipel des Comores, n° 59, Moroni, janvier 2007, p. 46.

2 L'expression est de Challe, qui, en mars 1690 aux Canaries, regrette de n'avoir pu apercevoir San Porandon. Robert Challe, *op. cit.*, p. 46.

qu'ils indiquent est trop imprécise pour permettre à leurs successeurs de les identifier s'ils les croisent à nouveau, une île peut très bien avoir été repérée et reperdue à diverses reprises, ce qui la contraint finalement à l'errance. Mentionner un îlot rencontré sur la route est manifestement LE point essentiel pour nombre de voyageurs. En 1502, Tomé Lopez, écrivain sur le navire de Rui Mendes de Brito dans l'escadre d'Estevao de Gama, signale au début du voyage aller : « Le 18 mai nous vîmes une île qui n'avait pas encore été découverte. C'était une terre haute et belle à ce qu'il nous sembla, couverte de bois et presque aussi grande que l'île de Madère [...][1]. » Matteo da Bergamo, un agent commercial qui participe à la même expédition, dont il rend compte à son patron, indique à son tour dans une première version de sa lettre : « Le 18 mai nous avons aperçu une île dont on n'avait jamais eu connaissance jusqu'à ce jour[2]. » Dans la seconde version, il précise : « À environ cent lieues de celle-ci [l'île de la Vera Cruz, c'est-à-dire le Brésil], le 18 mai, nous avons aperçu une île dont personne dans la flotte n'avait eu jusqu'alors aucune connaissance[3]. » Le voyage de retour, depuis Cannanore jusqu'à Mozambique, se fait « en droiture », sans rejoindre la côte africaine, du 22 février au 12 avril 1503, et la flotte semble avoir croisé quelques-unes des îles Lacquedives, les Seychelles, les Amirantes, les Comores... Aperçues, signalées, côtoyées parfois, les îles glissent innombrables sur les bords des vaisseaux avant de disparaître[4]. En 1558, rentrant du Brésil, Jean de Léry rapporte : « Ayans doncques [...] esloigné la terre ferme de plus de deux cens lieuës, nous eusmes la veue d'une isle inhabitable, aussi ronde qu'une tour, laquelle à mon jugement peut avoir demie lieuë de circuit [...][5]. » Même aujourd'hui, il reste impossible d'identifier la terre que le vaisseau de Léry a rencontrée, tant les indications fournies sont vagues. Il s'agissait d'îlettes uniquement peuplées d'oiseaux, « lesquelles nos maistres et pilotes ne trouverent pas encores marquées en leurs cartes marines, et possible aussi n'avoyent elles jamais esté descouvertes[6]. » Le 15 décembre

1 Tomé Lopez, in *Voyages de Vasco de Gama*, *op. cit.*, p. 203.

2 Matteo da Bergamo, in *Voyages de Vasco de Gama*, *op. cit.*, p. 320.

3 *Id.*, p. 327.

4 *Voyages de Vasco de Gama*, *op. cit.*, p. 274-275, également p. 299.

5 Jean de Léry, *Histoire d'un voyage faict en la terre du Brésil* (1578), 2e édition, 1580, texte établi, présenté et annoté par Frank Lestringant, Paris, Le Livre de Poche, coll. « Bibliothèque Classique », 1994, 670 p., p. 512.

6 *Ibid.*

1561, la nef *São Paulo*, qui navigue dans les mers du sud en dehors des routes habituelles, a connaissance d'une île : « Nous avions découvert une terre neuve, écrit Henrique Dias avec une satisfaction sensible, une île qui n'avait jamais été contemplée par des yeux de mortels, sauf par les nôtres, en des mers si lointaines et qui n'avaient jamais été parcourues par une autre nation au monde, [...][1] » et il semble alors qu'apercevoir une île est finalement moins une découverte qu'une création, un moment de la navigation où le voyageur devient l'inventeur du monde qu'il appréhende. Aussitôt reperdue, parfois confondue avec d'autres qui ont déjà été repérées dans les mêmes parages, rarement abordée, l'île n'a finalement jamais de lieu, elle conserve son indépendance et son mystère. En 1620, Augustin de Beaulieu, qui vient de quitter la Grande Comore, fait route vers le nord à bord du *Montmorency*, en direction de la côte d'Afrique : « La nuit, nous avons vu une autre île bien haute, à tribord de nous : ce doit être celle qui est nommée sur les cartes île de *Juan de Castroval*, et est éloignée de quinze lieues au nord-est et quart de nord de celle d'où nous sommes partis ce matin[2]. » Mais il n'existe pas d'île « bien haute » dans la zone où se trouve Beaulieu. Juan de Nova, dont le nom pourrait se rapprocher de celui qu'il mentionne, se trouve au sud dans le Canal du Mozambique, et le *Montmorency* est au nord et déjà sorti du Canal. Les cartographes indiquaient également, au sud des Comores, une île San Cristovan, imaginaire du reste... De « Juan de Nova » et de « San Cristovan », Beaulieu semble avoir fait cette « île-valise » de l'existence de laquelle il a été le seul témoin. Longtemps, les voyageurs signalent avec soin les îles aperçues, mais elles restent des rencontres de hasard, vécues comme telles, et personne ne cherche à lever les doutes existants : « [...] nous avons rencontré 2 petites isles qui paroissoient au cler de lune fort raze, note Dubocage au nord de Valparaiso en 1710, nous les avons

1 Henrique Dias, « Naufrage de la nef *São Paulo* à l'île de Sumatra en l'année 1561 », in *Histoires tragico-maritimes, trois naufrages portugais au XVIe siècle*, traduction de Georges Le Gentil, préface de José Saramago, Paris, Chandeigne, coll. Magellane, 1999, 220 p., p. 130. – Il s'agissait sans doute de l'île d'Amsterdam, aperçue par les compagnons de Magellan dès 1522.

2 Augustin de Beaulieu, *Mémoires d'un voyage aux Indes Orientales*, introduction, notes et bibliographie de Denys Lombard, Paris, École Française d'Extrême-Orient, Maisonneuve et Larose, coll. Pérégrinations asiatiques, 1996, 261 p., ill. 16 p., p. 73. – La seule hypothèse que l'on pourrait retenir serait Aldabra, mais cet atoll est situé à 300 km des Comores, et son point culminant est constitué par des dunes de 15m, ce qui n'en fait donc pas une île « bien haute »...

dit etre celles qui sont marquez sur la carte quoy qu'elles paroissent etre beaucoup plus au large[1]. » Donc, peut-être des îles fixes déjà reconnues et mal indiquées, mais peut-être également d'autres que personne n'avait croisées jusqu'alors et qui passaient par là. L'île si peuplée d'oiseaux que Léry la dit semblable à un colombier, ou l'île « bien haute » de Beaulieu peuvent par conséquent glisser à la surface de l'eau, comme dans les imaginations et sur les cartes où, rien ne permettant de les positionner correctement, elles poursuivent à leur gré leur voyage.

LE GRAND VOYAGE DE LA TAPROBANE

Nommée, une île n'acquiert pas pour autant un gisement définitif[2]. Sa position peut encore évoluer avec les connaissances géographiques et les interrogations des voyageurs, qui cherchent à faire coïncider leurs lectures et leurs découvertes. C'est le cas par exemple de Taprobane, qui se confondit d'abord avec Ceylan, puis s'en détacha, louvoya quelque temps dans les mers du sud où elle trouva un ancrage momentané à Sumatra, avant de disparaître[3].

Tamraparna était l'un des anciens noms de Ceylan en sanscrit[4]. Attesté vers 247 avant J.-C., il est à l'origine du toponyme grec *Taprobana* que Pline utilise : « Taprobane a long-temps passé pour un autre monde, pour le monde des Antipodes. C'est du temps d'Alexandre, et grâce à ses armes, qu'on s'est assuré qu'elle est une île[5]. » Ceylan se trouvait

1 Michel-Joseph Dubocage, *op. cit.*, p. 140.

2 Voir Sophie Linon-Chipon, *Gallia Orientalis, Voyages aux Indes orientales, 1529-1722, Poétique et imaginaire d'un genre littéraire en formation*, Paris, P.U.P.S., coll. Imago Mundi, 2003, 691 p., p. 276-280 : « Sur les traces de la Taprobane. »

3 Voir l'étude d'Ananda Abeydeera, *Taprobane, Ceylan ou Sumatra ? Une confusion féconde*, Archipel 47, Études interdisciplinaires sur le monde insulaire, sous le patronage de EHESS, publiées avec le concours du CNRS et de l'INALCO, Paris, Association Archipel, 1994, p. 87-123.

4 Nous repartons des notes de Luís Filipe Thomaz, in *Le voyage aux Indes de Nicolò de Conti (1414-1439)*, préface de Geneviève Bouchon, les récits de Poggio Bracciolini et de Pero Tafur traduits par Diane Ménard et présentés par Anne-Laure Amilhat-Szary, Paris, éditions Chandeigne, coll. Magellane, 2004, 174 p., p. 146, (note 2 de la p. 90), et in Ludovico di Varthema, *Voyage de Ludovico di Varthema en Arabie et aux Indes orientales (1503-1508)*, Paris, Chandeigne, coll. Magellane, 2004, p. 314, (note 4 de la p. 207.)

5 Pline, *op. cit.*, Livre VI, XXIV.

alors en limite du monde connu. La thèse selon laquelle la Taprobane de Pline et Ceylan pouvaient se confondre en une seule et même île continue d'avoir des adeptes au XVIIe siècle : « [...] cette isle de Zeilan est estimée par quelques-uns, comme par les Portugais, être la *Taprobane* des anciens, avec beaucoup de raisons apparentes, [...] » estime Pierre Bergeron, rédacteur des *Voyages fameux* de Vincent Leblanc en 1649[1]. Quelques années plus tard, Gautier Schouten signale également ce courant de pensée chez les Lusitaniens : « Jean Barrius, Portugais, et plusieurs autres écrivains, tiennent que Ceilon est la Taprobane des Anciens[2]. »

Cependant, le doute s'est installé dans les esprits depuis longtemps. Dans le récit qu'il fit de son voyage au secrétaire du pape Poggio Bracciolini, Nicolò de' Conti, qui avait navigué dans ces mers entre 1414 et 1439, dissocie pour la première fois Ceylan et Taprobane : « Au milieu de la baie se trouve l'île renommée de *Sailana* [Ceylan], de 3 000 milles de circonférence [...], rapporte le Pogge. Ensuite, Nicolò navigua vingt jours sous un vent favorable et arriva dans la noble cité de l'île de Taprobane, qui se nomme dans leur langue *Sciamuthera* [Sumatra][3]. » Les limites du monde connu ayant reculé, la « carte génoise » de 1447-1457, qui tient sans doute compte du récit de Conti, dédouble à son tour Ceylan en deux îles voisines, qui ne sont encore séparées que par un étroit bras de mer. « Le cartographe génois ne semble pas avoir trop osé écarter l'île de Xilana de celle de Taprobana n'étant pas sûr des localisations de ces îles, mais suit de près le texte de Conti, ou plutôt de Poggio[4] », pense Ananda Abeydeera. L'île nouvelle qui émerge maintenant paraît très massive, en quoi elle correspond davantage aux données des géographes anciens qui attribuaient à Taprobane des dimensions nettement supérieures à celles de Ceylan. Car pour continuer à faire coïncider au XVIe siècle Ceylan avec la Taprobane des Anciens, il fallait admettre que la mer avait, sur la longueur du temps, en partie submergé le territoire de l'île[5]. Comme Ptolémée plaçait 1378 petites îles proches de l'ancienne Taprobane, la thèse selon laquelle l'actuel territoire de Ceylan se trouvait dans l'Antiquité augmenté de l'archipel des Maldives alors totalement émergé a également été émise.

1 Vincent Leblanc, *op. cit.*, p. 104.
2 Gautier Schouten, *op. cit.*, t. 2, p. 4-5.
3 Nicolò de' Conti, *op. cit.*, p. 94.
4 Ananda Abeydeera, *op. cit.*, p. 102.
5 Voir ci-dessus, « Instabilité et engloutissement des îles basses », in « *Territoires insulaires en continuelle mutation* ».

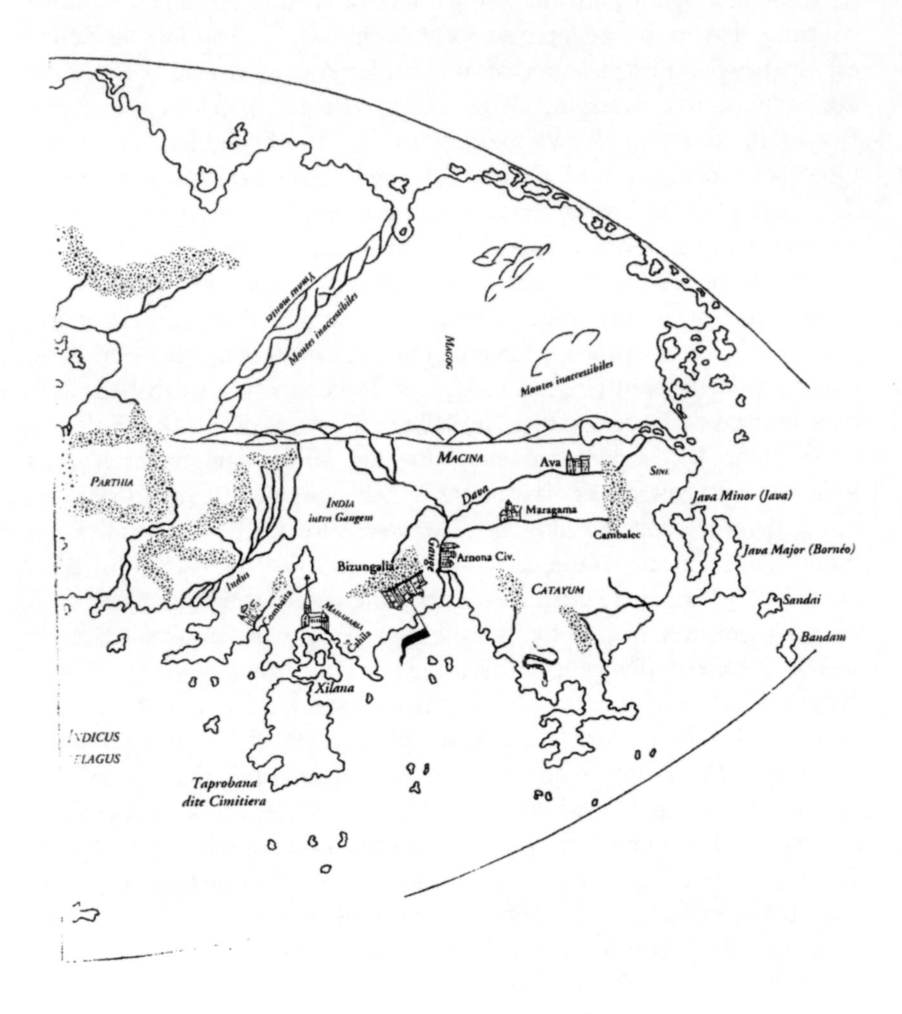

ILL. 1 – Détail de la carte génoise de 1447-1457, d'après le tracé de M.-Cl. Laroche, W.G.L. Randles, *De la terre plate au globe terrestre : une mutation épistémologique rapide*, 1480-1520, Paris, Armand Colin, coll. « Cahiers des Annales », n° 38, 1980, 120 p.
Pour la première fois, *Taprobane-Cimitiera* est distincte de *Ceylan-Xilana*.

Pour la plupart des voyageurs, Taprobane, comme toutes les îles dont la localisation reste incertaine, est forcément *plus loin*. Le marchand florentin Girolamo Sernigi écrit en 1499, au retour de l'expédition de Vasco de Gama à Lisbonne : « De l'île de Taprobane sur laquelle Pline a si abondamment écrit on n'a aucune connaissance. Peut-être est-elle située plus loin[1] », et donc elle reste encore à découvrir. C'est d'ailleurs ce à quoi rêve Amerigo Vespucci dans une lettre rédigée en juillet 1500. Il envisage d'entreprendre un nouveau voyage de découverte quelques mois plus tard et aimerait, sur la route du retour, « apporter de grandes nouvelles et découvrir l'île de Taprobane qui se trouve entre la mer Indienne et la mer du Gange[2]. » Mais il a perdu ses certitudes en 1501, et s'interroge à son tour, après avoir parlé avec les marins d'Alvares Cabral qui rentrent des Indes orientales, sur la véritable position de cette terre que personne n'a encore su fixer[3]. L'île cependant poursuit sa route vers l'est, elle est devenue totalement autonome par rapport à Ceylan et navigue en plein golfe du Bengale sur le planisphère de Waldseemuller en 1513 (voir ill. 2 p. 54).

Dès 1459 de surcroît, la carte de Fra Mauro avait accentué la dérive de Taprobane et proposait de la situer au delà de la mer du Bengale : elle se confondrait désormais avec Siamotera-Sumatra. Opinion admise par Ludovico di Varthema, qui voyage à Sumatra vers 1505 : « C'est là, à mon avis et d'après ce que disent aussi beaucoup de gens, l'île de Taprobana où règnent quatre rois couronnés [...][4]. » De plus, Sumatra est traversée par l'équateur comme Ptolémée avait supposé que l'était Taprobane. C'est cette représentation qui prévaut jusqu'au XVIe siècle : « Ticou est situé sous l'equateur justement en la terre de Tropobane, au costé du ouest[5] », peut-on lire dans le *Discours de la navigation* de Jean et Raoul Parmentier en 1529. Une incertitude tenace demeure malgré tout, et longtemps les récits mentionneront cette absence de l'île là où elle devait initialement se trouver, et s'interrogeront sur sa possible évasion vers l'Orient. Quelques jours après le retour de la *Victoria*, navire rescapé

1 Girolamo Sernigi, *La seconde lettre de Girolamo Sernigi*, in Vasco de Gama, *op. cit.*, p. 180.
2 Amerigo Vespucci, *Lettres Familières*, in *Le Nouveau Monde*, *op. cit.*, p. 91-92.
3 *Id.*, p. 102-103.
4 Ludovico di Varthema, *op. cit.*, p. 207.
5 Jean et Raoul Parmentier, *Le discours de la navigation de Jean et Raoul Parmentier, voyage à Sumatra en 1529, description de l'Isle de Sainct-Domingo*, publié par Ch. Shefer, Genève, Slatkine Reprints, 1971, 202 p., p. 70.

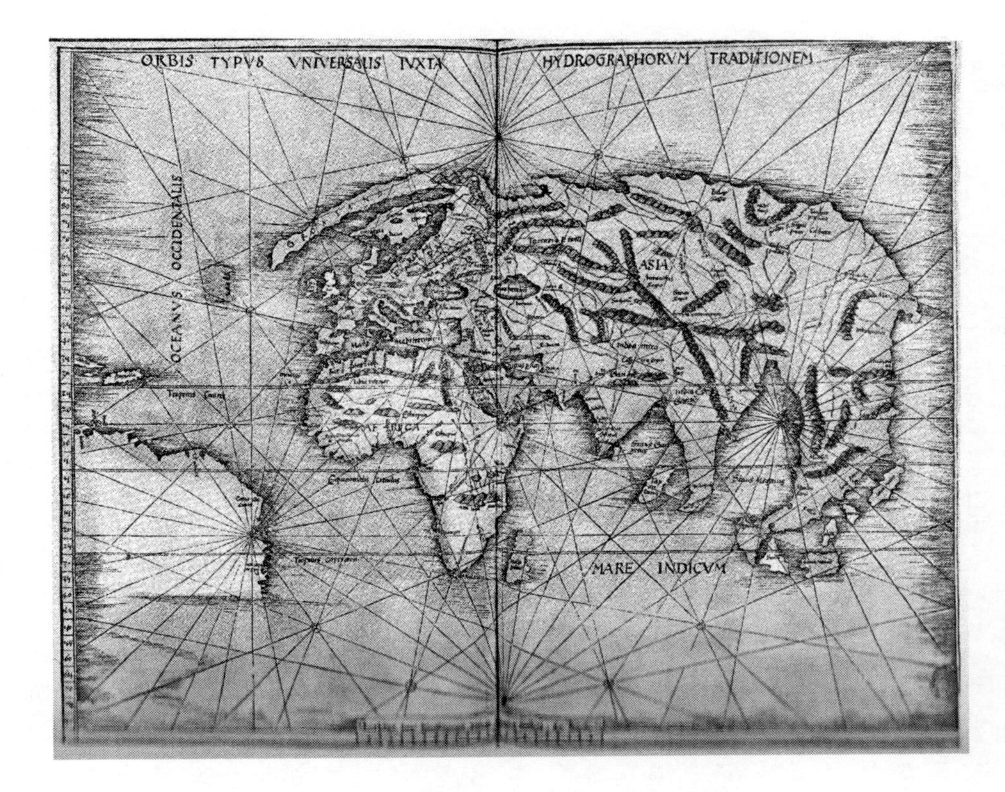

ILL. 2 – Martin Waldseemüller, planisphère, *Orbis Typus Universalis Juxta Hydrographorum Traditionem*, Strasbourg, 1513, Paris, Bibliothèque nationale de France, Cartes et plans, GE-DD 1009 (RES).

de l'expédition Magellan, le 8 septembre 1522 à Séville, Transylvanus, le secrétaire de Charles Quint à Valladolid, écrit au cardinal archevèque de Salsbourg : « Les Portugais [...] ont navigué vers l'est. Ils ont découvert de nombreuses îles, [...]. Ils se sont ensuite transportés [...] jusqu'aux côtes de l'Inde [...]. Ensuite ils ont navigué jusqu'à *Trapobane* [Taprobana] que l'on appelle maintenant *Zamatara* [Sumatra]. Car là où Ptolémée, Pline et d'autres cosmographes ont placé *Trapobane*, il n'y a de nos jours aucune île qui puisse, pour quelque raison que ce soit, être celle-ci ou que l'on puisse croire être celle-ci[1]. » *« De nos jours »*, dit Transylvanus, qui laisse flottante l'hypothèse d'un gisement antérieur différent, d'une époque révolue où l'île se serait confondue avec Ceylan et trouvée effectivement sur la position que lui assignaient les Anciens. (voir ill. 3 p. 56).

Le XVIIe siècle conserve la mémoire du toponyme *Taprobane*, qui tombe peu à peu en désuétude, l'arrivée des Hollandais et des Anglais ayant banalisé l'usage du toponyme local *Sumatra*. Cependant, le désir de laisser ouvert un débat resté inabouti, ou de préserver le mythe en continuant de le lier à l'île lointaine de l'Insulinde, reste tout à fait perceptible dans les récits de voyage. En 1631, un gentilhomme Français mercenaire de la V.O.C. écrit par exemple dans sa relation : « Après avoir demeuré jusqu'au mois de juillet dans la garnison de Batavia, on commanda 60 soldats, desquels j'étais, pour aller au royaume de Iambé dans Sumatra, aussi appelée par les anciens la Taprobane[2]. » De même Vincent Leblanc en 1649 : « Pour le regard de *Sumatra*, c'est une des belles et grandes isles du monde, appellée autresfois *Taprobane* [...][3] ». L'île se perd ensuite. Tout s'est passé finalement comme si elle avait erré longtemps à la recherche d'un ancrage possible, d'abord à Ceylan, puis dans les mers d'Orient, enfin à Sumatra, avant de disparaître des cartes, à défaut de s'effacer des mémoires. Du reste, *Samudra* était au XIIIe siècle un royaume musulman dans le nord de l'île, et *Samudera*

1 Maximilianus Transylvanus, *La Lettre de Maximilianus Transylvanus*, in *Le voyage de Magellan (1519-1522), La relation d'Antonio Pigafetta et autres témoignages*, édition de Xavier de Castro en collaboration avec Jocelyne Hamon et Luís Filipe Thomaz, Paris, Chandeigne, coll. Magellane, 2007, avec le concours du CNL et de la fondation Gulbenkian, 2 vol., 1087 p., t. 2, p. 888-889.

2 Mercenaires Français de la V.O.C., *La route des Indes hollandaises au XVIIe siècle, le récit de Guidon de Chambelle et autres documents*, présentation, transcription et notes de Dirk van der Cruysse, Paris, Chandeigne, 2005, avec le concours du CNL et de l'ambassade du royaume des Pays-Bas à Paris, 287 p., p. 212.

3 Vincent Leblanc, *op. cit.*, p. 137.

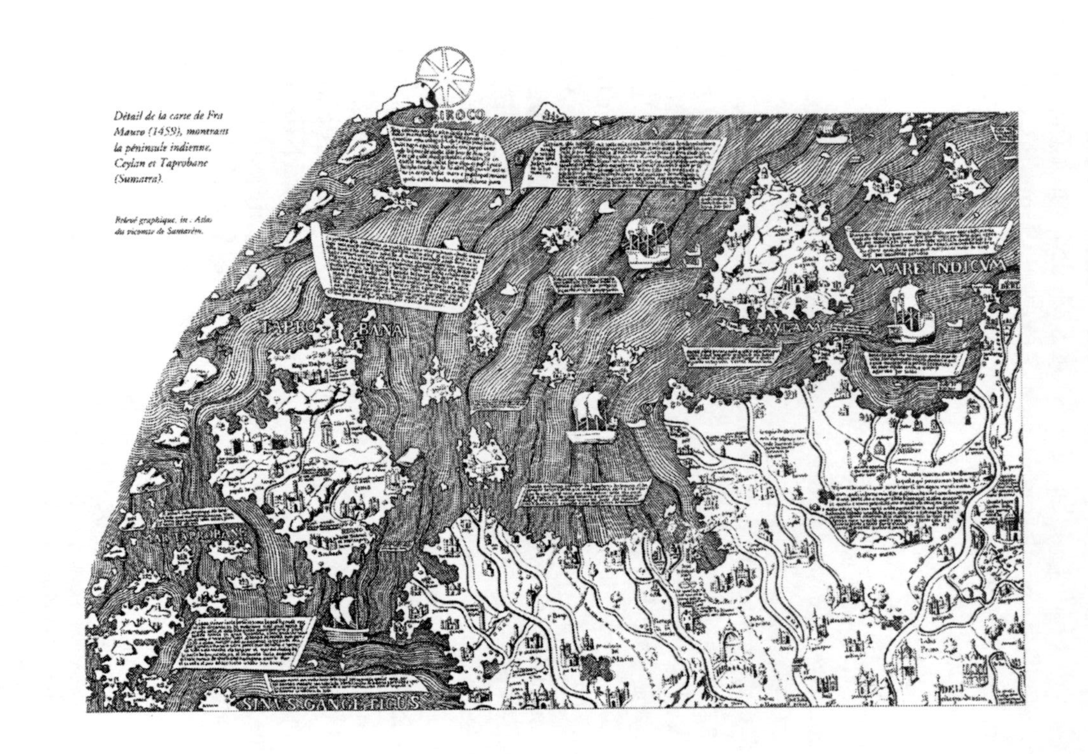

Ill. 3 – Détail de la carte de Fra Mauro (1459), montrant la péninsule indienne, Ceylan et Taprobane (Sumatra), *Le Voyage aux Indes de Nicolò de' Conti*, éd. Chandeigne, Paris, 2004, relevé graphique in *Atlas du vicomte de Santarem*, p. 81-82. Taprobana est maintenant éloignée de Ceylan-Saylam, et s'est rapprochée de Java.

signifie *Océan* en langue malaise. C'est dire que la Taprobane, en accord avec la dernière localisation qu'on lui a prêtée, ne pouvait demeurer, en fin de course, que mouvante et insaisissable.

Ainsi, l'île apparaît comme le territoire par excellence capable d'illustrer l'idée de métamorphose, elle est un monde en pleine mutation, resté hors des atteintes du temps. De surcroît, la perception que les voyageurs en ont montre que l'espace maritime est structuré par une géographie imaginaire qui est elle-même le résultat d'une longue construction historique et littéraire. Et de toutes les formes d'insularité, l'île errante est sans doute celle qui possède l'îléité[1] la plus forte. Ce qui s'écrit à son sujet est largement influencé par les représentations anciennes, et donc par tout ce que les voyageurs croient savoir d'elle avant même de s'embarquer. Errante, l'île offre un ancrage à la fois vital, variable et cependant impossible au désir des hommes de revenir à une aube – voire une origine – perdues, et en ce sens sa séduction ne s'émousse jamais. Comme espace mobile, marginal, parfois ouvert aux sortilèges, elle s'érige également en conservatoire d'une harmonie mystérieuse qui prête souvent à rêver et justifie du même coup une quête définitivement inaboutie. Par-dessus tout, comme lieu saturé de signes et d'hypothèses, elle se montre propice au développement de l'imaginaire. Pour toutes ces raisons, c'est l'île errante qui donne lieu à la construction culturelle la plus riche.

1 Îléité : ce concept a été défini comme un idéal abstrait d'île par le sociologue et philosophe Abraham Molès (1982). On parle de l'îléité plus ou moins forte d'une île. – Voir : Abraham Molès et Elisabeth Rohmer, *Labyrinthes du vécu*, Paris, Librairie des Méridiens, 1982, 183 p.

DES ÎLES SANS NOMBRE

LA RHÉTORIQUE DU NOMBRE

Personne, en fait, ne saurait donner une estimation exacte du nombre des îles dans les mers d'Orient. Elles sont toujours comptées en milliers, qu'il s'agisse des îles de l'Inde ou de celles de l'Insulinde. Très tôt s'est mise en place une « rhétorique de l'extraordinaire », selon la formule de Philippe Ménard[1], et l'attente du lecteur se satisfait toujours d'une prolifération qui donne sa chance au merveilleux en installant une vision fabuleuse du monde.

La détermination du nombre d'îles au large de l'Inde est restée jusqu'à présent une question sans fin : le comptage varie selon la définition même que l'on donne de l'île, c'est-à-dire selon que l'on a reconnu ou non l'existence de centaines d'îlots ou de basses parfois submergées. En 1298, le cinquième itinéraire du *Devisement du monde* de Marco Polo conduit le lecteur dans l'Océan Indien, où l'on atteint le continent africain en Somalie, puis à la hauteur de Zanzibar, pour revenir à Ormuz par l'Éthiopie. « [...] il n'est personne au monde qui puisse parler ou dire la vérité sur toutes les îles de l'Inde, écrit Marco Polo. Je vous ai donc parlé de ce qu'il y avait de mieux, de la fleur des choses. Sachez que, suivant le calcul des matelots de cet océan [*i. e.* : l'océan Indien], il y a 12 700 îles qu'ils connaissent – sans parler de celles où l'on ne peut se rendre – qui sont toutes habitées[2]. » Une telle évaluation a dû frapper les esprits, car c'est à peu de chose près le nombre que l'on retrouve pendant les quatre siècles qui suivent chaque fois qu'un voyageur veut suggérer l'idée de profusion – et cela, quelle que

1 Marco Polo, *Le Devisement du monde*, édition critique publiée sous la direction de Ph. Ménard, Genève, Droz, 9 t., 2001-2009, t. 1, p. 106.

2 Marco Polo, *La description du Monde*, édition de Pierre-Yves Badel, *op. cit.*, p. 457.

soit la zone géographique considérée. En 1586, pour décrire les hauts fonds du Canal du Mozambique, André Thevet écrit que ce sont « [...] rochers pour la plupart haut eslevés et faits en pointe de diamant en nombre de plus de douze mille[1]. » En 1611, Pyrard de Laval en vient d'ailleurs à s'interroger sur la valeur d'un tel comptage, qu'il a lui entendu appliquer aux Maldives : « Au-dedans de chacun de ces enclos, sont les îles tant grandes que petites en nombre presque infini. Ceux du pays me disaient qu'il y en avait jusqu'à 12 000. J'estime quant à moi qu'il n'y a pas apparence d'y en avoir tant, et qu'ils disent 12 000 pour désigner un nombre incroyable et qui ne se peut compter[2]. » En 1625, Purchas conserve toujours le chiffre de référence : « J'ai appris des marins et des pilotes qui naviguent dans ces mers qu'il n'y a pas moins de 12 700 îles éparses dans l'Océan Indien, les unes habitées, les autres désertes[3]. »

D'autres voyageurs ont retenu un chiffre moindre, peut-être par souci de vraisemblance, mais personne ne tombe jamais en-dessous du millier, nombre suffisamment élevé pour exclure l'idée d'un comptage détaillé qui mettrait des bornes à l'imagination. « En Inde et autour de l'Inde, assurait Jean de Mandeville en 1356, il y a plus de cinq mille îles habitables, bonnes et grandes, sans compter celles qui sont inhabitables et sans compter plusieurs autres petites qu'on ne peut mentionner[4]. » Ces cinq mille îles figurent sur l'Atlas Catalan qui entre dans la collection royale de Charles V en 1380. Elles ne sont plus que mille dans la lettre de Girolamo Sernigi, marchand florentin établi à Lisbonne, qui a recueilli en 1499 le plus grand nombre possible d'informations au retour de la première expédition de Vasco de Gama : « [...] quand [les marins de là-bas] traversent le golfe ils ont sur leur droite, à ce que dit le pilote, plus de mille îles. Celui qui s'enfoncerait parmi elles s'y perdrait, car il y a là beaucoup d'écueils, [...][5] ». Il reste que la rhétorique du fabuleux l'emporte le plus souvent, le lecteur de récits de voyage est d'abord un homme en quête d'émerveillement, et l'excès ne le choque jamais vraiment. Les Lacquedives, que Pyrard de Laval appelait « îles

1 André Thevet, *Le grand Insulaire et pilotage*, *op. cit.*, f° 342 v° au f° 344 r°.

2 François Pyrard de Laval, *op. cit.*, t. 1, p. 119.

3 Samuel Purchas, *His Pilgrimes, Contayning a History of the World in Sea Voyages and Lande Travells, by Englishmen and others*, (4 vol.), Londres, 1625, t. 3, p. 105.

4 Jean de Mandeville, *op. cit.*, p. 124.

5 Girolamo Sernigi, *La première lettre de Girolamo Sernigi*, in Vasco de Gama, *op. cit.*, p. 176.

de Divandurou[1] », ne portent-t-elles pas maintenant le nom de *Laksha Dwipa*, « les cent mille îles » ? Cet archipel indien est en fait composé d'une trentaine d'îlots. Erreur d'impression probable ou involontaire fascination du nombre (qui révèle alors le voyageur derrière le chercheur), Frank Lestringant citant Marco Polo parle non des douze mille sept cents îles que Polo prétendait connues des matelots à son époque, mais de cent vingt mille[2]. Le chiffre ainsi gonflé ne suscite d'ailleurs aucune surprise, aucun scepticisme. Il acquiert au contraire une sorte de légitimité, le grossissement le met plus que jamais en accord avec les représentations mentales et les exigences secrètes du lecteur, que de tels glissements savent toujours convaincre : son attente à ce moment-là se trouve enfin comblée.

L'Insulinde a donné lieu au même type d'amplification. Les archipels innombrables de la Sonde ont à leur tour fasciné les visiteurs et alimenté des hypothèses variables : « Le patron du navire disait qu'autour de l'île de Java et autour de celle de Sumatra il y a plus de 8 000 îles[3] », écrit Ludovico di Varthema vers 1505. Guillaume Le Testu, dans sa *Cosmographie universelle* de 1556, assure qu'« autour de Samiotra ou Trapobanne sont 1378 illes, qui sont celles que vous povés voir nommés les Moluques[4] », et une telle précision demande un effort d'appropriation inhabituel : il engendre un vague malaise chez le lecteur, confronté à une réalité – ou à ce qui est avancé comme tel – qui contraint la représentation au lieu de la laisser flottante. Francesco Carletti, qui séjourne à Manille en 1596, reprend l'estimation traditionnelle, mais en élargissant la zone considérée : « [Les Espagnols] affirment y avoir en tout 12 000 îles qui comprennent également les Moluques et celles du Japon [...][5] ». En 1611, Pyrard de Laval préfère ne plus proposer aucun chiffre pour permettre au lecteur de se représenter l'Insulinde : « Il serait impossible de dire par le menu toutes les îles qui sont en cette mer de la Sonde, ou du Sud

1 François Pyrard de Laval, *op. cit.*, t. 1, p. 302. – *Anduru* était le nom d'une île dans l'archipel des Lacquedives.

2 Frank Lestringant, *Le livre des îles*, *op. cit.*, p. 13.

3 Ludovico di Varthema, *op. cit.*, p. 225.

4 Guillaume Le Testu, *op. cit.*, f°. XXXI. – Le chiffre paraît emprunté à Ptolémée, qui comptait 1378 îles dans le voisinage de Taprobane/Ceylan.

5 Francesco Carletti, *Voyage autour du monde de Francesco Carletti*, introduction et notes de Paolo Carile, traduction de Frédérique Verrier, Paris, Chandeigne, coll. Magellane, 1999, 350 p., p. 132.

comme l'appellent les Portugais, à cause de leur grand nombre, tant grandes que petites [...][1]. » Guidon de Chambelle, malgré un champ d'investigation qui paraît plus restreint, reste évasif dans son Journal du 5 décembre 1645 : « Vîmes à plein l'île Java et force autres petites îles. Ceux du pays en comptent jusqu'à mille, toutes remplies d'arbres [...][2] ». Passant à son tour au large de Batavia, Choisy confirme le nombre et en fait déjà une appellation en janvier 1686 : « À minuit on a mouillé, quoiqu'il fît bon frais, parce qu'on avait peur d'aller donner sur les mille îles[3]. » En août 1768, Bougainville évoque lui aussi la région des *mille îles*, mais la situe cette fois bien plus à l'est, dans les mers intérieures de l'Insulinde, puisqu'il navigue à ce moment-là entre la pointe nord de la Nouvelle-Guinée et l'île de Ceram : « [...] toute cette partie n'est qu'un archipel assez vaste de petites îles, qu'à raison de leur nombre, l'amiral Rogewin, qui les traversa en 1722, nomma les *mille Isles*[4]. » Il semble que ce chiffre soit finalement devenu le toponyme habituel puisqu'en 1775, dans le *Neptune Oriental*, D'Après de Mannevillette l'utilise comme tel sur la carte qu'il présente : « La côte orientale de *Sumatra*, depuis le détroit de la *Sonde* jusqu'au détroit de *Banca*, de même que les *Milles îles* et plusieurs autres, [...] sont réduites d'une carte d'un plus grand point [...][5]. » La prolifération des îles, attendue et suffisamment imprécise, satisfait quoi qu'il en soit le goût du merveilleux. Et dans tous les cas, renoncer à compter avec exactitude parce qu'il y en a trop, c'est implicitement admettre qu'aucune évaluation ne correspondrait à la réalité – le nombre des îles reste alors une question ouverte, le sujet d'une rêverie informelle que rien ne vient borner, et à laquelle chaque lecteur, voyageur sédentaire, peut s'exercer à son aise. En somme, reconnaître l'impossibilité de compter les îles, c'est aussi saisir l'opportunité offerte de les conter sans réserve.

Enfin, si les territoires insulaires constituent un horizon de fuite, admettre l'imprécision de leur nombre et l'impossibilité de les fixer une

---

1 François Pyrard de Laval, *op. cit.*, t. 2, p. 681.

2 Jean Guidon de Chambelle, in *Mercenaires Français de la VOC*, *op. cit.*, p. 106. – Sur Guidon de Chambelle, voir François Moureau, *Le théâtre des voyages, une scénographie de l'Âge Classique*, Paris, P.U.P.S., coll. Imago Mundi, 2005, 584 p., Section II, Chap. I, « Jean Guidon de Chambelle, Un Parisien à Java, (1644-1651) », p. 101-112.

3 François-Timoléon de Choisy, *Journal du voyage de Siam*, présenté et annoté par Dirk van der Cruysse, Paris, Fayard, 1995, 462 p., p. 296.

4 Louis-Antoine de Bougainville, *op. cit.*, p. 344.

5 Jean-Baptiste-Nicolas-Denis d'Après de Mannevillette, *op. cit.*, Préface, p. 53.

bonne fois revient à répondre très exactement à la demande d'évasion fictive qui reste celle du lecteur : les petites îles lointaines mal connues accèdent dès lors à son désir silencieux de s'arroger une autre identité, de mener une autre existence, en lui offrant l'insaisissable opportunité de disparaître – de tout recommencer.

DES TOPONYMES CHANGEANTS

D'autre part, une île découverte est presque toujours nommée, mais elle l'est diversement, continuellement, par tous ceux qui l'aperçoivent. Les journaux de bord tenus sur les bateaux d'une escadre peuvent ainsi évoquer tous la rencontre d'une même île, à laquelle chacun d'entre eux donne, le même jour, un nom différent. Une telle pratique fait qu'une île unique se trouve sans cesse réinventée par les récits qui la mentionnent et qui, par conséquent, donnent l'impression de la multiplier. Le lecteur des Relations, en fin de compte, ne sait jamais vraiment de quelle terre il est question, et combien d'îles ont été aperçues réellement. Les archipels se voient, par ce procédé, régulièrement crédités d'îles supplémentaires, sur l'existence desquelles il a fallu parfois plusieurs siècles pour faire le point.

Le deuxième voyage de Pedro Fernández de Quirós en 1605-1606 offre un exemple particulièrement significatif de cette coutume. Ce périple avait pour objectif de reconnaître les îles du Pacifique Sud. Trois vaisseaux prennent la mer le 21 décembre 1605, à bord desquels embarquent des hommes dont certains ont rédigé avec soin des Relations, ou des Lettres, qui portent témoignage de la navigation accomplie sous le commandement de Quirós. Ce sont l'amiral Luis Vaes de Torres, Gaspar Gonzalez de Leza, Don Diego de Prado y Tovar, et Juan de Iturbe. La découverte d'îles nouvelles étant donnée comme le but officiel du voyage, toute terre aperçue fait donc l'objet d'une description détaillée. Ainsi, le 26 janvier 1606, « [...] on découvrit la première île, [...] elle fait 5 lieues de tour, elle est couverte d'arbres, et a des plages de sable. [...] nous l'avons appelée *Luna puesta*[1], » indique le récit de Quirós. *Luna puesta*,

---

1 Pedro Fernández de Quirós, *op. cit.*, p. 208. – Dans tout ce paragraphe, nous repartons des indications données par Annie Baert.

c'est-à-dire « Lune couchée ». Mais dans sa requête n° 24, en janvier 1609, Quirós lui-même l'appelle désormais *Encarnacion*... Chacune des îles repérées par la suite reçoit des noms variés, qui révèlent l'état d'esprit propre au voyageur qui les signale : « [...] Le 29 janvier [1606] au lever du jour, nous vîmes une île toute proche, [...] son nom est *Juan Bautista*, note Quirós. Comme elle n'a pas de mouillage permettant d'aller chercher du bois et de l'eau, nous avons continué notre voyage vers l'ouest nord-ouest[1]. » Mais Vaez de Torres lui donne – selon un usage courant chez les navigateurs de l'époque – le nom du saint du jour, *San Valerio*, tandis que Gonzalez de Leza l'appelle *Sin Puerto*, « Sans Mouillage », et Diego de Prado *Sin Provecho*, « Sans Intérêt », exprimant de la sorte, l'un et l'autre, leur déception de n'avoir pu faire l'escale dont leurs navires avaient grand besoin. Le 1er mars 1606, les vaisseaux abordent une île, habitée cette fois, sur laquelle les découvreurs débarquent. « Le capitaine trouva que le nom de *Peregrina* lui irait bien[2]. » Ce nom pourrait se traduire par « Étrangement Belle » ou « Étonnante ». Mais la *Peregrina* est devenue *Las Palmas* sous la plume de Diego de Prado, manifestement sensible au fait qu'elle est couverte d'une « grande et épaisse palmeraie, la principale ressource des Indiens[3]. » Elle reçoit le nom de *La Matanza*, « Le Massacre », dans le récit de l'amiral Vaez de Torres, la descente à terre ayant entraîné la mort d'un Indien, « homme courageux, qui ne voulait que défendre sa maison, [et] ne méritait pas de mourir [...][4]. » De son côté, Torquemada appelle cette île *Gente Hermosa*, « Les beaux Indiens », car elle est peuplée d'hommes « grands, beaux et bien faits, à la couleur agréable[5] », le récit de Quirós allant même jusqu'à comparer à des anges[6] les enfants aux cheveux dorés qu'ils y ont rencontrés. Gonzales de Leza qui effectue un comptage des îles reconnues, la désigne seulement par « la Quinzième ». Par conséquent, nommée selon des points de vue différents et des critères totalement subjectifs, l'île unique acquiert cinq visages distincts sous cinq plumes qui trahissent les centres d'intérêt personnels et les sensibilités des narrateurs, les découvertes ou les événements qui les ont frappés. Elle se

1 Pedro Fernández de Quirós, *op. cit.*, p. 209.
2 *Id.*, p. 231. – Il s'agit de Rakahanga, aux îles Cook.
3 *Id.*, p. 230.
4 *Id.*, p. 229.
5 *Id.*, p. 225.
6 *Id.*, p. 228-229.

trouve touchée par une forme de prolifération particulière, qui rend sa représentation totalement flottante, puisque, par ailleurs, on sait assez peu de choses de sa position en mer, « à environ 1 600 lieues de Lima, par 10° 1/3 de latitude[1] ». Finalement, trop de noms attribués tuent le nom possible, et l'île victime de cette surabondance tombe dans une forme de divagation plus grave encore : ce n'est plus son seul gisement qui est incertain, mais ce qui la distingue, ce qui fait sa personnalité et aurait pu par la suite constituer son aura, voire sa légende particulière. C'est l'idée même que les voyageurs pourraient se faire d'elle qui se met alors à errer. De surcroît, tous ces noms disparus, qui n'ont semble-t-il jamais été employés par d'autres que par Fernández de Quirós et ses équipages, font de l'île nouvelle une création en soi, qui relève plutôt de la littérature et de la géographie du rêve…

Comme l'île est (re)nommée à chaque (re)découverte, la plupart des îles ont longtemps flotté entre plusieurs appellations, appliquées tantôt à l'une, tantôt à l'autre des terres aperçues dans une même zone. Lorsqu'il s'agit d'un archipel, la confusion peut devenir telle après deux siècles de navigation que personne ne parle de la même île sous le même nom. En 1761, Pingré[2] s'efforce patiemment de mettre un peu d'ordre dans la géographie des Mascareignes. Il constate que l'île la plus proche de Madagascar est *Bourbon*, également appelée *Mascareignas* par les Portugais, *Mascarin* par ses habitants créoles, et désignée sur les cartes anciennes sous le nom de *Sainte-Apollonie*. Que l'île suivante s'est appelée *Cerne* ou *Cirne*, ou île du *Cygne*, mais également *Mascareigne* par confusion avec la précédente, puis *Maurice* sous la colonisation hollandaise et enfin l'*Île de France* lorsque les Français s'y installent en 1721. Que la troisième île, *Rodrigue*, la plus éloignée de Madagascar, s'est d'abord nommée *Don Galopes* sur plusieurs cartes gravées vers le milieu du XVIe siècle, puis *Diego Ruiz*, *Diego Roiz* ou *Diego Rodriguez* et enfin *Rodrigue*. Pingré recense par conséquent plus d'une dizaine de noms pour désigner les trois îles de l'archipel, *Sainte-Apollonie* ayant gardé longtemps le statut fluctuant de quatrième île éventuelle, et sans doute errante. Car si *Sainte Apollonie* a pu désigner *Bourbon* sur les cartes anciennes, elle désigne

1 *Id.*, p. 231.

2 Alexandre-Gui Pingré, *Voyage à Rodrigue. Le transit de Vénus de 1761. La mission astronomique de l'abbé Pingré dans l'océan Indien*, texte inédit établi et présenté par Sophie Hoarau, Marie-Paule Janiçon et Jean-Michel Racault, éd., Paris, SEDES, Le Publieur, coll. Bibliothèque Universitaire et Francophone, 2004, 374 p., p. 150-152.

Maurice en 1638 chez François Cauche[1], et en 1668, Souchu de Rennefort rapporte que l'équipage du *Taureau* l'a cherchée avec soin mais vainement en se rendant de Madagascar à Mascareigne[2]. Des géographes en effet continuent de faire figurer *Sainte-Apollonie* sur leurs cartes à une époque où les trois autres îles sont déjà parfaitement connues. Mais, comme toujours lorsqu'il s'agit des îles errantes, celle qui demeure la *Non Trubada*[3] reste aussi celle à laquelle chacun continue de songer, celle que le cosmographe indique par mesure de précaution, et celle que le découvreur tente de captiver pour l'immobiliser.

Par ailleurs, Pingré, qui avait pourtant une bonne connaissance de la relation de Cauche, qu'il cite dans son argumentation[4], ne fait aucune allusion, dans son récapitulatif des noms attribués aux Mascareignes, à une certaine île de *Nazaret* ou *Nazare*, mentionnée par Cauche, pour qui le dodo de Maurice se nommerait « oiseau de Nazaret ». Une note en marge du récit de Cauche propose cette explication : « Peut-estre que ce nom [lui] a esté donné, pour avoir esté trouvez dans l'isle de Nazare, qui est plus haut que celle de Maurice, sous le 17. degré delà l'Équateur du costé du Sud[5] », ce qui fait aussitôt songer à la position de Rodrigue, qui se trouve bien au nord-est de Maurice et au sud de la Ligne. La carte que Cauche a fait dresser d'après ses souvenirs de voyage[6] représente effectivement une île de Nazaret, flanquée d'une île jumelle qui, elle, n'a pas de nom. Toutes deux sont positionnées très au nord, légèrement à l'est et au large de l'île Sainte-Marie de Madagascar et de la baie d'Antongil. Comme Rodrigue est absente dans l'archipel des Mascareignes représenté par Cauche, le lecteur est en droit de se demander si « *île de Nazaret* » n'est pas simplement un autre nom de Rodrigue qui serait

1 François Cauche, *Relations véritables et curieuses de l'Isle de Madagascar et du Brésil [...]*, Paris, A. Courbé, 1651, in 4., 3 parties en un vol., 307-212-158 p., p. 8.

2 Urbain Souchu de Rennefort, *op. cit.*, p. 214.

3 Christophe Colomb, *Œuvres*, *op. cit.*, note 18, p. 372. La *Non Trubada*, la « Non Trouvée » est l'un des noms de San Porandon, une île que l'on chercha très longtemps en vain à l'ouest des Canaries.

4 Alexandre-Gui Pingré, *op. cit.*, p. 152.

5 François Cauche, *op. cit.*, p. 131.

6 *Id.*, Au lecteur : « [...] Monsieur Morisot, qui m'ayant receu charitablement en sa maison à Dijon, et appris de moy mon voyage, le mit par escrit, et y adiousta de sa main la carte de l'isle de Madagascar, suivant qu'elle a esté par moy reconnuë pendant le sejour que j'y ay fait [...] ».

par la suite tombé dans l'oubli. Le planisphère du Père Duval, en 1665, indique lui aussi une île *Nazareth* sur la position de Rodrigue. Aussi Pingré a-t-il peiné beaucoup pour reconstituer l'évolution chronologique de ce puzzle qui semble comporter des morceaux en surnombre, quelquefois interchangeables, et il avance, pour justifier les obscurités, voire les incohérences dans la représentation des Mascareignes, une explication qui peut effectivement éclairer de tels flottements : « Comme il est difficile de rencontrer ces îles en allant d'Europe ou d'Afrique aux Indes et qu'en revenant il est très possible de n'en rencontrer qu'une, la confusion que l'on peut remarquer à leur égard dans les anciennes relations de voyages ne me paraît pas surprenante[1]. » Mais si Pingré semble avoir considéré l'appellation « île de Nazareth » comme négligeable et donc l'avoir exclue de son inventaire, les navigateurs sont longtemps restés inquiets de cette possible rencontre sur une route qu'ils fréquentent de plus en plus régulièrement. En 1775, D'Après de Mannevillette ne parle plus exactement d'île mais plutôt de bancs dangereux et fait part de son embarras : « Quoique les bancs de *Nazareth* soient marqués sur toutes les anciennes cartes, que je les aye placés sur les miennes au nord de l'*Ile-de-France*, et qu'il en soit fait mention dans le Routier Portugais, on n'a pu même encore s'assurer de leur existance, quelques recherches qu'on ait fait à cet égard[2]. » Il mentionne la quête minutieuse tout récemment menée par Monsieur de Trobriant, commandant la frégate du Roi *l'Étoile*, qui, parti de Bourbon, a cherché vers le nord-est jusqu'à 15° degrés 10 minutes de latitude, et aurait dû normalement traverser les bancs dans leur milieu... D'Après lui-même avait tenté de préciser leur gisement en 1754 mais « les vents qui varierent de l'est vers le nord, ne me permirent pas de prendre autant de l'est que je l'aurois souhaité pour ranger l'accore des bancs de *Nazaret*[3]. » Ces déconvenues successives ne l'empêchent pas de rappeler fréquemment à son lecteur ce haut-fond introuvable, demeuré errant et comme aux aguets dans les eaux orientales des Mascareignes : « Quant aux deux bancs de *Nazareth*, dont on n'a eu jusqu'ici aucunes nouvelles connaissances, si leur existence est certaine, comme il n'y a pas lieu

1 Alexandre-Gui Pingré, *op. cit.*, p. 150.
2 Jean-Baptiste-Nicolas-Denis d'Après de Mannevillette, *op. cit.*, p. 42-43 (Préface).
3 *Id.*, p. 72.

d'en douter, ils doivent se trouver entre la route de la flûte la *Digue* et *Corgados Garayos*, les routes des autres vaisseaux ne permettant pas de soupçonner qu'ils soient plus à l'occident[1]. » D'Après, bien que constatant la difficulté, voire l'impossibilité, de localiser les bancs de Nazareth, confirme malgré tout leur présence, à partir de laquelle il construit une partie de ses analyses ou de ses déductions, ce qui finit par les instituer constamment comme références mobiles, à défaut de les constituer en repères fiables : « [...] en partant de l'Ile de France on passera à l'ouest des bancs de Nazareth [...] », écrit-il, ou, pour expliquer des lits de marées très violents dans la zone proche : « On peut conjecturer que ce sont les eaux qui s'échappent d'entre les bancs de *Nazareth* et celui de *Saya de Malha* [...][2]. » En somme, sans que l'on ait jamais obtenu aucune preuve de leur existence, les bancs de Nazareth, devenus les vestiges actuels d'une île ancienne aléatoire, conservent au XVIIIe siècle, dans les *Instructions sur la Navigation*, une présence par défaut bien réelle, dont on continue de tenir le plus grand compte lorsqu'on se rend aux Indes. (voir ill. 4 ci-contre)

Le flottement observé pendant deux siècles dans la représentation des Mascareignes s'accroît encore dans les récits anciens lorsqu'il est fait mention des Comores. La confusion a perduré malgré les escales effectuées, et peut-être à cause d'elles : une meilleure fréquentation de la zone offrait une perspective toujours renouvelée à des terres que l'on croyait probables, que le navigateur n'avait pas aperçues, mais qu'il avait cherchées, et qui alimentaient par conséquent un discours qui se trouvait du même coup sans cesse réactualisé. Car personne ne sait jamais avec certitude pourquoi un vaisseau n'a pas pu reconnaître une île qui aurait dû normalement se trouver sur sa route. Peut-être son existence relève-t-elle d'une représentation locale et imaginaire de l'archipel. Peut-être est-elle le fait d'une cartographie trop prudente, qui préfère signaler toutes les terres, même douteuses[3]. D'autres incriminent les conditions difficiles, voire anormales, de la navigation

1 *Id.*, p. 91. – La graphie de « *Nazaret* » n'est pas plus fixe que la terre qu'elle désigne. D'Après lui-même écrit « *Nazaret* » p. 72, mais « *Nazareth* » p. 42 (Préface), p. 91, 130, 131. – *Corgados Garayos* est un écueil en fer à cheval dont D'Après vient de préciser le gisement au large de l'Ile de France et qu'il peut utiliser maintenant comme point de repère.

2 *Id.*, p. 130 et 131.

3 Voir 2e partie, Chap. II.

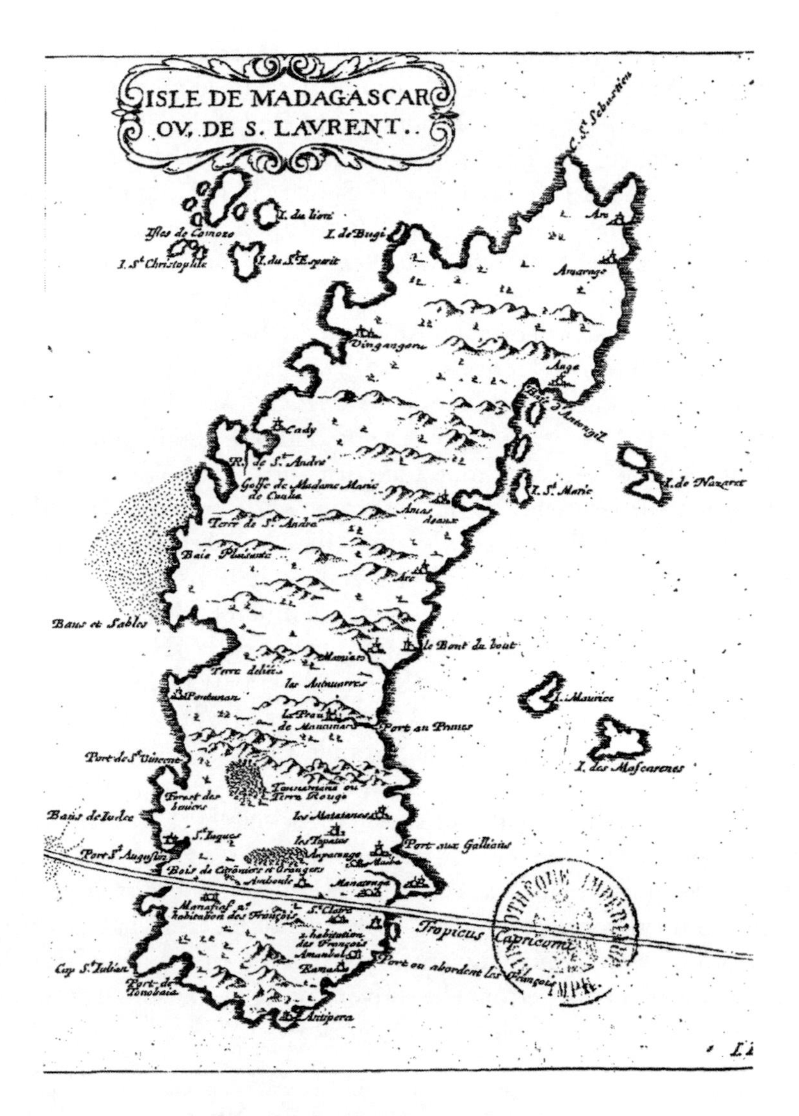

ILL. 4 – Carte de François Cauche, *Madagascar et îles adjacentes*, de François Cauche, *Relations véritables et curieuses de l'Isle de Madagascar et du Brésil […]*, Paris, A. Courbé, 1651, in 4., 3 parties en un vol., *folio 16 (N.P), Ile de Madagascar.*
L'île de Nazareth est détachée des Mascareignes et très au nord de Maurice. À l'emplacement des quatre îles Comores, une dizaine d'îles de tailles diverses sont représentées.

dans le canal du Mozambique. Et pendant ce temps, les variations se multiplient : sur le nom de chacune des îles, sur le nombre d'îles qui composent l'archipel, et sur le nom même de l'archipel.

Par exemple, Diogo do Couto, qui raconte l'exploration de Madagascar par Balthazar Lobo de Souza en 1557, appelle l'île de Mayotte « *Maoto*[1] ». Willem van West-Zanen, capitaine à bord de l'un des vaisseaux de Jacques van Heemskerk en novembre 1601, la nomme « *Majotte*[2] », comme de nombreux autres voyageurs de cette époque. Le navigateur normand Augustin de Beaulieu écrit à plusieurs reprises « *la Maoutte*[3] » en juin 1620, et l'Anglais Thomas Herbert semble n'avoir entendu parler que de « *Meottys*[4] » en septembre 1626. Aussi, pour le lecteur, Mayotte est-elle d'abord une île dont le nom, ni tout à fait le même, ni tout à fait un autre, est aussi instable que sa position sur les cartes, ce qui interroge et déconcerte. Par ailleurs, la manière de désigner les différentes îles de l'archipel fluctue sans cesse, et Thomas Herbert en vient à établir deux listes de noms qu'il met en parallèle. Il mentionne « Cumro [Comore], Meottys [Mayotte], Ioanna [Anjouan], Mohélia [Mohély], et Gazidia [N'Gazidja ou la Grande Comore], que d'autres, précise-t-il, appellent Juan de Castro, Spirito Sancto, San Christofero, Anguzezia et Mayotto[5]. » La première liste comporte donc deux fois la Grande Comore, désignée d'abord par "Cumro" et ensuite par "Gazidia". Dans la seconde liste, seules Anjouan et Mayotte sont clairement identifiables. Si, en Europe, le cartographe tient à faire figurer, par mesure de précaution, une île pour chacun des noms venus à sa connaissance, l'archipel se trouvera alors crédité d'un nombre conséquent d'îles dédoublées, et la description qu'en font les voyageurs suivants, qui n'osent pas toujours trancher entre leur expérience personnelle souvent brève et une longue tradition bien ancrée, semble de plus en plus erratique.

1 Diogo do Couto, *Da Asia*, Liv. IV, Chap. v, in Grandidier, *op. cit.*, t. 1, 1903, p. 104. – L'archipel des Comores comporte en réalité quatre îles : Mayotte, Anjouan, Mohéli, et N'gazidja, appelée également la Grande Comore.

2 Jacques van Heemskerk, *Relâche aux îles Comores et Maurice de Jacques van Heemskerk (1601-1602)*, in H. Soete-Boom, *Derde voornaemste Zeegetogt na Oost-Indien onder Jacob Heemskerk (1601-1603)*, Amsterdam, 1648, in Alfred et Guillaume Grandidier, *op. cit.*, t. 1, 1903, p. 271 *sqq.*, p. 272.

3 Augustin de Beaulieu, *op. cit.*, p. 66.

4 Thomas Herbert, *op. cit.*, in Grandidier, *op. cit.*, t. 2, 1904, p. 392 et 393.

5 *Ibid.*

Par conséquent, la perception géographique de la région est restée longtemps mouvante. Ludovico di Varthema énumère en 1507 diverses îles sur la côte orientale de l'Afrique, et selon lui l'archipel des Comores en comporterait sept : « Je passe encore sous silence beaucoup de belles îles que nous avons rencontrées en chemin, parmi lesquelles celle de Comore, qui est entourée de six autres, et qui produit beaucoup de gingembre et de sucre [...][1]. » Si Diogo do Couto ne compte plus que quatre îles en 1557, il jette le trouble en affirmant qu'il y en a eu auprès de Mayotte cinq ou six autres maintenant submergées[2], devenues des hauts-fonds toujours repérables qui en constitueraient par conséquent la preuve tangible. Willem van West-Zanen, bien qu'il nomme les quatre îles sans erreur en 1601, ne prend pas parti et rapporte que, selon certains géographes, « il y en a plus[3] ». L'archipel se composerait finalement de cinq îles chez Pyrard de Laval, qui fait escale à Mohéli le 23 mai 1602[4], et c'est également le chiffre avancé par Thomas Herbert en 1626. Curieusement, Herbert a laissé une carte sur laquelle il n'en fait pourtant figurer que quatre, attitude qui illustre bien l'état d'esprit propre aux voyageurs de cette époque. Même si, comme West-Zanen, Herbert n'a eu connaissance que de quatre îles au cours de son périple, il n'ose pas infirmer absolument le discours officiel. Une donnée discutable ou erronée se trouve donc régulièrement réinvestie parce qu'elle a le poids de l'erreur ancienne et que cette ancienneté même l'accrédite. Une telle attitude laisse de nouveau une chance à l'île errante, déjà présente dans les représentations mentales de l'archipel, et alimente de surcroît la nostalgie des îles perdues, auxquelles personne ne consent à renoncer vraiment. Elle révèle également le regret d'une expansion ancienne plus vaste, d'un ancrage plus important de l'archipel dans le Canal du Mozambique. Voyageurs et insulaires perçoivent en effet les îles disparues comme un appauvrissement de leur territoire – ce sont toujours des îles les plus belles que l'on se trouve spolié – et comme une réduction de l'espace qui leur fut antérieurement consenti, les îles manquantes ayant entraîné le confinement des populations, et parfois leur disparition[5]. Le

1 Ludovico di Varthema, *op. cit.*, p. 262.
2 Diogo do Couto, *op. cit.*, in Grandidier, *op. cit.*, t. 1, 1903, p. 104.
3 Jacques van Heemskerk, in Grandidier, *op. cit.*, t. 1, 1903, p. 272.
4 François Pyrard de Laval, *op. cit.*, t. 1, p. 67.
5 Une tradition orale assure que les ancêtres des Antalaotse, réfugiés à Mayotte, auraient d'abord vécu dans une cinquième île, Mjomby, avant qu'elle ne fût engloutie.

discours prend alors le relais d'une réalité géographique devenue caduque mais qu'il fait perdurer en dépit de tout. L'archipel comporte donc pour nombre de voyageurs les îles effectivement connues devenues fixes, mais également celles qui ont peut-être existé ou celles qui pourraient n'avoir qu'une présence intermittente. En 1649, Vincent Leblanc continue d'écrire que « ces isles de Comore sont cinq principales de moyenne grandeur, outre plusieurs autres petites, qui sont presque toutes habitées [...][1] ».

Dernière source de flottement, le nom qui désigne l'une des îles a pu, à certaines époques, par extension, s'appliquer à l'ensemble de l'archipel. La Grande Comore et Mayotte sont deux des îles d'un archipel qui, au début du XVIe siècle, portait le nom de « *îles de la Lune* » lorsque les Portugais le découvrirent, à quelque distance de l'île de Mozambique et de la côte orientale de l'Afrique. Certains voyageurs européens parlent donc ensuite des « *Comores* », par corruption du mot arabe « *qamar* », qui signifie « lune », nom qu'ils avaient d'abord appliqué à la première île rencontrée, N'gazidja, et transcrit en « *Comorro* », « *Cumro* », « *Comore* »... En 1626, par exemple, l'Anglais Thomas Herbert ne connait que les « îles de Cumro » : « Ces îles, que l'on appelle Cumro, sont au nombre de cinq, dont la plus grande, qui a été découverte la première, donne son nom aux quatre autres, quoiqu'elles aient aussi leur nom particulier [...][2]. » Mais en 1618, l'*Enkhuizen*, un vaisseau hollandais, fait route par le Canal du Mozambique en indiquant son intention d'aller « se rafraîchir aux Mayottes[3]. » Cette appellation est également de mise dans la marine française en avril 1671. Le *Saint Jean de Bayonne*, vaisseau qui appartient à l'escadre de Perse, tente d'obtenir la permission de Jacob Blanquet de La Haye, amiral de la flotte, pour aller caréner à Sainte-Marie près de Madagascar, afin que, de là, « il passât par la pointe du nord de l'île et allât aux Mayottes, [...][4] », apparemment pour y trafiquer illégalement, car l'autorisation lui est refusée. Un autre officier de la même escadre, Melet, qui navigue en août 1671 sur le *Navarre* en route pour Surate,

1 Vincent Leblanc, *op. cit.*, livre II, p. 13.

2 Thomas Herbert, *op. cit.*, in Grandidier, *op. cit.*, t. 2, 1904, p. 393.

3 Willem Ysbrantsz Bontekoë, *Journal ou description mémorable d'un voyage aux Indes Orientales par Willem Ysbrantsz Bontekoë, de Hoorn, contenant les nombreuses et périlleuses aventures qui lui sont arrivées*, sous le titre *Le naufrage de Bontekoë et autres aventures en mer de Chine (1618-1625)*, traduit et présenté par Xavier de Castro et Henja Vlaardingerbroek, Paris, Chandeigne, coll. Magellane, 2001, 239 p., p. 35.

4 « Journal de bord du vaisseau le *Navarre* », in Albert Lougnon, *Sous le signe de la tortue*, Saint-Denis de la Réunion, Azalées éditions, 1992, 4e édition, p. 111.

écrit de même : « [...] nous découvrîmes Molaly, une des îles Mayotes, [...]. Dans ce même jour, nous aperçûmes aussi Angazia, aussi une de ces îles Mayotes, [...][1] », ce qui laisse supposer que cette manière de désigner l'archipel était finalement courante à l'époque.

Pour toutes ces raisons, la manière dont les navigateurs représentent l'archipel des Comores reste longtemps instable, entachée de doute, gauchie également par les rumeurs que les équipages ont glanées sur place ou à Madagascar. Chaque relation semble mettre au jour une géographie nouvelle, l'archipel s'étire, se dilate ou se resserre selon les récits, et il n'est pas toujours possible de comprendre les silences ou les excès d'un voyageur. Pourquoi Beaulieu, narrateur précis et même minutieux habituellement, n'a t-il mentionné que deux îles sur les quatre ? Il se rend de Mayotte en Grande Comore en juin 1620, il a nécessairement eu connaissance d'Anjouan ou de Mohéli d'une manière ou d'une autre et pourtant n'y fait aucune allusion[2]. D'autre part, lorsque le discours ambiant vient mettre en question les observations que les navigateurs ont effectuées par eux-mêmes, tout se passe comme s'ils hésitaient à accorder un véritable crédit à leur propre sentiment, et nombre d'entre eux continuent de donner la préséance a ce qui s'est dit jusqu'alors, ou, au mieux, ne se prononcent pas. Une grande confusion reste donc de mise dans la représentation des Comores pendant les deux siècles qui nous intéressent.

LA NON TRUBADA

Lorsque l'on parvient à la localiser, l'île cherchée semble souvent déclencher un processus de dédoublement dans l'esprit des découvreurs, comme s'ils répugnaient à clore l'aventure qui les a conduits jusqu'à elle. Avoir la connaissance d'une île nouvelle – est-ce bien celle que l'on cherchait ? – met rarement fin à la quête, qui ne se trouve que momentanément suspendue. La véritable conclusion est reportée à plus tard, et

1 Melet, « Relation de mon voyage aux Indes orientales par mer », Paris, *Études Océan Indien*, Inalco nº 25-26, 1998, p. 95-289, p. 142.

2 Augustin de Beaulieu, *op. cit.*, p. 66-73.

la quête est relancée sous des prétextes divers. Au delà d'une île abordée et rapidement circonscrite, erre nécessairement une île autre, comme une ombre portée de l'île réelle – voire un archipel. L'atterrage paraît appeler très vite une nouvelle recherche et ranimer l'état d'esprit, fait d'alternances d'espoir et de découragement, qui caractérise le voyage d'exploration, en laissant ouverte la perspective d'une terre inconnue, la « belle île » toujours à venir ou déjà rencontrée, mais reperdue.

Inaccessible, intermittente, d'une grande richesse, telles sont les caractéristiques de San Porandon, l'une des îles qui a le plus longtemps interpellé les découvreurs, et que l'on disait située dans l'Atlantique, à l'ouest des Canaries. Les voyageurs en route vers les Indes, qu'elles soient occidentales ou orientales, effectuent assez régulièrement leur première escale dans cet archipel, et ils n'oublient jamais de mentionner San Porandon, avec le regret toujours renouvelé de n'avoir pu l'apercevoir. Elle appartenait à la géographie médiévale, elle est une donnée incontournable de la tradition canarienne, ce qui explique sans doute l'étrange longévité de cette île imaginaire, pour laquelle on a du reste proposé des identifications plausibles qui achèvent de jeter le trouble dans l'esprit du lecteur. Peut-on l'assimiler à l'*Aprositus*, « l'Inaccessible », que mentionnait déjà Ptolémée ? Outre le nom de *San Porandon*, qui la confond avec l'île rencontrée par Saint Brendan, elle porte également les noms d'*Encubierta*, « l'Occulte », de *Non Trubada*, la « Non Trouvée[1] »... Autant de termes ambivalents qui lui reconnaissent une véritable présence en admettant simultanément l'incapacité à la prouver. En 1473, son existence était si peu mise en cause qu'elle faisait partie de la dot de l'infante Brites, fille d'Alphonse V, roi de Portugal. Lorsqu'il s'arrête aux Canaries en août 1492 avant de prendre la direction des Indes Occidentales, Christophe Colomb « rapporte que beaucoup de gens de crédit, parmi les Espagnols qui normalement vivaient dans l'île de Hierro et qui se trouvaient alors dans la Gomera, [...] affirmaient que de leur île on voyait tous les ans une terre à l'ouest des Canaries, c'est-à dire au Ponant ; et il y en avait d'autres, dans l'île de la Gomera même, qui affirmaient la même chose sous la foi du serment. [...] et tout le monde prétendait voir cette île,

1 Christophe Colomb, *Œuvres*, *op. cit.*, p. 372, note 18. – La carte de Toscanelli (1474) dont l'original est perdu, distinguait semble-t-il Saint Brendan située au sud et Antillia située au nord dans l'Atlantique. De nombreuses cartes, comme le globe de Martin Behaim (1492), en font deux îles distinctes. – Voir Antillia – « île des Sept Cités », 3e partie, chap. I.

toujours dans la même direction, avec les mêmes détails et d'une même grandeur[1]. »

San Porandon ne fut-elle rien qu'une île rêvée ? Une telle permanence dans l'affirmation de son existence interroge. Souvent, une découverte bien réelle est à l'origine de la rumeur d'où naîtra la légende. Il suffisait par exemple d'un mauvais coup de vent pour que dérivent loin vers les îles de l'Amérique des vaisseaux déroutés, incapables de se situer, mais qui pouvaient avoir des choses à raconter au retour[2], s'ils revenaient. L'île d'*Antillia* préoccupe également Colomb, les cartes la mentionnent très tôt alors que San Porandon est restée souvent sans ancrage. Les deux îles semblent n'en faire qu'une pour certains, mais d'autres les considèrent comme bien distinctes. *Antillia* figurait comme île autonome sur la carte de Pizzigano dès 1424, loin à l'ouest des Açores. Et sans doute sur celle de Paolo Toscanelli en 1474, carte dont beaucoup ont pensé qu'elle était la référence de base du navigateur génois lors de sa première traversée. L'île est également représentée sur la carte de Johannes Ruysch en 1508, avec la légende : « Cette île d'Antilha fut jadis découverte par les Lusitaniens. On ne la trouve pas lorsqu'on la cherche[3]. » Dans ce contexte, Colomb part sans doute moins à l'aventure que ne l'affirmaient les livres d'histoire de notre enfance. La référence insistante qu'il faisait à San Porandon juste avant son grand départ des Canaries montre qu'il accordait un certain crédit aux témoignages qu'il avait rassemblés[4]. L'emplacement présumé de l'île, au large vers l'ouest, devait renforcer ses convictions personnelles, qui tenaient certainement à la fois de l'intuition et de la connaissance probable d'expériences antérieures. La lumière enfin aperçue par lui à son arrivée aux Bahamas le jeudi 11 octobre 1492 : « c'était comme une petite chandelle de cire, qui s'élevait et s'abaissait [...][5] » se constitue en approbation, elle confirme l'existence de ces terres que la légende avait depuis longtemps anticipées. L'archipel que Colomb aborde, désormais bien réel, trouve un gisement

1 *Id.*, p. 130-31, citant Las Casas.

2 Voir à titre d'exemple Eustache Delafosse, *Voyage d'Eustache Delafosse sur la côte de Guinée, au Portugal et en Espagne (1479-1481)*, transcrit, traduit et présenté par Denis Escudier, avant-propos de Théodore Monod, Paris, Chandeigne, coll. Magellane, 1992, 182 p., p. 45-51.

3 Christophe Colomb, *Œuvres*, *op. cit.*, p. 136.

4 *Id.*, p. 31.

5 *Id.*, p. 43.

définitif sur les cartes. Mais l'une des îles rencontrées au cours de cette navigation, ou au cours des nombreux voyages d'exploration qui vont suivre, aurait très bien pu être assimilée, par l'un ou l'autre des découvreurs, à la San Porandon tant cherchée – et elle ne l'a jamais été.

Envisagée sous cet angle, San Porandon apparaît comme l'archétype de l'île errante. Car les découvertes de Colomb, dans des zones géographiques qui auraient pu accréditer l'idée d'une San Porandon enfin accessible et trouvée, ne mettent pas du tout fin aux recherches, au contraire. C'est en fait qu'une île reconnue se vide de la charge de rêve qui constituait sa vérité kaléidoscopique, au profit d'une réalité qui, en immobilisant définitivement sa représentation, l'appauvrit et la désenchante. Et aucun voyageur ne souhaite vraiment en arriver là. En revanche, l'île dont la position exacte reste inconnue, qui persiste à errer sur les cartes ou dans les esprits, fascine par le miroitement des multiples hypothèses qui élaborent peu à peu sa légende. Ce qui explique peut-être aussi que, quels que soient les dangers encourus, les voyageurs repartent toujours. En 1610, Linschoten persiste donc à faire de San Porandon une île de hasard « en laquelle plusieurs sans y penser se sont rencontrez, qui exaltent merveilleusement la beauté et fertilité du pays [...]. Plusieurs Espagnols sont souvent partis des Canaries pour la cercher soigneusement mais ne l'ont sceu trouver[1]. » En 1619, dans le roman *Polexandre*, Gomberville en fait le royaume d'Alcidiane. Elle est la reine de « l'île inaccessible qui se cache à ceux qui la cherchent, et se découvre quelquefois à ceux qui ne la cherchent pas[2]. » Juan de Abreu Galindo explique longuement, vers 1590, les raisons pour lesquelles on ne pouvait l'atteindre. C'est par lui que nous savons qu'en 1570, à l'occasion d'une enquête ouverte par le tribunal de Las Palmas, des témoins déclarèrent avoir visité cette île, et que Fernando de Villalobos, régidor de l'île de La Palma, organisa à cette date une expédition de découverte[3]. Vers 1590 également, l'ingénieur italien Leonardo Torriani dresse une carte de cette île toujours Non Trouvée mais que tout le monde a en tête[4]. Lors

1 Jan Huyghen van Linschoten, *op. cit.*, p. 233.

2 Marin Le Roy de Gomberville, *L'exil de Polexandre et d'Ericlée*, Paris, Toussaint du Bray, 1619, 638 p., cité par François-Timoléon de Choisy, *op. cit.*, p. 46, note 38.

3 Christophe Colomb, *Œuvres*, *op. cit.*, p. 372. Ces indications sont données par la note n° 18 de Cioranescu.

4 Leonardo Torriani, *Historia de las Islas Canarias*, trad. espagnole par Alexandre Cioranescu, Santa Cruz de Ténériffe, 1958.

de son passage aux Canaries en mars 1690, Challe regrette de n'avoir pu tenter l'escalade du pic de Ténériffe puisqu'il se rappelle avoir lu, dans la relation de Linschoten, « que quelqu'un en était venu à bout, et que l'on voyait de son sommet une île nommée San Porandon, laquelle de temps en temps paraît et dans d'autres temps ne paraît plus[1]. » Le dernier voyage entrepris pour retrouver l'*Inaccessible* eut lieu en 1732, ce qui signifie qu'à cette date, il y avait encore des hommes qui croyaient suffisamment en elle pour monter et financer des expéditions de découverte, alors qu'elle n'avait aucune existence véritablement prouvée depuis deux siècles et demi[2]. Dans une telle perspective, les îles réelles que l'on a effectivement découvertes à la fin du XVe siècle apparaissent souvent comme le double dégradé d'une île errante encore à reconnaître, que l'on imagine toujours bonne et belle, verdoyante et généreuse, riche en or et en argent, enfin, capable de répondre à tous les rêves débridés de liberté et de richesse, restés longtemps parmi les premières causes d'embarquement vers les Indes.

Ce processus fonctionne de la même façon dans l'Océan Indien. Ainsi les Comores comportent quatre îles, mais nous avons vu que nombre de navigateurs en comptent cinq, parfois bien davantage, et l'existence d'une île ancienne, dont l'archipel actuel se trouverait amputé[3], suscite encore le débat aujourd'hui pour mieux nourrir le rêve et le regret.

Les Mascareignes, quant à elles, comportent trois îles, mais on a cherché longtemps la quatrième, Sainte-Apollonie, double probable de Bourbon, puisque la plupart des cartes gravées avant la fin du XVIe siècle la positionnaient comme l'île de l'archipel la plus proche de Madagascar, zone dans laquelle on a patiemment essayé de la localiser.

Quant à l'île Diego Roiz ou Rodrigue, qui appartient aux Mascareignes, elle a été semble-t-il connue des Portugais au début du XVIe siècle. Son double imaginaire est resté pendant trois siècles l'archipel dit *ilhas de Diego Roiz*, un même nom ayant désigné deux gisements d'abord aussi incertains l'un que l'autre. Sur la carte de Van Langren qui illustre en 1596 l'édition du voyage de Linschoten[4], se trouvent une *Ilha de Diego*

1 Robert Challe, *op. cit.*, p. 46.
2 Voir également Paul Gaffarel, *L'île des Sept Cités et l'île Antilie*, in *Congreso internacional de Americanistas*, Madrid, 1883, vol. 1, p. 198-213.
3 Rémi Carayol, « Le mythe tenace de la cinquième île », *op. cit.*, n° 59, janvier 2007, p. 46.
4 Détail d'une carte de Van Langren (1596) in François Pyrard de Laval, *op. cit.*, t. 1, p. 117.

Roiz à l'emplacement de l'île Rodrigue, mais aussi des *Ilhas de Diego Roiz*, situées sur l'équateur à l'ouest des Maldives. L'errance des îles est si grande dans toute la zone sud-est de l'Inde et de Ceylan que les vaisseaux d'une même flotte ne parviennent pas à se mettre d'accord lorsqu'il faut identifier les terres qui apparaissent. En juillet 1602, à bord du *Corbin* sur lequel navigue Pyrard de Laval, les Principaux estiment avoir laissé les *Ilhas de Diego Roiz* à quatre-vingts lieues en arrière vers l'ouest, alors que sur le *Croissant*, leur navire-amiral, le pilote et le général pensent que ces îles sont précisément celles qu'ils viennent juste de découvrir : « [...] le maître de notre navire [*le Corbin*] demanda [au général du *Croissant*] quels bancs et îles c'étaient qui paraissaient, le général et son pilote répondirent que c'étaient les îles appelées de *Diego de Royz*[1], » rapporte Pyrard. Il s'agit en réalité des îles Maldives, sur un banc desquelles le *Corbin* fera naufrage dès la nuit suivante. À bord des deux vaisseaux, la question de l'existence réelle de cet archipel problématique ne s'est même pas posée, alors que finalement personne ne l'a aperçu, ni le *Corbin* puisqu'il n'y a pas d'îles à quatre-vingts lieues au sud-ouest des Maldives, ni le *Croissant* qui se trompe d'archipel. Mais de tels écarts dans la position des îles sont fréquents, et l'archipel de Diego Roiz dispose en fait d'une large zone de pérégrination, ce qui explique peut-être qu'il continue de figurer sur de nombreuses cartes, à la hauteur de l'équateur, par 70° de longitude, jusqu'en 1828, sur l'atlas de Wyld's[2].

Les réactions de Cook lorsqu'il cherche l'île de Davis montrent que, dans les faits, la recherche d'une île fonctionne comme un charme dont il est difficile de se déprendre. La continuation de la quête trouve toujours une justification légitime, et obéit à une forme de logique qui peut la rendre sans fin. Ainsi, lors de son premier voyage en 1770, Cook note que l'amiral Roggeveen « un Hollandais [....], après avoir quitté Juan-Fernandez, alla à la recherche de l'île de Davis ; ne la trouvant pas, il courut 12° plus à l'ouest, et à la latitude de 28°5 il découvrit l'île de Pâques. Dalrymple et quelques autres [...] supposent qu'elle ne fait qu'un avec l'île Davis, ce que je ne crois pas être vrai, [...][3]. » Suivant

1 *Id.*, t. 1, p. 74.
2 *Id.*, t. 1, note 1 de la p. 74, donnée p. 470.
3 James Cook, *op. cit.*, t. 1, p. 90-91. – Alexander Dalrymple, voyageur, cartographe et hydrographe de la Compagnie anglaise des Indes orientales, était un contemporain de Cook.

en cela le scénario habituel, Roggeveen a donc trouvé une île réelle, l'île de Pâques, en cherchant une île jusqu'alors non-retrouvée, celle de Davis, qui, si elle existe – hypothèse que semble privilégier Cook à cette époque – reste toujours à localiser.

Lors de son deuxième voyage, après un séjour en Nouvelle Zélande, en février 1774, Cook projette cette fois de refaire le trajet initialement suivi par Roggeveen en 1722 : « [...] je me proposais d'aller d'abord à la recherche de la terre que l'on dit avoir été découverte par Juan Fernandez il y a plus d'un siècle, à peu près à la latitude de 38°. Si on ne parvenait pas à trouver cette terre, on irait alors à la recherche de l'île de Pâques *ou* de l'île de Davis, dont la situation est si mal connue que les tentatives faites il y a peu de temps pour la retrouver ont échoué[1]. » *Ou* indique-t-il une alternative ou une équivalence ? La formulation est ambiguë. Cook semble plutôt penser, maintenant, que les deux îles se confondent. Le 11 mars 1774, il croit être sur le point d'en établir la preuve : « Ce matin à huit heures on vit du haut des mâts une terre à l'ouest, et à midi elle était visible du pont. [...]. Pour moi, on ne pouvait douter que ce fût la terre de Davis, ou île de Pâques, car son aspect, du point où nous étions, correspondait tout à fait à la description de Wafer [...][2]. » Cette fois, Cook semble convaincu qu'il s'agit bien d'une seule et même terre, et que, *du point où il est*, c'est-à-dire en arrivant de l'est, elle correspond à ce qu'il savait d'elle par avance : « [...] nous nous attendions à voir l'île basse et sablonneuse que Davis avait rencontrée, ce qui eût confirmé mon opinion. Mais sur ce point nous eûmes une déconvenue[3]. » En effet, l'île de Pâques présente, de plus près, un relief bien différent de celui qu'il attendait : « [...] sa surface est pierreuse et montueuse, la côte est à pic. Les collines ont une hauteur qui permet de les voir de quarante à cinquante lieues. [...] Les pointes nord et est de l'île s'élèvent directement de la mer à une hauteur considérable[4]. » Rien en somme qui puisse permettre de la confondre définitivement avec l'île rase rencontrée par Davis, et dont Lionel Wafer avait publié une description que Cook avait lue. La quête se

1 *Id.*, p. 221.
2 *Id.*, p. 223. – Lionel Wafer, pirate et boucanier entre 1670 et 1680, compagnon de Dampier, avait écrit le récit de ses voyages et aventures dans les mers du sud, qui connut une large audience. Il avait donné la description d'une île que les navigateurs ont beaucoup cherchée, peut-être découverte par un autre boucanier, le capitaine Davis.
3 *Ibid.*
4 *Id.*, p. 227.

trouve alors immédiatement réinitiée : « Si j'avais trouvé de l'eau douce [à l'île de Pâques], dit Cook, j'avais l'intention de passer quelques jours à chercher l'île basse et sablonneuse que rencontra Davis, ce qui aurait résolu la question[1]. » Donc, le doute subsiste. L'angle sous lequel Cook avait découvert l'île à son arrivée l'avait levé, le fait de l'aborder, d'en faire le tour, le réinstalle. Selon le point de la côte touché par le navigateur, la perception d'une terre peut varier grandement, et, tout à coup, l'île que l'on croyait re-trouvée ne se ressemble plus. Celle que l'on cherchait est donc plus loin, ailleurs, et porte à la route.

La récurrence de ces situations, au cours desquelles le plaisir frustrant de la découverte semble du même coup annihiler la tension stimulante d'une recherche que le découvreur envisage de reprendre au premier prétexte, appelle quelques remarques :

Lorsqu'une île est repérée, ou seulement supposée présente dans une zone géographique, elle devient immédiatement objet du discours. Navigateurs, cartographes, voyageurs, lui construisent dès ce moment une réalité de papier, dangereuse en ce sens que l'écrit lui concède une existence tenace, et aucune recherche, aussi décevante soit-elle, sur l'immensité des océans ne pourra plus l'infirmer totalement. De surcroît, quelques éléments descriptifs livrés lors de la découverte de l'île servent souvent d'assises à la représentation mentale qui se construit peu à peu pour mieux l'authentifier. La remarque topique la plus constante restant : « C'est une belle île », ce qui d'une certaine manière dit tout et ne dit rien, mais autorise tous les débordements de l'imagination.

Reperdue car le plus souvent mal positionnée lors de la première rencontre qui donne des indications trop vagues, elle devient objet de nouvelles investigations. Mais lorsque les navigateurs suivants réussissent à la localiser, à en préciser la position, qu'ils en ont fait le tour et comparent l'île découverte avec sa légende, le doute renaît. C'est elle et ce n'est pas elle. L'île que l'on vient d'immobiliser correspond-elle tout à fait à celle que l'on cherchait ? L'écart est alors souligné avec insistance entre ce que l'on attendait et ce que l'on a effectivement découvert. Et au large de l'île réelle, recommence presque aussitôt à dériver la *Non-Trubada*, la mystérieuse, l'Inaccessible, à la recherche de laquelle d'autres navigateurs seront bientôt tentés de repartir.

---

1 *Id.*, p. 226.

L'ÎLE ET LES SORTILÈGES

Le discours autour de l'île relève en partie du fantasme, le *phantasma* de Saint-Augustin, c'est-à-dire la faculté de parler de ce que l'on n'a jamais vu mais que la rumeur et la tradition livresque donnent l'impression de connaître, malgré tout. L'incertitude où l'on se trouve sur la position exacte, voire sur l'existence réelle de l'île, dont la présence intermittente trouble et interroge les navigateurs, nourrit des topiques narratives et des légendes variables : l'occulte vient relayer ce qui résiste à l'explication logique. L'irrationnel trouve un terrain privilégié là où l'impossibilité de maîtriser la situation non seulement met en échec les quelques données scientifiques sur lesquelles on tentait de s'appuyer, mais parfois semble nier le simple bon sens. La perception inquiète, pleine d'appréhension nerveuse, que l'on construit d'une terre qui n'est pas aisément repérable ni forcément abordable, autorise également diverses mises en scène qui font la part belle aux sortilèges. Tout ce qui est perçu comme énigmatique autour de l'île la rend suspecte, et, dans la mesure où l'état des connaissances ne permet pas d'en arrêter l'errance sur les cartes, elle est assez vite présentée comme refusant le visiteur ou habitée d'intentions néfastes plus inquiétantes encore.

UNE ÎLE DE HASARD…

Les récits anciens font fréquemment mention d'îles « qu'on aborde sans y penser », et dont le visiteur a eu connaissance précisément parce qu'il ne les cherchait pas. Rencontrer une île juste là où on la supposait est donné comme une grâce et relève du « hasard ». Ce terme posé, l'irrationnel vient occuper dans l'imaginaire du voyageur un espace que plus rien ne limite. Nombre de relations mettent en scène des îles insaisissables, et le lecteur ne sait plus quel concept recouvre exactement la notion de « hasard » dans un tel contexte. Le hasard reste-t-il une donnée extérieure, accidentelle, et somme toute une explication tout à fait recevable vu les conditions de navigation de l'époque ? Ou bien avons-nous insensiblement glissé vers une explication où les aléas des traversées trouvent un début de justification dans la magie et les croyances ésotériques ?

Il existe en Littérature des Voyages un véritable mythe de l'île que l'on ne trouve plus du moment où on la cherche, et que l'on ne peut rencontrer que « par hasard ». Il s'agit souvent d'une île qui est supposée receler de grandes richesses. La plus ancienne mention que nous en ayons trouvée fait état, en 851, de récifs d'argent que l'on croyait situés au large des îles Andaman. Le voyageur arabe anonyme qui les signale rapporte que des matelots qui passaient par là y firent escale. « Par la suite, les marins montèrent une expédition vers ce récif, mais ne purent le retrouver. Dans cette mer [*i. e.* : le Golfe du Bengale], il y a d'innombrables îles interdites que les marins ne peuvent découvrir. Il en est aussi où il est impossible de débarquer[1]. » En 1610, Linschoten s'interroge sur la provenance de l'ambre. Il évoque des îles qui en seraient entièrement constituées, ce qui en ferait de véritables trésors flottants puisque l'ambre est au moins aussi prisé que l'or à l'époque : « Quelques uns pensent que ce soit pieces et fragments d'isles et de rochers cachez en mer, et emportez par la violence des flots : car on en trouve des pieces flottantes de la longueur de 10 ou 12, voire 50 et 60 paumes. Et y en a qui disent qu'on a quelquefois trouvé des isles entieres d'ambre, lesquelles eux qui y avoyent esté ne pouvoyent retrouver cuidans y retourner[2]. » San Porandon, l'île belle par excellence, est également chez Linschoten une île de hasard « [...] en laquelle plusieurs sans y penser se sont rencontrez, qui exaltent merveilleusement la beauté et fertilité du pays [...][3]. » Ce sont les cocos marins, eux aussi de grand prix à cause des vertus médicinales qu'on leur prêtait alors, qui, selon Pyrard de Laval, feraient l'exceptionnelle richesse d'une étrange île Pollouoys à la recherche de laquelle les Maldiviens ont déjà envoyé plusieurs expéditions : « [...] une barque des leurs y aborda par hasard, [...] elle est fertile en toutes

1 Anonyme, in *Voyageurs arabes*, *op. cit.*, p. 6.
2 Jan Huyghen van Linschoten, *op. cit.*, p. 173-174.
3 *Id.*, p. 233.

sortes de fruits, et même ont opinion que ces gros cocos médicinaux, qui sont si chers là en viennent ; [...][1]. » L'île Pollouoys hante un rêve maldivien qui a bien des points communs avec celui des Occidentaux, et dont la réalisation se heurte aux mêmes impossibilités : « Les rois des Maldives y ont plusieurs fois envoyé des vaisseaux pour la découvrir, mais lorsqu'ils l'ont cherchée, ils ne l'ont jamais su trouver, rapporte Pyrard, et ceux qui y ont abordé ç'a été par hasard[2]. » En 1649, Vincent Leblanc évoque lui aussi cette île, toujours déserte et inabordable, qui doit attendre, « jusqu'au jour du jugement » le retour de son roi mort : « Quelquefois les barques des Maldives y ont abordé sans y penser, [...][3] », précise-t-il de nouveau. En 1634, un gentilhomme français, mercenaire de la V.O.C., signale, dans les parages de Taïwan, une île sur le rivage de laquelle une tempête les avait jetés. Elle est habitée par des Prêtres chinois « qui y vivent en délices. Leurs meubles et tous leurs vaisseaux sont d'or massif, et l'air et la terre parfaitement agréables. [...] elle a jusques ici été inconnue à toutes les nations de la terre, [...]. Depuis nous l'avons nommée l'Île inaccessible, pour ne l'avoir jamais pu trouver[4]. » Car le hasard est donné à chaque fois comme la condition absolue pour que la rencontre puisse se produire. En revanche, toute expédition soigneusement préparée dont l'île constituerait le but affiché annihile d'emblée la possibilité de la retrouver.

Une telle représentation est une constante dans les récits. Le voyageur prête à l'île errante un projet, une ligne de conduite, il la perçoit comme disposant d'une marge d'action suffisante pour maintenir son indépendance et son intégrité contre toute tentative de subversion. Elle tient ses trésors à distance des hommes et se protége de leur avidité. Du même coup, elle les protège d'eux-mêmes, de cette forme de dégradation intime qui est le prix à payer lorsque la soif de richesses l'emporte sur la soif de connaissances. D'un point de vue moral, elle fait donc obstacle à leur besoin méprisable et inextinguible d'amasser des biens. Parallèlement, l'errance qui permet à l'île d'être absente au rendez-vous fixé confère au désir du navigateur, demeuré inassouvi, une vitalité toujours renaissante

1 François Pyrard de Laval, *op. cit.*, t. 1, p. 278.

2 *Ibid.*

3 Vincent Leblanc, *op. cit.*, livre I, p. 107. – La description de l'île Pollouoys présente des variations sensibles entre la relation de Pyrard et celle de Leblanc. Il reste que le chanoine Pierre Bergeron a été l'homme de plume de ces deux voyageurs.

4 Anonyme, in *Mercenaires Français de la V.O.C.*, *op. cit.*, p. 228-229.

et toujours légitime, empêchant que ne s'écrive trop vite l'épilogue de l'aventure, qui représente la seule richesse véritable et la vraie grandeur du découvreur. D'autre part, la quête trouve toujours sa justification puisque ceux qui ont aperçu l'île la première fois se portent garants de son existence. Sa présence invisible, désirée quoique suspecte, peuple malgré tout le vide de l'océan. Enfin, l'île errante constitue un sujet de contes inépuisable, de ceux que les gens de mer échangent inlassablement sur le banc de quart[1], et personne, lorsqu'on l'évoque, ne saurait dire où finit exactement la vérité, et où commence précisément la fable. Cette zone franche qui n'appartient qu'à elle fait beaucoup de son charme.

… PROTÉGÉE PAR DES SORTILÈGES

Lorsque la rencontre se produit, par hasard donc, l'île errante ne s'abandonne pas aux visiteurs. Qu'elle ait ou non été abordée, elle dispose de moyens efficaces pour leur faire perdre aussitôt les bénéfices de leur découverte, brouiller les pistes qui autoriseraient leur retour en vue d'une éventuelle exploitation des richesses qu'elle détient, et ainsi les obliger à lâcher prise. Un certain nombre d'invariants narratifs signalent à l'attention du lecteur le comportement anormalement inhospitalier d'une île, et le scénario proposé met alors régulièrement en scène des forces incontrôlables – la tempête et/ou une présence maléfique – grâce auxquelles l'île errante parviendrait à tenir en respect les colons potentiels. Explicites dans les premières relations, les sortilèges sont évoqués de manière plus discrète avec le temps. Ne demeure, sur le long terme, que la mention de situations qui ont visiblement troublé les voyageurs, sur lesquelles ils ne se prononcent plus ouvertement malgré tout, et c'est alors le silence observé dans le récit qui donne à penser.

En 851, le narrateur arabe anonyme qui signalait la présence d'un récif d'argent dans le Golfe du Bengale, au large des îles Andaman, faisait intervenir la tempête comme moyen de rétorsion : « On raconte que les marins d'un navire passant par là virent ce récif vers lequel ils se dirigèrent. Le lendemain matin, ils y accostèrent en barque pour faire

1 Jacques-Henri Bernardin de Saint-Pierre, *op. cit.*, p. 25.

du bois et allumèrent un feu : l'argent fondit. Ils comprirent qu'il y avait là une mine et ils emportèrent de l'argent autant qu'ils le purent. Mais lorsqu'ils eurent embarqué, la tempête se déchaîna et ils durent jeter à la mer tout l'argent qu'ils avaient pris[1]. » En somme, il leur faut rendre immédiatement les richesses sur lesquelles ils ont fait main basse un peu trop vite, et ils ne parviendront plus désormais à localiser le récif pour revenir chercher le trésor. La tempête apparaît ici comme le moyen par lequel s'exerce une justice immanente. Comme terre d'innocence, l'île n'accepte ni le vol ni la violence. Comme espace conservatoire, elle est marquée par la pérennité et elle reste hors de toute atteinte, celle du temps et celle d'hommes déchus susceptibles de la corrompre.

L'île Pollouoys, dans l'archipel des Maldives, oppose de même une résistance farouche à toutes les tentatives de débarquement et les Maldiviens qui y abordèrent par hasard « furent contraints de la quitter pour les grands tourments que leur firent les diables qu'ils disent la posséder, rapporte Pyrard de Laval en 1611, et que même ils causent les grandes, horribles et continuelles tourmentes qui sont en cette mer-là, de sorte que les navires n'y peuvent demeurer à l'ancre[2]. » Le motif de la tempête réapparaît, mais elle est à présent un moyen de dissuasion, le moyen par excellence de tenir l'île à distance des visiteurs indésirables. Car pour ce qui est du diable, les Maldiviens envisageaient lors des visites suivantes d'entamer des pourparlers et de trouver un compromis avec lui : « Ils y avaient mené des sorciers et magiciens pour traiter avec le diable et s'accorder avec lui, car ils ne savent ce que c'est de le conjurer, mais ils le prient de faire quelque chose en lui offrant et promettant des vœux, offrandes et banquets[3] », précise Pyrard, qui semble voir dans cette manière de procéder une regrettable erreur de tactique. Une bonne conjuration aurait selon lui autorisé une prise de possession que ces pratiques païennes pouvaient définitivement compromettre – mais l'arbitrage est resté flottant de toute façon, le pilote maldivien n'ayant jamais su retrouver l'île convoitée. En 1649, Vincent Leblanc tente d'expliquer la présence du diable à Pollouoys par le fait que son roi mort aurait laissé son île en garde « à son *Dume* ou demon qu'il fit son héritier, en le priant qu'il la luy conservast jusqu'au jour du jugement

1 Anonyme, in *Voyageurs arabes*, *op. cit.*, p. 6.
2 François Pyrard de Laval, *op. cit.*, t. 1, p. 278.
3 *Ibid.*

qu'il espéroit retourner au monde[1]. » Lorsque l'île a été abordée, par hasard, Leblanc confirme que l'« on a tousjours esté contraint d'en sortir à grand haste pour les grands maux que leur faisoient souffrir les malins esprits, qui excitent d'ordinaire de terribles tempestes en cette mer[2]. » Un magicien de Pegu, venu tenter l'aventure, en fut cruellement maltraité, de même que ceux qui l'accompagnaient : « Tous les autres furent aussi estrangement batus et tourmentez, excepté le patron et ses mariniers, qui furent plus sages, et qui scachans la condition du lieu, ne voulurent pas mettre pied à terre, dont ils se trouverent bien[3]. » Les trésors du roi Abdenac continueront donc, selon sa dernière volonté, de l'attendre à l'île Pollouoys confiée à la garde efficace de son démon.

Ainsi, l'une des vocations de l'île errante est sans doute de continuer à concentrer les forces inquiétantes, irrationnelles et incontrôlables que la multiplication des voyages – de plus en plus efficaces, de mieux en mieux organisés, essentiellement tournés vers le profit – est en train d'évacuer du contexte viatique. L'absence de ces forces non maîtrisables est ressentie comme un manque, comme un vide peu à peu élargi dans la carte mentale des voyageurs. L'île errante, territoire archaïque, est d'autant plus livrée aux sortilèges qu'elle continue de leur offrir un dernier ancrage. Les récits ménagent donc toujours une marge pour justifier par la magie l'inaccessibilité de l'île. L'on ne peut retrouver San Porandon, rapporte Linschoten en 1610, « sur quoy on fait divers discours, les uns estimans que ce soit magie, les autres estans d'opinion que l'isle est difficile à descouvrir pour ce quelle est continuellement couverte de nuages, ou que les navires sont empeschées d'y abborder par le flux de la mer[4] », et ces deux derniers arguments ne sont bénins qu'en apparence, les phénomènes atmosphériques restant en relation directe avec les forces occultes dans tous les esprits.

Les mentions d'îles maléfiques sont nombreuses dans les récits. En 1634, un gentilhomme français mercenaire de la VOC quitte les îles de la Sonde pour Surate : « Nous partîmes le 4 septembre, [...] nous prîmes le chemin du détroit de Sonde [...], et le neuvième nous sortîmes du détroit et découvrîmes les îles de Krakatau, où on nous dit

1 Vincent Leblanc, *op. cit.*, p. 106-107.
2 *Id.*, p. 107.
3 *Ibid.*
4 Jan-Huyghen van Linschoten, *op. cit.*, p. 233.

que les diables rompent les cordages et les mâts, et criant en flamand. Les vents pourraient causer ces tintamarres[1]. » Gageons que cette explication presque rationnelle, avancée d'ailleurs sans grande conviction, dissimule un peu d'irritation et de dépit, voire quelque ironie, chez le gentilhomme français : la suprématie hollandaise dans la région est devenue telle que même le diable a jugé opportun d'adopter la langue des colons et fait donc acte d'allégeance. Guidon de Chambelle, qui prend la même route en décembre 1645, ne montre, lui, aucune réticence sur le même sujet – apparemment l'explication qu'on lui a donnée a économisé les détails : « L'après-dînée découvrîmes l'île de Krakatau où on nous dit que le diable habite[2] », et, somme toute, sa présence sur cet îlot volcanique actif n'a vraiment pas de quoi surprendre et n'appelle aucun commentaire. En 1653, vers la côte du Groënland, le capitaine d'un vaisseau hollandais reconnaît une île qui s'avère être un mirage. À ses matelots qui l'interrogent, il explique « qu'il avoit ouy dire, que vers le Pole il y avoit plusieurs isles, les unes flottantes, les autres non, que l'on voyoit de loing, et desquelles l'on avoit peine d'aprocher, ce que l'on disoit advenir par des femmes magiciennes, qui les habitent et font périr par la tempeste les vaisseaux qui s'oppiniastrent à les vouloir aborder [...] », et qu'il comprenait à présent qu'il s'agissait de vapeurs annonciatrices de tempête[3]. Accident météorologique, illusion d'optique ou autre phénomène, le vaisseau, mené par un équipage mal assuré, n'en vient pas moins de faire, à plusieurs reprises, le tour d'une île qui, apparemment, n'existait pas. La croyance en des îles taboues se retrouve dans tous les océans, et les variantes sont souvent minimes. Lors d'un bref séjour à Tahiti en avril 1768, Bougainville regrette l'interdit qui pèse sur deux îlots particulièrement bien pourvus en rafraîchissements : « *Enoua-motou* et *Toupai* sont deux petites îles inhabitées, couvertes de fruits, de cochons, de volailles, abondantes en poissons et en tortues ; mais le peuple croit qu'elles sont la demeure des génies ; c'est leur domaine, et malheur aux bateaux que le hasard ou la curiosité conduit à ces îles sacrées. Il en coûte la vie à presque tous ceux qui y abordent[4]. »

1 Anonyme, in *Mercenaires de la V.O.C.*, *op. cit.*, p. 229.

2 Jean Guidon de Chambelle, in *Mercenaires de la V.O.C.*, *op. cit.*, p. 106. – L'île de Krakatau est signalée par Cook le 1er octobre 1770. Elle sera détruite par une éruption volcanique en 1883.

3 La Boullaye-Le Gouz, *op. cit.*, 3e partie, p. 435.

4 Louis-Antoine de Bougainville, *op. cit.*, p. 267.

Parfois, aucune intervention maléfique n'est suggérée, mais le narrateur met l'accent sur une situation bizarre, déstabilisante, dangereuse, et le lecteur, peut-être conditionné par les récits antérieurs, établit le lien tantôt avec les comportements de rejet dont l'île est coutumière, tantôt avec sa capacité à attirer les voyageurs dans des guets-apens. Ainsi, Pyrard de Laval décrivant l'archipel des Maldives en 1611 explique que les navires s'efforcent de passer dans les canaux qui séparent les groupes d'îles : « Ce n'est pas qu'on affecte d'y passer, car tout au contraire, on les fuit le plus qu'on peut, mais [les Maldives] sont situées de telle sorte au milieu de la mer et sont si longues, qu'il est malaisé de s'en échapper. Principalement les courants y portent les navires malgré eux, quand les calmes ou vents contraires les surprennent et qu'ils ne peuvent bien s'aider de leurs voiles pour se tirer des courants[1]. » Îles-pièges, qui se resserrent comme une nasse sur le voyageur devenu leur proie. La mer est parfois incompréhensiblement inquiétante dans ces parages : « J'ai trouvé étrange, raconte Pyrard, naviguant avec les insulaires au canal qui sépare Malé et Felidu, [...] que la mer y paraît noire comme de l'encre ; néanmoins à en prendre dans un pot elle ne diffère pas de l'autre. Je la voyais toujours bouillonner à gros bouillons noirs, comme si c'était de l'eau sur du feu. En cet endroit, la mer ne court pas comme aux autres, ce qui est effroyable à voir : je me croyais en un abîme, ne voyant pas que l'eau se mût ni d'un côté ni d'autre. Je n'en sais point la raison, mais je sais bien que ceux du pays même en ont horreur ; il s'y rencontre aussi fort souvent des tourmentes[2] », et elles constituent en quelque sorte l'indice supplémentaire et presque superfétatoire d'une présence démoniaque.

D'autres îles ne sont tutélaires qu'en apparence, peut-être favorisent-elles sournoisement l'envasement d'une baie qu'elles paraissent protéger à première vue, baie dans laquelle le navire se trouve en réalité insensiblement immobilisé, son ancre aspirée par la vase : « Ces trois îles d'Ormus, de Larek et de Quisemis, écrit François Martin en novembre 1669, mettent la rade du Bander Abassy à couvert de tous les mauvais temps, et c'est peut-être une des meilleures qu'il y ait au monde. On mouille à une lieue de la ville sur un fond de vase à six, sept et huit brasses d'eau. Il faut observer pour les navires qui y ont à rester longtemps de lever les ancres de trois semaines en trois semaines ou de mois en mois au plus tard, pour ce que

1 François Pyrard de Laval, *op. cit.*, t. 1., p. 125-126.
2 *Id.*, p. 126.

les laissant plus longtemps, elles s'enfoncent peu à peu dans la vase et l'on a de la peine après à les retirer. J'eus cet avis à la montagne ; j'en écrivis au capitaine du navire la *Marie*. L'équipage fut trois jours à lever l'ancre[1]. » Parfois, une forte tempête suggère des terres mouvantes, fugaces, et ce qu'en disent les matelots montre assez avec quelle liberté d'imagination ils sont capables d'interprêter la mobilité des lignes autour d'eux : « Pendant que la mer était ainsi agitée, témoigne le comte de Forbin qui, en 1689, fait la course entre les côtes d'Angleterre et celles d'Irlande, on vint me dire un matin, sur les dix heures, qu'on voyait la terre marcher. Je montai sur le pont, pour voir de quoi il s'agissait : je remarquai que cette prétendue terre n'était autre chose qu'une infinité de tourbillons assemblés qui élevaient l'eau en l'air[2] ». Il s'agit donc d'embruns ascendants qui occupent la zone de l'air, mais suffisamment denses pour être confondus avec la terre, réputée solide a priori. Une terre qui se déplace de surcroît, alors qu'elle est normalement dans l'esprit des matelots le symbole même de la stabilité. C'est dire que les repères les plus communs peuvent s'effriter, les éléments paraître incompréhensiblement interchangeables – et l'espace, devenu chaotique, peut s'ouvrir d'autant mieux aux sortilèges.

LE CANAL DU MOZAMBIQUE

Le Canal constitue l'exemple le plus flagrant, le plus constant, d'une telle confusion : les données habituelles peuvent s'avérer brusquement caduques, le savoir des meilleurs pilotes peut devenir inopérant, et des connaissances sûres être mises en échec à tout moment. Les équipages désorientés ne disposent alors, pour justifier l'inintelligible, que d'une explication qui fait intervenir la magie, et la navigation dans le Canal du Mozambique apparaît fréquemment dans les récits comme une expérience psychologiquement déstabilisante.

1 François Martin, *Mémoires de François Martin, fondateur de Pondichéry (1665-1696)* publiés par A. Martineau avec une introduction de Henri Froidevaux, Paris, Société d'éditions Géographiques, Maritimes et Coloniales, t. 1, 1931, puis Société de l'Histoire des Colonies Françaises, t. 2 et 3, 1932, 1934, 690, 598, 410 p., p. 218-219.

2 Claude de Forbin, Comte, *Mémoires du Comte de Forbin (1656-1733)*, Édition présentée et annotée par Micheline Cuénin, Paris, Mercure de France, 571 p., p. 210.

Et d'abord précisément parce que les éléments semblent capables de mutations déroutantes. Jean et Raoul Parmentier, au cours de leur remontée du Canal le 5 août 1529, ne savent comment qualifier le phénomène dont ils sont témoins : « Ce jour, se montra au soir des nuées en cinq ou six endroits, aucunes pièces de la nuë descendants vers l'horison de la mer en la manière d'une chausse à ypocras[1], la pointe en bas ; et puis s'alongèrent longues et grêles, tenant toujours à la maistresse nuée, dont nos gens eurent peur, [...][2] », car ils voient sous leurs yeux la masse nuageuse descendante toucher la mer et former des colonnes nébuleuses qui paraissent devoir relier l'un et l'autre élément. « Puchets[3] ou tiffons », personne ne sait vraiment identifier un phénomène dont quelques-uns des matelots ont déjà eu connaissance pourtant, mais tout le monde observe avec inquiétude l'incompréhensible osmose qui se réalise entre le ciel et l'eau. À son entrée dans le Canal en 1607, Jean Mocquet note avec effroi qu'il « faisait trouble et quasi comme nuit[4] », le vent, la tourmente, la violence des vagues ayant engendré une atmosphère si dense qu'elle ne permet plus de rien identifier, mais qui surtout ne peut plus s'identifier elle-même avec l'air habituellement respiré – un air si chargé d'humidité qu'il en devient opaque et fait obstacle à la lumière. Par ailleurs, la mer et la terre sont susceptibles en certains endroits d'enchevêtrements étranges qui imposent au voyageur une vision déconcertante du paysage. En juin 1620, Augustin de Beaulieu, qui se trouve quelque part entre Sofala et Mozambique, essaie de reconnaître au mieux ce qu'il aperçoit, d'abord « [...] un fort petit ilôt [...] ayant quelque broussaille et verdure dessus, qui paraît peu en raison de deux hauts arbres joints ensemble qui sont à la pointe de l'ouest dudit îlot », puis un second « fort bas et tout couvert d'arbres », puis « à l'ouest, en avant vers le nord, terre basse, avec de forts grands arbres dessus, tels qu'ils paraissaient plantés dans la mer[5]. » Beaulieu ne parvient pas, malgré ses efforts, à se

1 À l'époque d'Ambroise Paré, les apothicaires utilisaient pour filtrer certains liquides une *chausse à ypocras*, sorte de cône renversé en étoffe, dont l'ouverture était maintenue par un cercle de bois ou de métal.

2 Jean et Raoul Parmentier, *op. cit.*, p. 41-42.

3 Le mot est peut-être formé sur le verbe *pucher*, une variante dialectale de *puiser*, le mouvement tourbillonnant donnant l'impression de « puiser » l'eau de la mer. Voir la note 7 de Denys Lombard, in Augustin de Beaulieu, *op. cit.*, p. 30. Beaulieu écrit *« puchot »*.

4 Jean Mocquet, *op. cit.*, p. 52.

5 Augustin de Beaulieu, *op. cit.*, p. 64.

situer avec certitude dans cet univers terraqué qui ne correspond pas aux indications des cartes grâce auxquelles il s'est correctement repéré jusqu'alors. Ayant eu avec ses compagnons « quelques contestations et diversité d'opinions, (pour savoir) quelles îles ce pouvait être, [...] je me suis résolu à ne tarder là davantage[1] », avoue-t-il, afin de laisser derrière lui au plus vite une zone dont la configuration trop indécise finit par lui paraître anormale. Ce récit de Beaulieu rappelle étrangement une notation de Tomé Lopez qui accompagnait la seconde expédition de Vasco de Gama, et qui, naviguant précisément dans la même zone, entre Sofala et Mozambique, avait noté le 18 juillet 1502 : « En longeant cette côte nous vîmes de grands arbres, qui de la mer ressemblaient à des mâts de navires, [...][2]. » Beaulieu avait cru voir des arbres plantés en mer, et Tomé Lopez avait vu des mâts de navire croissant en terre. Le monde tourne parfois à l'envers dans le Canal, semble-t-il. Et c'est exactement l'impression que paraît éprouver Bernardin de Saint-Pierre en 1768, pendant une tempête particulièrement violente : « Au point du jour, je remontai sur le pont. [...]. Le vent venait de l'ouest, où l'horizon paraissait d'un rouge ardent, comme si le soleil eût voulu se lever dans cette partie ; le côté de l'est était tout noir[3]. »

D'autre part, l'incapacité à identifier les îles rencontrées, qui ne sont jamais là où elles auraient dû être, dont la position relevée au moment où on les reconnaît peut ne correspondre à aucune de celles indiquées sur les cartes, constitue une cause de trouble et de malaise qui rend particulièrement pénible la remontée du Canal. Les navigateurs progressent sans repères, se méprennent, finissent par entrevoir des hauts-fonds partout. Le 31 juillet 1529, Pierre Crignon, qui relate le voyage des frères Parmentier, note : « Et environ midy, vismes plusieurs bancs venans de quelques costez, que l'on estimoit bancs du commencement, mais ce n'estoient qu'herbes et ordures[4]. » Ces bancs mobiles leur avaient semblé apparemment se déplacer dans leur direction, comme une menace. Vers le soir, ils aperçoivent finalement sept îles, dont l'approche leur semble si dangereuse que « la compagnie de toutes ces isles furent nommées les isles de Crainte, à cause des craintes qu'elles nous donnèrent[5]. » En août 1585,

1 *Id.*, p. 65.
2 Tomé Lopez, in *Voyages de Vasco de Gama*, *op. cit.*, p. 208.
3 Jacques-Henri Bernardin de Saint-Pierre, *op. cit.*, p. 55.
4 Jean et Raoul Parmentier, *op. cit.*, p. 39.
5 *Id.*, p. 40.

un radeau portant des rescapés du *Santiago*, qui vient de faire naufrage sur les Bassas da India, met le cap vers le nord-est : « Ils avaient pris ce cap parce que le second pilote, qui les dirigeait, [...] voulait atteindre six îlots qui se trouvaient dans cette direction, et qui appartenaient aux mêmes hauts-fonds, selon lui à 12 lieues de là[1], » mais les îlots se sont absentés, ils ne parviennent pas à les retrouver. De fait, tous les navigateurs savent que le Canal est constellé de mauvais pas, que les Bassas da India, décrits par Jean Mocquet en 1607 « comme gros tas de pierres aiguës et piquantes de corail blanc qui sont ordinairement couverts d'eau en pleine mer, tellement qu'on ne s'en aperçoit point que quand on est dessus, et qu'on y fait bris[2] », ne constituent en réalité que l'un des écueils redoutables de ce passage, parmi beaucoup d'autres que l'on ne localise pas mieux, et qui présentent les mêmes dangers. De surcroît, la configuration des îles peut varier. Par exemple, les vents et les courants remodèlent sans cesse les flèches de sable de l'archipel de Bazaruto, à quinze kilomètres des côtes si fréquentées du Mozambique... De même, entre l'île Inhafato et Sofala, se trouve un banc de sable, qui forme deux canaux, et les bateaux peuvent normalement emprunter le plus profond, « mais comme le banc peut changer d'une année à l'autre, il est bon d'avoir des pilotes de terre[3]. » La navigation dans le Canal est réputée à hauts risques, « le passage est plus redouté des marins que celui du Cap de Bonne-Espérance[4] », affirme Bernardin de Saint-Pierre en juin 1768, et les équipages sont en alerte dès leur entrée dans des eaux qu'ils savent imprévisibles.

On y progresse donc souvent en aveugle, à la sonde chaque fois que les fonds paraissent trop peu sûrs, les navires suivant à quelque distance leur canot envoyé en éclaireur – son faible tirant d'eau lui permet de vérifier si un chenal est ou non accessible à l'escadre. Les frères Parmentier naviguent de la sorte aux abords du banc de Pracel en 1529 : « Le lundy deuxiesme jour d'aoust au matin, nous dehallasmes, et fut mis le cap à ouest, et jusques à midy fut toujours envoyé le petit batteau au devant avec la sonde, et trouva-t-on encore plusieurs bancs et plastieres [...][5] ». Beaulieu procède de la même façon en juin 1620 dans les parages des îles d'Angoxa : « Et le

1 Manuel Godinho Cardoso, in *Le naufrage du Santiago*, *op. cit.*, p. 98.
2 Jean Mocquet, *op. cit.*, p. 53.
3 Jean-Baptiste-Nicolas-Denis d'Après de Mannevillette, *op. cit.*, p. 180.
4 Jacques-Henri Bernardin de Saint-Pierre, *op. cit.*, p. 56.
5 Jean et Raoul Parmentier, *op. cit.*, p. 40.

mardi neuvième [...] eussions couru risque d'un malheureux naufrage, [...] sans notre patache, à qui j'avais donné ordre le soir de faire sonde devant nous et que, si elle avait appercevance ou rencontrait quelque danger, elle fit signal de trois feux. Ce qu'avons aperçu durant la troisième horloge du dernier quart [...][1] », signal qui permet au *Montmorency* de virer juste à temps, sans aborder le haut-fond. De même, lorsque Beaulieu décide de quitter au plus vite ce lieu au sens propre déroutant : « [...] j'ai fait signal à la patache d'appareiller, écrit-il, et ayant reconnu que pour sortir de cet endroit, il n'y avait autre chemin que de passer entre les deux îles, lui ai ordonné de marcher devant et de sonder et que, s'il était sûr de passer par là, elle mette son enseigne hors [...][2]. » Selon Robert Challe en 1690, la remontée du Canal du Mozambique oblige le navigateur à « aller toujours bride en main[3] », afin de prévenir toute mauvaise rencontre.

L'usage fréquent de la sonde, dont on pouvait penser qu'il permettrait d'acquérir quelques repères sûrs, peut faire perdre au contraire les derniers sur lesquels on cherchait à s'appuyer et accroître l'effroi, car les relevés effectués ne semblent obéir à aucune logique, et les fonds sondés se révèlent déconcertants. Mocquet raconte en 1607 comment la caraque amirale, la *Nossa Senhora do Monte do Carmel*, naviguant au large d'Angoche, frôle tout à coup l'échouement : « [...] portant à la route, il s'en fallut bien peu que nous ne touchâmes, ne trouvant que cinq ou six brasses d'eau. Le pilote, le maître et tout le reste étaient merveilleusement étonnés, ne sachant de quel côté tourner pour trouver plus de fond[4]. » En juillet 1672, Johann Christian Hoffmann, un jeune allemand au service de la V.O.C., se rappelle en détail sa dangereuse arrivée à l'île de Mozambique : « [...] nous ne pûmes point trouver de fond où jeter l'ancre. [...]. Dans le dessein de jeter l'ancre dès que nous trouverions un fond convenable, les pilotes lançaient souvent la sonde, mais en vain. Après de multiples lancers, nous étions enfin sur 48 brasses de fond, lorsque brutalement, avant que nous ayons eu le temps de ramener et de tranquillement laisser de nouveau tomber la sonde, nous nous retrouvâmes sur un haut-fond dangereux, et ainsi en un instant en très grand danger de mort. Nous entendions [...] les coups de tonnerre des

1 Augustin de Beaulieu, *op. cit.*, p. 64.
2 *Id.*, p. 65-66.
3 Robert Challe, *op. cit.*, p. 116.
4 Jean Mocquet, *op. cit.*, p. 53.

chocs du fond heurtant notre navire [...][1]. » Le navigateur D'Après de Mannevillette, signalant le banc de *l'Étoile* au nord-ouest de la Grande Ile, et le danger particulier qu'il représente, note lui aussi en 1775 la chute rapide du relief sous-marin : « Il est bon d'observer que la sonde ne s'étend point à l'ouest de ce banc, et qu'à un quart de lieue des roches, on trouve 80 à 90 brasses[2]. » En fait, le canal du Mozambique, né de la séparation de Madagascar du reste de l'Afrique, peut atteindre des profondeurs supérieures à 3200 m. Il est parcouru par la ride de Davie, un haut-fond qui s'étend sur près de 1200 km du nord au sud. Des écueils et des monts sous-marins parsèment toute la zone autour des îles Éparses. Même lorsque le Canal commence à s'élargir vers le nord, l'invisible relief sous-marin constitue un danger extrême. La figure ci-dessous, qui donne l'allure générale de la bathymétrie dans l'archipel des Glorieuses, entre Madagascar et les Comores, montre bien pourquoi jeter la sonde peut être source de désarroi ; à l'ouest par exemple, le banc du Leven, qui culmine à quinze mètres sous la surface, domine des fonds abyssaux de 3500 mètres de profondeur :

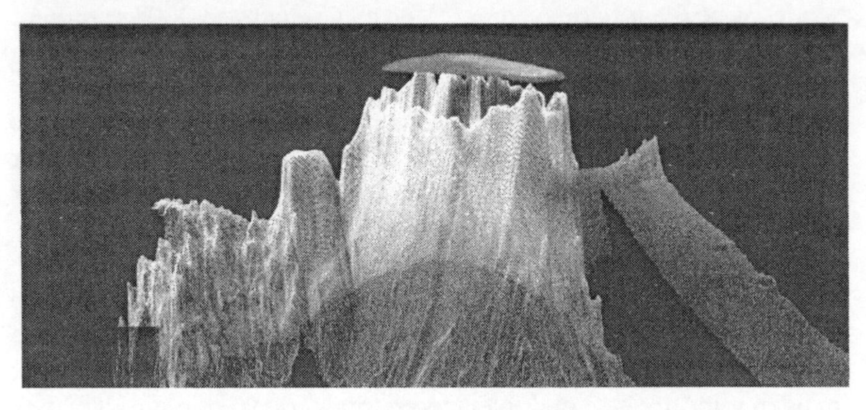

ILL. 5 – Allure générale de la bathymétrie dans l'archipel des Glorieuses. T.A.A.F. et Préfecture de La Réunion, 2010, 38 p., « Allure générale de la bathymétrie dans l'archipel des Glorieuses », p. 9.

1 Johann Christian Hoffmann, *Voyage aux Indes Orientales, un jeune Allemand au service de la V.O.C. : Afrique du Sud, Maurice, Java (1671-1676)*, texte traduit, présenté et annoté par Marc Delpech, préfacé par Martine Acerra, établi par Éric Poix, Besançon, Éditions La Lanterne Magique, 2007, 198 p., p. 85.

2 Jean-Baptiste-Nicolas-Denis d'Après de Mannevillette, *op. cit.*, p. 48.

La sonde peut donc souligner d'abord le caractère incohérent de la navigation dans le Canal, et la remontée du socle continental peut être si brutale, si inattendue parfois, que les indications obtenues constituent finalement une nouvelle source d'effarement : on ne parvenait pas à trouver le fond, mais l'instant d'après le navire touche.

Le système des courants, particulièrement forts et susceptibles de s'inverser, ajoute encore à l'incompréhension générale, et explique également pourquoi les îles ne sont jamais là où elles devraient être. Alors que la première expédition de Vasco de Gama vient juste d'entrer dans le Canal, la relation d'Alvaro Velho indique, à la date du 20 décembre 1497 : « Quand vint le matin nous allâmes tout droit vers la terre, et nous nous trouvâmes, à dix heures, devant l'*Ilhéu da Cruz*, soixante lieues en arrière de l'endroit où nous croyions être. Tout cela résultait des courants, qui sont ici très grands[1]. » Le vaisseau a donc reculé de presque trois cents kilomètres sans que l'équipage s'en aperçoive, sans que personne à bord en ait pris conscience à quelque moment que ce soit. En 1609, Mégiser rappelle que « la navigation [...] est beaucoup plus dangereuse [dans le Canal] que dans n'importe quel autre endroit. Car, lorsque, après avoir doublé le Cap de Bonne-Espérance, on arrive entre le royaume de Cefola et l'île de Madagascar, on trouve un courant contraire très fort. [...]. Les navigateurs [...] malgré toute leur prudence, y courent souvent les plus grands dangers[2]. » Pour expliquer le trajet à reculons que ses vaisseaux viennent d'effectuer (ils étaient partis des îles d'Angoxa sur la côte africaine pour aller à Madagascar) le Capitaine John Saris émet en 1611 l'hypothèse « qu'il existait, pendant le décours de la lune, un contre-courant prenant naissance à l'E N E de l'île Juan de Nova[3] » qui les aurait ramenés plein ouest sans qu'ils s'en fussent aperçus. En tout cas, le 25 septembre au matin, « quand ils croyaient avoir fait un bon bout de route dans l'E N E, les équipages des trois vaisseaux furent extrêmement surpris de voir la terre à cinq lieues dans l'Ouest, et, lorsqu'il fit jour, ils reconnurent ces mêmes îles d'Angoxa qu'ils avaient quittées le 22, ce qui leur causa tant de chagrin et d'épouvante qu'ils désespérèrent

---

1 Alvaro Velho, in *Voyages de Vasco de Gama*, *op. cit.*, p. 100.

2 Jérôme Mégiser, *Description véridique, complète et détaillée* [...] *de Madagascar*, in Grandidier, *op. cit.*, t. 1, 1903, p. 431.

3 John Saris, *8e voyage de la Compagnie anglaise des Indes Orientales*, in Purchas, *His Pilgrimes*, t. 1, 1625, p. 335-337.

de pouvoir se frayer un passage à travers cette mer[1]. » Le *Routier de la Navigation des Indes Orientales* d'Aleixo da Motta indique par ailleurs que la direction des courants s'inverse en bordure de Madagascar : « À 15 lieues à l'ouest de cette île, et par 22° de latitude, les eaux courent vers le sud, tandis que, à 20 lieues environ de l'île et par 20° de latitude au moins, les eaux portent au nord[2]. » La situation est contraire du côté africain, et de surcroît les courants sont « plus ou moins forts selon les vents et l'âge de la lune [...][3]. » Le *Neptune Oriental* rédigé par D'Après de Mannevillette en 1775 signale également l'inversion traîtresse des courants : « Pendant la mousson du nord-est, les courans dans le canal de *Mozambique* portent vers le sud tout le long de la côte d'Afrique, et même au large [...] ; mais à la côte de *Madagascar*, ils remontent en sens contraire, et portent vers le nord[4]. » Ainsi, l'accident qui consiste à faire route arrière sans du tout s'en rendre compte, et d'une manière générale, la difficulté de contrôler sa route dans le Canal, accréditent l'idée que le navire traverse une zone où les repères normaux sont faussés, où la volonté des hommes se heurte à des forces mystérieuses qui les dépassent. À l'issue d'une navigation qui leur paraissait satisfaisante, voire aisée, les équipages de John Saris retrouvent les îles qu'ils avaient quittées trois jours plus tôt, comme si leurs efforts étaient devenus inutiles, leur connaissance de la mer inopérante, le Canal étant régi par des lois inconnues qui les laissent décontenancés, livrés à la terreur ou gagnés par la berlue.

La mer elle aussi paraît déconcertante. « Le mardy troisiesme jour à midy, il calmoit, et la mer grosse et fascheuse, et fut nommée la mer Sans Raison[5] », lit-on dans la relation des frères Parmentier en 1529. Lorsque Pingré se rend à Rodrigue pour observer le transit de Vénus en 1761, il résume deux siècles et demi de navigation difficile et parfois incohérente : « Nous ouvrons le canal de *Mozambique*, et nous entrons en conséquence dans une mer sujette aux orages, aux tonnerres, aux grains, aux folles ventes, etc.[6] » Bernardin de Saint-Pierre en fait l'expérience

1 *Ibid.*
2 Aleixo da Motta, *Routier de la navigation des Indes Orientales*, in Thévenot, *Relation de divers voyages curieux*, 2e partie, 1673, in Grandidier, *op. cit.*, t. 1, 1903, p. 141-143.
3 *Ibid.*
4 Jean-Baptiste-Nicolas-Denis d'Après de Mannevillette, *op. cit.*, p. 47.
5 Jean et Raoul Parmentier, *op. cit.*, p. 41.
6 Alexandre-Gui Pingré, *op. cit.*, p. 107.

en juin 1768, observant tour à tour, pendant une violente tempête, les vagues : « La mer formait des lames monstrueuses, semblables à des montagnes pointues formées de plusieurs étages de collines. [...] Les officiers assurèrent qu'ils n'avaient jamais vu une aussi grosse mer » ; soulignant le caractère étrange du tonnerre : « [...] ce bruit fut semblable à un coup de canon tiré près de nous, il ne roula point. Comme je sentais une forte odeur de souffre, je montai sur le pont [...] » ; puis décrivant son effet sur le grand-mat éclaté en zigzag : « cinq des cercles de fer dont il était lié étaient fondus » et pourtant, malgré cela, « dans ces éclats, je n'ai remarqué aucune odeur, ni noirceur : le bois a conservé sa couleur naturelle ». Tout semble obéir à des lois physiques irrationnelles, peut-être diaboliques, provoquant l'incompréhension et la terreur : « [...] le capitaine [...] ordonna aux matelots de carguer la misaine, que le vent emportait par lambeaux ; ces malheureux, effrayés, se réfugièrent sous le gaillard d'arrière. J'en vis pleurer un, d'autres se jetèrent à genoux en priant Dieu. » Bernardin lui-même paraît considérer cet état de fait comme sans remède : « Tel fut le tribut que nous payâmes au canal de Mozambique [...][1] », une zone piégée, où le surnaturel, l'énigmatique, exercent sur le voyageur une violence qui met à l'épreuve ses forces physiques et morales.

Les représentations mentales propres à l'époque apparaissent donc comme le premier facteur susceptible d'expliquer l'errance des îles au XVIe et au XVIIe siècles. Dans un univers maritime inconstant par nature, qui se défait et se reconstruit sans cesse sous les yeux des voyageurs, dérivent des terres transitoires, qui entrent en correspondance avec l'aporie océane. D'autre part, l'insuffisance des connaissances scientifiques et des équipements nautiques accroît la marge d'incertitude, entraîne une appréciation continuellement empirique de l'espace, et à certains moments, donne l'impression de rationaliser l'erreur au lieu de la corriger, comme nous le verrons dans la deuxième partie.

De toute façon, la représentation du monde reste flottante. Géographes anciens et cosmographes modernes ne s'accordent pas, et les voyageurs lettrés hésitent sans cesse entre l'autorité de textes qui font partie intégrante de leur culture, qu'ils ne souhaitent pas trahir, et leur propre expérience des archipels traversés, expérience personnelle, brève et

1 Jacques-Henri Bernardin de Saint-Pierre, *op. cit.*, p. 54-57.

vive, à laquelle ils ne savent quelle foi accorder exactement. Rares sont les voyageurs qui s'inscrivent clairement en faux contre les croyances installées. Et s'ils le font, leur témoignage gênant semble se perdre dans la rumeur des autres relations, qui, elles, demeurent conformes à l'attente des lecteurs, et renouvellent toujours en partie les erreurs qui plaisent. Car l'île errante est un mensonge auquel les gens souhaitent croire, et en ce sens elle constitue un mythe tenace. Les voyages au long cours se multiplent, l'accoutumance dépoétise et affadit peu à peu les mondes nouveaux, et l'étonnement des débuts fait place à l'habitude, à une impression de monotonie : « La navigation est devenue une routine, constate Bernardin de Saint-Pierre en 1768 ; on part dans les mêmes temps, on passe aux mêmes endroits, on fait les mêmes manœuvres[1]. » L'étrange est devenu la norme. La Non Trubada en revanche garde intacte sa charge de promesses, tous les espoirs qu'elle porte restent à venir, et toutes les singularités fabuleuses dont on la crédite sont encore à découvrir.

1 *Id.*, p. 69.

DEUXIÈME PARTIE

CAUSES SCIENTIFIQUES ET POLITIQUES

Les représentations culturelles propres au XVIe et au XVIIe siècles ont installé dans l'esprit des voyageurs l'idée que les îles peuvent se déplacer, qu'elles sont en symbiose avec le monde marin et, puisqu'elles émergent souvent là où on ne les attendait pas, qu'elles peuvent être habitées d'intentions malignes à l'égard des vaisseaux qui les croisent en mer par inadvertance. Mais les connaissances scientifiques insuffisantes de l'époque entraînent également un grand nombre d'erreurs dont la répétition paraît valider la thèse de l'île errante. Les équipages naviguent à l'estime, disposant d'instruments de mesure imprécis, avec lesquels ils s'efforcent de faire le point. *L'observation* leur donne une position en latitude passable, mais ne leur permet pas de se situer en longitude. Retrouver une île précédemment repérée est donc toujours aléatoire, et des navigateurs chevronnés se sont parfois livrés, pour localiser une terre déjà reconnue, à d'épuisantes et vaines parties de cache-cache.

Par ailleurs, les cartes marines induisent fréquemment en erreur les pilotes, qui s'excusent en incriminant leurs *« cartes mal bâties »* : les îles rencontrées le sont rarement sur le gisement indiqué, même lorsque le navigateur est en possession de ce qui est alors tenu pour une « bonne carte ». D'autre part, un nombre conséquent de croquis erronés circule, comme des cartes d'îles qui n'existent pas, et que l'on représente pourtant. D'une manière générale, l'angle d'approche d'une île variant continuellement, même le dessin exact d'une côte ne fait pas forcément sens pour le voyageur qui suivra. Enfin, si l'on a réussi à préciser peu à peu la longitude de points stratégiques comme le cap de Bonne-Espérance, celle des petites îles intermittentes sur la route des Indes reste totalement variable. À bord d'un vaisseau semblable à une île qui voyage, les îles sont alors souvent perçues et décrites, de manière significative, comme « des vaisseaux à la voile ».

Tous les instruments en sa possession se révélant imprécis ou défectueux, le navigateur a continué longtemps de tenir le plus grand compte des *repères empiriques* qui permirent aux découvreurs, en particulier portugais, de faire aboutir leurs missions à la fin du XVe siècle. Ainsi, en indiquant l'approche d'une terre, les oiseaux deviennent un moyen de vérifier l'estime, c'est-à-dire de contrôler si la position du navire est bien celle que l'on suppose. En pleine mer, ils signalent souvent un haut-fond, peut-être l'île à fleur d'eau que l'on n'aperçoit pas encore. Une espèce particulière d'oiseaux peut permettre d'identifier une zone géographique précise ou de déterminer la distance à laquelle le vaisseau se trouve de la côte. La couleur de l'eau, la forme d'un nuage, l'apparition d'herbes flottantes, certains poissons, des « couleuvres », constituent également des repères flous qui, en s'additionnant, viennent corroborer l'hypothèse d'une terre qui vague à faible distance.

Ces données, dont découlent de si nombreuses *erreurs involontaires* commises par les équipages, ont largement favorisé l'errance des petites îles pendant deux siècles.

Cependant, parmi les multiples flottements observés dans la position des archipels sur les mappemondes, certains n'ont rien d'accidentel et relèvent d'une politique réfléchie. Il peut s'agir d'une *politique générale* des États, Portugais et Espagnol, qui en se partageant le monde, s'efforcent par exemple de faire tomber dans « leur » hémisphère les îles des Épices, source de toutes les convoitises en Occident. Afin de ralentir l'avancée des nations concurrentes, les navigateurs veillent alors à tenir secrètes leurs découvertes, ou laissent circuler des cartes sur lesquelles ils oublient de mentionner des îles-repères, nécessaires pour que le vaisseau puisse contrôler la bonne progression de sa route. À moins qu'ils n'indiquent les îles sur des positions fausses, voire dangereuses, afin qu'elles se constituent en piège.

La politique des cartographes n'est pas plus rigoureuse. Ils dressent des plans incomplets ou truqués à la demande d'un chef d'escadre qui souhaite garder le plus longtemps possible le contrôle d'une expédition difficile. Ils appliquent également le principe de précaution a priori, en indiquant les îles imaginaires, estimant qu'il vaut mieux se garder d'une île qui n'existe pas que courir le risque, même très improbable, d'une mauvaise rencontre. D'autre part, ils situent volontairement les îles plus éloignées des côtes qu'elles ne le sont en réalité, afin que le pilote, averti avec un temps d'avance, ait tout loisir d'anticiper le danger et de le parer. Une telle politique, qui accroît considérablement la confusion au cours d'une navigation, est considérée cependant comme bénéfique par les équipages et les voyageurs, qu'elle réconforte et rassure, en leur donnant l'illusion qu'ils possèdent la maîtrise de leur route.

Cette manière extrêmement libre de comprendre l'espace insulaire n'est pas sans répercussion sur la perception globale du monde, et invite à des *politiques individuelles* libertaires. En laissant aux archipels la possibilité de se déplacer, de s'absenter ou de disparaître, les géographes font de l'errance une manière d'être au monde, et donnent au navire prisonnier de l'escadre, ou au marin prisonnier du navire, la possibilité d'utiliser tant d'incertitudes à leur avantage, et de récupérer à des fins personnelles erreurs d'estime et cartes fautives. Nombre de vaisseaux s'accordent ainsi, avant de réintégrer leur escadre voire de disparaître tout à fait, des parenthèses d'errance sur lesquelles le clair n'est jamais fait. Si les imprécisions accumulées conduisent à égarer des îles, elles autorisent aussi les navires à s'égarer, en toute impunité la plupart du temps.

Ces diverses politiques érigent par conséquent *les erreurs volontaires* en véritable système, visant à prendre sur les mers une maîtrise mentale, puisque personne n'en a la maîtrise physique. En outre, elles laissent éventuellement aux hommes la possibilité de satisfaire leurs désirs secrets d'émancipation, en utilisant comme paravent les aléas de la navigation.

Le monde insulaire garde donc longtemps une représentation très fluctuante. Les pilotes et les équipages sont habitués à naviguer en ménageant des marges d'erreur considérables, et de graves hésitations pèsent toujours sur la route suivie. Aussi les îles-jalons sont-elles rarement au rendez-vous, et l'on peut manquer même les mieux connues, qui servent pourtant depuis le début des grandes navigations à vérifier l'estime du vaisseau. Au XVIe siècle, un navigateur peut ne pas retrouver les îles qu'il a lui-même découvertes, alors qu'il a une première fois séjourné dans la zone où il revient les chercher. Au XVIIIe siècle encore, lorsqu'il s'efforce de préciser la position d'une terre dont la présence est confirmée, il peut très bien ne pas réussir à la localiser, en venir même à remettre en cause son existence, car *les repères demeurés flottants* continuent de l'induire en erreur.

L'habitude de scruter l'horizon à la recherche d'éminences lointaines, l'héritage des auteurs anciens pour qui la mer grouille de créatures aussi vastes que des îles (avec lesquelles il serait possible de les confondre) ont accru par ailleurs une sorte de réceptivité à toutes les formes éventuelles d'insularité vagabonde. Ile-baleine des vieilles traditions, visions improbables où le végétal, l'animal et le minéral semblent fusionner, *une île en mer* devient le comparant spontané des voyageurs pour décrire tout ce qui affleure, émerge, dérive, se perd – et interpelle. En ce sens, l'explication par la présence d'une île temporaire, ou de ce qui y ressemblait momentanément, reflète une perception du monde qui ne s'encombre pas d'un réalisme étriqué, mais s'approprie le merveilleux et s'y épanouit naturellement.

La quête de l'île est de toute façon une occupation si constante à bord qu'elle suscite souvent des visions, la ligne floue de l'horizon ou la pointe d'un nuage paraissant répondre à l'espoir d'un guetteur impatient. Dans les situations de naufrage, le risque aggravé, la tension et la peur incontrôlée concentrent sur l'île des demandes impérieuses, et l'anxiété, le désir extrême, conduisent parfois de l'illusion d'optique à l'hallucination collective. L'île constituant alors le seul *horizon d'attente* encore envisageable, elle est investie de tous les pouvoirs, en particulier celui d'apporter des solutions immédiates aux difficultés rencontrées. Dans la réalité, au mieux l'île existe mais elle est déserte ; au pire, elle s'estompe comme un mirage à l'approche du radeau. Dans tous les cas, elle ne parvient pas à répondre aux attentes.

De l'île cherchée qui s'absente à l'île-mirage qui se délite, *le flou des contours* est resté finalement une constante dans la perception du monde insulaire au cours des XVIe et XVIIe siècles.

LES ERREURS INVOLONTAIRES

DES CONNAISSANCES SCIENTIFIQUES BALBUTIANTES

La navigation à l'estime a été la seule pratiquée et la seule possible jusqu'à l'invention des premiers chronomètres de marine. Au cours de son deuxième voyage, de 1772 à 1775, Cook utilise la montre marine de John Harrison reproduite par l'horloger Larunn Kendall[1], montre qu'il appelle « notre guide sans défaillance ». Elle permet enfin de préciser à quelle distance à l'est ou à l'ouest du premier méridien se trouve le navire, et apporte une réponse à la question, demeurée longtemps sans réponse, du calcul des longitudes en mer. Jusqu'à cette date, la découverte d'une île a été la rencontre de deux formes d'errance : celle d'une terre dont on ne sait pas déterminer le gisement au moment où on l'aperçoit, et celle d'un vaisseau dont on ne sait pas davantage calculer la position exacte. L'île et le navire semblent donc souvent évoluer dans une zone impossible à circonscrire, se trouver et se reperdre suivant des trajectoires qui demeurent énigmatiques, car les relevés imprécis voire erronés fournis par les journaux de bord obligent le lecteur à se contenter d'hypothèses.

Cependant, le navigateur dispose d'un certain nombre d'instruments de mesure pour l'aider à se diriger au cours d'une traversée :

La plupart du temps, il apprécie la position approximative de son vaisseau en naviguant *à l'estime*, méthode qui a eu longtemps la préférence. C'est-à-dire qu'il évalue la direction suivie par le navire ainsi que sa vitesse pendant un temps donné, en se servant le mieux possible de ses instruments de marine, (dont l'usage déjà hasardeux peut encore être

---

1 James Cook, *Relations de voyages autour du monde*, choix, introduction et notes de Christopher Lloyd, traduction de l'anglais par Gabrielle Rives, Paris, Éditions La Découverte, 1987, deux tomes, 308 et 157 p., t. 1, p. 150.

interdit plusieurs jours de suite par le mauvais temps.) Le premier auxiliaire du marin a d'abord été la *bossola* – du nom de la petite boite contenant l'aiguille aimantée. Il semble même qu'elle ait constitué parfois le guide essentiel pour conduire un voyage. Lors de sa traversée vers le Brésil en 1556, Jean de Léry se montre plein d'admiration pour « l'art de la navigation en général, [...] en particulier l'invention de l'Eguille marine, avec laquelle on se conduit [...][1] », comme si reposait sur elle seule tout le secret de la route à suivre. « Par son usage, explique D'Après de Mannevillette en 1775, le pilote jugeoit bien de la direction de sa route, mais la quantité de chemin lui restoit toujours incertaine, et étoit uniquement fondée sur l'estime[2]. » On utilisait d'autre part l'*ampoule* ou sablier pour mesurer le temps par demi-heure, et évaluer la vitesse, ainsi que le *loch*, petite planche dont la base circulaire chargée de plomb flotte à la verticale et permet de savoir en combien de temps le vaisseau parcourt l'espace mesuré par une corde à laquelle le loch est attaché. Cette corde s'étend sur la surface de la mer à mesure que le vaisseau s'éloigne du loch, dérisoire fil d'Ariane qui fournissait pourtant quelques repères. Les marins savaient par ailleurs déterminer avec une certaine justesse leur position en latitude en utilisant *l'équerre*, le *quadrant* ou le *sextant*. La position en longitude en revanche n'est jamais établie que de manière approchée. La dérive provoquée par les vents et les courants modifie la route du navire (qui en fait se déplace « en crabe ») et il faut sans cesse recalculer la position en essayant de tenir compte de la dérive après coup, ce qui augmente la marge d'incertitude. En février 1606, soit un mois après son départ du Pérou, Fernández de Quirós interroge les pilotes de son escadre pour savoir « à quelle distance ils s'estimaient de Lima, quelle marge ils avaient prise pour compenser la dérive due à la mer, au vent et à la variation du compas [...][3]. » Et c'est souvent lorsqu'il est dérouté que le vaisseau croise des îles nouvelles, dont il parvient d'autant moins à fixer le gisement qu'il l'évalue à partir de sa propre position, la plupart du temps gravement inexacte.

---

1 Jean de Léry, *Histoire d'un voyage faict en la terre du Brésil (1578)*, 2e édition, 1580, texte établi, présenté et annoté par Frank Lestringant, éd., Paris, Le Livre de Poche, coll. Bibliothèque Classique, 1994, 670 p., p. 115.

2 Jean-Baptiste-Nicolas-Denis d'Après de Mannevillette, *Instructions sur la Navigation des Indes Orientales et de la Chine pour servir au Neptune Oriental*, à Paris chez Demonville et à Brest chez Malassis, 1775, 588 p., Préface, p. 23.

3 Pedro Fernándes de Quirós, *Histoire de la découverte des régions australes, Iles Salomon, Marquises, Santa Cruz, Tuamotu, Cook du Nord et Vanuatu*, traduction et notes d'Annie Baert, préface de Paul de Deckker, Paris, L'Harmattan, 2001, 345 p., p. 210.

Faire le point obéit pourtant à une sorte de rite quotidien très respecté à bord des vaisseaux. Fernández de Quirós rappelle à son amiral, en 1606, qu'il s'agit d'une nécessité impérative : « Il aura soin de prendre la hauteur du soleil chaque jour et celle de la croix du sud chaque nuit, ou au moins chaque fois que le temps le lui permettra, pour connaître sa latitude et signaler sa position sur la carte, indiquant les précautions prises contre la dérive due aux vents et aux courants[1]. » L'indication fournie peut être de première importance : « Ce jour [24 août 1601] ayant pris la hauteur du soleil à l'heure accoutumée, qui est au point de midi, ce que les mariniers appellent l'*observation*, il ne fut trouvé aucune hauteur, tellement que par là on reconnut que nous étions sous la ligne[2], » note par exemple Pyrard de Laval. Apprécier la position en mer est une inquiétude continuelle en même temps qu'une situation de précarité assumée, au point que lorsque l'atterrage révèle une route finalement effectuée sans erreur d'estime importante, la relation signale le fait comme une prouesse : « Enfin, après une navigation de trois mois, nous arrivâmes au cap de Bonne-Espérance, si juste par rapport à l'estime que nos pilotes en avaient faite, qu'il n'y eut que quinze lieues d'erreur ; ce qui n'est de nulle conséquence dans un voyage d'un si long cours[3], » rapporte, avec une satisfaction sensible, le comte de Forbin en route pour le Siam en 1685. Mais, d'une manière générale, faire le point reste une gageure. Le calcul de la latitude se révèle imprécis, celui de la longitude franchement fantaisiste, et le voyageur qui embarque intègre en fait un espace dont la saisie et la réalité physique lui échappent. Il perd tous les référentiels extérieurs familiers, la terre d'abord, avec la vue des côtes qui en indiquaient la présence. Les nouveaux repères auxquels il doit maintenant se fier n'ont plus avec lui aucune proximité, aucune complicité, ce sont de lointains repères célestes : la position du navire est calculée à partir de l'observation de la hauteur du soleil à midi, ou bien, selon l'hémisphère où l'on se trouve, à partir de l'observation de l'étoile Polaire ou de la Croix du Sud. « On prend la hauteur avec l'astrolabe,

1 *Id.*, p. 199.

2 François Pyrard de Laval, *Voyage de Pyrard de Laval aux Indes orientales* (1601-1611), suivi de *La relation du voyage des Français à Sumatra de François Martin de Vitré (1601-1603)*, édition et notes de Xavier de Castro, Chandeigne, coll. Magellane, Paris, 1998, 2 vol., 511-511 p., t. 1, p. 37.

3 Claude de Forbin, Comte, *Mémoires du Comte de Forbin (1656-1733)*, Édition présentée et annotée par Micheline Cuénin, Paris, Mercure de France, 571 p., p. 79.

au soleil, ou bien aux étoiles par le bâton de Jacob, que les mariniers nomment l'*arbalète*[1], » témoigne Pyrard en 1601, et l'on parvient ainsi à se situer par rapport aux parallèles, à défaut de savoir se situer par rapport aux méridiens. À bien des égards, les connaissances que tentent d'acquérir les navigateurs sont celles que possèdent, de manière innée, les oiseaux migrateurs, qui utilisent un compas intérieur, grâce auquel ils tiennent compte de la position du soleil, des étoiles, et du champ magnétique de la Terre.

Encore la position en latitude est-elle sujette à caution. Les voyageurs mettent régulièrement en doute les capacités réelles du pilote à utiliser correctement ses instruments. Sur la nef *Conceição* en 1555, c'est même sa simple honnêteté qui est niée : « Il ne fallait pas se fier, disait-on, à son point et à son soleil, parce qu'il avait deux points, celui qu'il prenait avec son soleil et celui qu'il inventait[2]. » D'autre part, pour peu que le navire roule, *l'observation* est assez vite faussée de quatre ou cinq degrés. Parfois, un ciel brouillé ne l'autorise même pas. En février 1606, lorsque Quirós demande aux navires de sa flotte de déclarer leur latitude, les pilotes répondent « qu'à cause de la forte nébulosité ils n'avaient pas pu mesurer le soleil depuis trois jours, qu'à leur avis les [îles] Marquises de Mendoza étaient dans le nord nord-ouest et que, dès qu'il y aurait du soleil, ils pourraient connaître leur latitude et parler plus sérieusement[3]. » De telles incertitudes ont validé et nourri le mythe de l'île errante, localisée de manière suffisamment précise pour que le navigateur sache à peu près sur quel parallèle il devait la chercher, et suffisamment approximative pour que l'écart entre deux méridiens lui laisse tout loisir de s'absenter. Cet état de fait explique que jusqu'au XVIIIe siècle, des recherches aient pu être menées avec une attention et une minutie extrêmes, sans que l'on ait réussi à les faire aboutir cependant. D'Après de Mannevillette recense par exemple les diverses tentatives faites pour retrouver le petit archipel des Martim Vaz au large du Brésil : « Les bateaux l'*Hirondelle* et l'*Oiseau*, en 1731, ont parcouru de l'est à l'ouest, par ordre de la Compagnie, le parallele entre 19 et

1 François Pyrard de Laval, *op. cit.*, t. 1, p. 37.

2 Manoel Rangel, *Naufrage de la nef Conceição*, in *Histoires tragico-maritimes, Trois naufrages portugais au XVIe siècle*, traduction de Georges Le Gentil, préface de José Saramago, Paris, Chandeigne, coll. Magellane, 1999, 220 p., p. 23.

3 Pedro Fernández de Quirós, *op. cit.*, p. 210.

20 degrés de latitude, pour chercher les *Martinvaz*, sans aucun succès[1]. » Nouvel échec en 1739, en suivant cette fois le parallèle de 20° 30' jusqu'à l'île de la *Trinité.* D'Après lui-même tente de lever le doute en 1752 : « [...] j'ai parcouru, avec toute la précaution qu'exigent les découvertes, et principalement avec celle de ne faire route que pendant le jour, le parallèle de 20° 50' à 21° 15', l'espace de sept cents vingt lieues, d'un tems très-serein, jusqu'à quatre-vingt lieues de la côte du *Bresil*, et je n'ai vu ni les *Martinvaz* ni aucune indice qui m'en pût faire soupçonner la proximité[2]. » D'Après, qui avait d'abord tiré les conclusions de cette expérience décevante : « je puis assurer qu'elles n'existent pas[3] » dans sa Préface, se montre beaucoup plus réservé dans l'ouvrage lui-même, et son embarras interroge. En effet, le texte d'une part multiplie les expressions qui soulignent la nullité de la recherche : « sans aucun succès », « sans en voir aucune », « je n'ai vu ni les *Martinvaz* ni aucune indice », et, d'autre part, ne met pas vraiment en question l'existence de ces petites îles. Le navigateur rappelle qu'elles sont depuis longtemps portées sur les cartes et mentionnées par les Routiers Portugais, « qui assuroient qu'on pouvoit aisément les appercevoir à quinze lieues de distance d'un beau tems[4] », des capitaines de vaisseaux lui ayant même assuré qu'ils y avaient relâché. Entre ces deux prises de position contradictoires qui traduisent sa gêne et son incapacité à trancher, D'Après semble donc accepter un hiatus, une perspective fuyante occupée par les évasives Martim Vaz[5].

Préciser la longitude a fait l'objet de nombreuses recherches cependant, et coûté de gros efforts. Dans une lettre datée du 4 juin 1501, Amerigo Vespucci confie à Laurent de Médicis : « La longitude est chose [...] difficile, car elle ne peut être connue que par celui qui veille beaucoup et qui observe la conjonction de la lune avec les planètes. À cause de

1 Jean-Baptiste-Nicolas-Denis d'Après de Mannevillette, *op. cit.*, p. 28, note de bas de page. – D'Après était capitaine des Vaisseaux de La Compagnie des Indes, compagnie pour laquelle il a mené nombre d'investigations, afin de rendre les routes maritimes plus sûres.

2 *Ibid.*

3 *Id.*, Préface, p. 31.

4 *Id.*, p. 28.

5 L'archipel des Martim Vaz se trouve dans l'océan Atlantique Sud, à 715 km à l'est de Vitoria au Brésil. L'île principale est située à 20°30'00" S, la recherche se fait donc sur le bon parallèle en 1739, mais la surface occupée par l'archipel, 30 hectares, est peu importante et la longitude exacte 28°51'00"O, n'est pas connue.

ladite longitude, j'ai perdu beaucoup de sommeil et j'ai abrégé ma vie de dix ans[1]. » Vers 1519, à l'époque où se préparait l'expédition Magellan, le cosmographe Rui Faleiro tentait de la calculer en supposant constant, le long d'un méridien donné, l'écart entre le nord indiqué par l'aiguille de la boussole et celui indiqué par l'étoile polaire. La méthode s'avéra peu concluante. Pierre Crignon, de Dieppe, avait rédigé vers 1534 un livre qui n'a pas été imprimé, intitulé *La Perle de Cosmographie.* Il contenait, entre autres, un système de l'aimant par lequel l'auteur pensait avoir trouvé le secret des longitudes[2]. Du reste, la déclinaison magnétique a longtemps désorienté les navigateurs. Si, en 1603, Fernández de Quirós obtient un ordre de mission du roi d'Espagne, ce n'est pas seulement parce qu'il propose à Philippe III de découvrir de nouvelles terres en son nom, c'est aussi parce qu'il a fabriqué des instruments de navigation peut-être capables de corriger les variations magnétiques, instruments qui se composaient d'un compas et d'une montre, afin de calculer le sud vrai ou le nord vrai – géographiques – : « il pourrait ainsi rapporter des éclaircissements sur les vraies variations du compas, phénomène encore obscur et controversé. Trouver la vérité sur ce point serait d'un grand bénéfice pour la facilité de la navigation, et permettrait de déterminer la véritable position en longitude et en latitude des lieux, ports et caps déjà découverts ou à découvrir au cours de divers voyages[3]. » Car les observations que les navigateurs menaient par eux-mêmes remettaient constamment en cause les repères sur lesquels ils pensaient d'abord pouvoir s'appuyer : « Le 3 [février 1620], note Augustin de Beaulieu qui navigue entre le Tropique du Capricorne et la Baie de la Table, nous avons eu le calme ; j'ai fait observation au lever du soleil, et trouvé que l'aiguille nord était à 13 degrés, ce qui m'a étonné, car je croyais que la variation dût augmenter et au contraire elle diminue, ce qui me fait juger que lesdites variations sont irrégulières, et qu'il n'y a nulle règle qu'on peut dire générale auxdites observations[4]. » Sur le long terme, de

1 Amerigo Vespucci, *Le nouveau monde, Les voyages d'Amerigo Vespucci*, traduction, introduction et notes de Jean-Paul Duviols, Paris, Chandeigne, coll. Magellane, 2005, 303 p., p. 97.

2 Jean et Raoul Parmentier, *Le discours de la navigation de Jean et Raoul Parmentier, voyage à Sumatra en 1529, description de l'Isle de Sainct-Domingo*, publié par Ch. Shefer, Genève, Slatkine Reprints, 1971, 202 p., Introduction, note 2 de la p. XXI.

3 Pedro Fernández de Quirós, *op. cit.*, p. 182.

4 Augustin de Beaulieu, *Mémoires d'un voyage aux Indes Orientales*, introduction, notes et bibliographie de Denys Lombard, Paris, École Française d'Extrême-Orient, Maisonneuve

nouvelles méthodes semblent donner des résultats meilleurs. Se rendant à Rodrigue en 1761, l'abbé Pingré vante « la méthode de M. l'abbé de la Caille [...], celle de conclure la longitude en mer par l'observation des distances de la lune, soit au soleil, soit aux étoiles fixes et je l'appelle ainsi, non que je prétende que ce célèbre astronome en ait été l'inventeur, mais parce qu'il l'avait adoptée d'une manière tout à fait singulière, non seulement comme la meilleure de toutes, mais comme l'unique qui pût réussir[1]. » Pingré voyage alors sur le *Comte d'Argenson* commandé par Marion-Dufresnes. Lorsque les résultats de ses investigations lui paraissent convaincants, il hésite à les communiquer à son capitaine : « Je n'osais faire part de ces résultats à M. Marion qui, dans le commencement de notre traversée, avait paru douter de la possibilité du succès de telles observations [...]. M. *D'Après*, dont M. *Marion* avait été lieutenant, avait employé cette méthode pour assurer la longitude de son vaisseau et il s'était quelquefois trompé grossièrement dans le résultat[2]. » Pourtant en 1775, dans la Préface du *Neptune Oriental*, D'Après renvoie son lecteur au quatrième volume des *Mémoires des savans étrangers* présentés à l'Académie des Sciences pour y trouver, dit-il, les observations « que j'ai faites pour déterminer la longitude à la mer par les distances de la lune au soleil ou aux étoiles. J'ai toujours suivi avec succès cette méthode dans les voyages que j'ai faits ; elle a été proposée par le Docteur Hallei, et je suis le premier navigateur qui s'en soit servi[3]. » Apparemment, Marion-Dufresnes, son lieutenant, n'avait partagé ni son enthousiasme, ni ses certitudes... Bernardin de Saint-Pierre, qui se rend à l'Île de France en 1768, dresse un bilan honnête de la situation. En réalité, dit-il, le moyen manque toujours de déterminer les longitudes : « On observe la variation matin et soir ; mais ce moyen n'est point sûr. On ne voit pas tous les jours le soleil se lever et se coucher. D'ailleurs, la variation, qui est, comme vous savez, la déclinaison de l'aiguille, varie d'une année à l'autre, sous le même méridien. La propriété qu'elle a de s'incliner vers la terre par sa partie aimantée pourrait être d'une plus grande utilité.

---

et Larose, coll. « Pérégrinations asiatiques », 1996, 261 p., ill. 16 p., p. 34.

1 Alexandre-Gui Pingré, *Voyage à Rodrigue. Le transit de Vénus de 1761. La mission astronomique de l'abbé Pingré dans l'océan Indien*, texte inédit établi et présenté par Sophie Hoarau, Marie-Paule Janiçon et Jean-Michel Racault, éd., Paris, SEDES, Le Publieur, coll. Bibliothèque Universitaire et Francophone, 2004, 374 p., p. 59.

2 *Id.*, p. 83-84.

3 Jean-Baptiste-Nicolas-Denis d'Après de Mannevillette, *op. cit.*, Préface p. 31-32.

C'est ce que l'expérience fera connaître[1]. » De surcroît, les résultats obtenus, même dans le cas d'une observation menée dans des conditions optimales, restent imprécis. La rédaction adoptée par Pingré, qui se dit pourtant convaincu de l'efficacité de la méthode La Caille, est de ce point de vue révélatrice : « D'ailleurs, écrit-il, en multipliant les observations comme je compte le faire, les erreurs se compensent probablement et en prenant un résultat mitoyen entre les résultats, on peut être assuré à peu de chose près de l'erreur de l'estime que l'on a faite de la longitude du vaisseau[2]. » Que d'îles ont erré en toute quiétude pendant deux siècles entre ce « probablement » et ce « à peu de chose près » !

La navigation à l'estime est donc restée longtemps la norme, outre que les observations à caractère scientifique ne sont pas forcément à la portée de tous sur un vaisseau. C'est surtout une navigation à visage humain, un peu suspecte, qui laisse sa chance au hasard. Une estime plus ou moins fautive a le mérite de ménager des surprises, et le voyage reste l'aventure que bientôt il ne sera plus tout à fait, parce que les marges d'erreur iront diminuant, et que seront fixées une bonne fois ces îles auxquelles on abordera sans étonnement, les mêmes dont on se disait auparavant qu'elles n'auraient jamais dû se trouver là où on les rencontrait. Par ailleurs, entre la force traître des courants, l'orgueil du pilote contre lequel se retourne la vindicte des passagers en cas d'accident, et l'humeur réputée vagabonde des archipels, le voyageur disposait d'un certain nombre de justifications ou d'alibis qui assuraient, à défaut d'une perception exacte du trajet accompli, la cohésion poétique du monde autour de lui.

Quand les erreurs deviennent trop sensibles en effet, on incrimine les courants. Avec raison d'ailleurs : il est difficile d'évaluer leur force réelle, variable de surcroît, qui déplace la masse d'eau par rapport au fond, et donc de déterminer la « vitesse-fond » du navire. Pingré, sur la route du Cap de Bonne-Espérance, les considère comme responsables des écarts entre ses propres calculs et ceux effectués par l'équipage du *Comte d'Argenson* : « L'estime du vaisseau est donc fautive de 6° 49' en

1 Jacques-Henri Bernardin de Saint-Pierre, *Voyage à l'Ile de France, 1768-1771*, Pascal Dumaih, éd. (à partir des *Œuvres Complètes*, t. 1 et 2, dir. A. Martin, Paris, 1818), Clermont-Ferrand, éditions Paléo, Géographes et Voyageurs, La collection de sable, 2008, 364 p., p. 49-50.

2 Alexandre-Gui Pingré, *op. cit.*, p. 84. – Mais une série de mesures erronées conduit plus souvent à une addition des erreurs qu'à leur soustraction.

défaut, constate-t-il le 28 février 1761 ; la plus grande partie de cette erreur peut être rejetée sur les courants qui portent toujours à l'ouest dans l'étendue de la zone torride et même au-delà[1]. » L'inconnue que représentent les courants peut se convertir en danger réel dans certains contextes particuliers : « [...] les courans au tour de l'île de *Ceylan* sont sujets à des variétés et à des changemens subits dont on ne peut rendre raison, constate D'Après de Mannevillette en 1775. On a vu un vaisseau obligé de mouiller proche de l'île *Barberin* par le calme, et par un courant qui portoit droit à terre[2]. »

Il reste que la justification par les courants, dont l'impact sur la route suivie est impossible à apprécier, a servi si régulièrement de couverture à des erreurs de navigation graves que le sujet est devenu l'occasion, de la part des narrateurs, de brocards répétés qui mettent régulièrement en cause les pilotes. En janvier 1686, alors qu'il rentre du Siam, dans les parages des îles Cocos, Choisy ironise : « Nos pilotes ont été fort étonnés ce matin de voir terre : ils croyaient avoir dépassé l'île des Cocos, et s'en faisaient à plus de vingt-cinq lieues. [...] Ils disent pour s'excuser que les courants viennent de l'ouest, et nous ont soutenus plus qu'on ne saurait dire. J'ai remarqué que les courants sont d'un grand secours aux pilotes, et quand ils se sont trompés, ils s'en prennent toujours aux courants[3]. » Cet alibi des courants est l'occasion d'une sorte d'antienne railleuse chez le Gentil de la Barbinais. En mars 1716, pendant la traversée qui le conduit du Pérou aux îles des Larrons, il en plaisante déjà : « Les courants sont très rapides en ces mers : chacun decidoit de leur cours à sa fantaisie ; car il faut remarquer qu'ils sont d'une ressource merveilleuse pour les pilotes, parce qu'ils leur attribuent toutes les erreurs de calcul qu'ils font dans la navigation[4]. » Le 29 mai suivant, le vaisseau de Le Gentil croise un autre navire, à bord duquel il se rend en chaloupe, et les voyageurs comparent leurs estimes respectives. Le

1 *Id.*, p. 83.

2 Jean-Baptiste-Nicolas-Denis d'Après de Mannevillette, *op. cit.*, p. 73.

3 François-Timoléon de Choisy, *Journal du voyage de Siam*, présenté et annoté par Dirk van der Cruysse, Paris, Fayard, 1995, 462 p., p. 311.

4 Guy Le Gentil de la Barbinais, *Nouveau voyage autour du monde par M. Le Gentil, enrichi de plusieurs Plans, Vues et Perspectives, [...]*, Amsterdam, Pierre Mortier, 1728, 3 tomes, 345-227, 199 p., t. 1, p. 129. – Sur le voyage de Le Gentil, voir : Marie-Monique Bernard, « *Le Voyage : réalité et fiction dans la première moitié du XVIIIe siècle* », thèse de doctorat, in François Moureau, *Le théâtre des voyages, une scénographie de l'Âge Classique*, Paris, P.U.P.S., coll. Imago Mundi, 2005, 584 p., p. 65.

Gentil pense être arrivé ou presque aux îles des Larrons, alors que les officiers de l'autre bateau s'en croient encore éloignés de deux cent cinquante lieues. « Le 30 au matin jour de la Pentecôte, nous eûmes connoissance de l'isle *Mariamne*. Cette vûe nous donna cause gagnée. Les autres rejetterent une erreur si considerable sur les courants. Je vous l'ai déjà dit, ces courants portent la folenchere de toutes les fautes que font les pilotes[1]. » Poursuivant son voyage autour du monde, Le Gentil, en mars 1717, se promène la nuit sur le château de pompe avec un officier auquel il signale ce qu'il pense être un bateau à la voile et qui est en réalité l'île Pulo Condor. Le danger est évité d'extrême justesse : « Il y eut alors de grands raisonnemens parmi nos pilotes, qui attribuerent tous, selon leur coûtume, une erreur si considérable aux courans[2]. » Les courants déportent effectivement le vaisseau malgré tout, et, plus la route du navire devient approximative, plus apparaissent dévoyées les îles qu'il aurait dû normalement reconnaître. Une sorte de trouble inquiet perdure ensuite dans l'esprit des passagers, témoins d'analyses et d'hypothèses divergentes émises par les pilotes, les officiers, les voyageurs lettrés, et les questions restent en suspens, sans qu'il soit jamais possible de trancher. « J'ai remarqué que ceux d'entre les pilotes qui ont les meilleurs poumons et qui jurent le mieux, remportent toûjours le prix de l'éloquence, et entraînent les autres à leur opinion[3] », persifle Le Gentil en 1717. Inversement, la route infléchie peut laisser soupçonner des îles inconnues, ou les hauts-fonds qui les environnent, et leur identification entraîne de nouveaux différends. Leur présence supposée semble parfois lisible à fleur d'eau : « dans ce parage la mer était très-agitée et la vague fort courte[4] » est une notation qui indique souvent une présomption d'île ou de bancs tapis sous la surface.

Le dernier auxiliaire du navigateur est la carte nautique, grâce à laquelle, à partir du XIVe siècle, il tâche de maîtriser sa route. Les voyages de découverte ont servi d'abord à construire les cartes, puis à les compléter, à les corriger, ensuite seulement il est devenu possible de les utiliser comme guides. En 1354, une ordonnance du Roi d'Aragon

---

1 *Id.*, t. 1, p. 144.
2 *Id.*, t. 3, p. 12.
3 *Id.*, t. 3, p. 8.
4 Jean-Baptiste-Nicolas-Denis d'Après de Mannevillette, *op. cit.*, p. 57. – Quand la houle venue du large arrive sur un haut-fond, la vague devient plus « courte » : ses points hauts se rapprochent, son amplitude horizontale est plus forte.

avait obligé tout patron de navire à posséder deux portulans à son bord, et les cartes ont longtemps rempli un double rôle : elles fournissent des repères et servent à se situer sur les portions de route déjà explorées, en même temps qu'elles permettent de préciser les itinéraires acquis en consignant les observations récentes. Mais souvent aussi les cartes nouvelles entérinent les erreurs initiales, voire en ajoutent d'autres, et elles sont donc continuellement dénoncées dans les journaux de bord par les capitaines qui mettent en cause des *« cartes mal bâties »* : leur propre navigation leur paraît infirmer les indications qu'elles leur donnent, voire les jeter dans de véritables traquenards. Et, en particulier, le gisement si fluctuant des petites îles pose régulièrement problème aux navigateurs, qui ne savent jamais ce qu'ils doivent en croire.

DES CARTES « MAL BÂTIES »

C'est le sentiment de John Saris, qui s'efforce en 1611 de traverser le canal du Mozambique pour atteindre Madagascar sans y parvenir, rejeté vers la côte africaine par les courants, et très préoccupé d'éviter Juan de Nova au cours de cette navigation dont le contrôle lui a échappé totalement. Il en vient à douter, soit de l'existence de l'île elle-même, soit de la validité pure et simple des cartes qu'il utilise : « Si l'île de Juan de Nova existe, elle doit être beaucoup moins à l'ouest qu'elle n'est placée sur les cartes et beaucoup plus près de Madagascar, sans quoi il serait impossible qu'ils ne l'eussent point aperçue dans leur navigation[1]. » La carte, par conséquent, non seulement n'a pas permis de prendre quelques repères sur la route effectuée, mais elle a au contraire rendu douteux ceux qui paraissaient acquis. Elle ne conduit plus à rectifier quelques inexactitudes relevées au cours du trajet, mais à remettre complètement en question la connaissance et la représentation globales de la zone, situation toujours difficile à gérer sur le plan psychique : ce que le navigateur vient de reconnaître ne coïncide en rien avec ce que

1 John Saris, *8e voyage de la Compagnie Anglaise des Indes Orientales*, in Purchas, *His pilgrims, contayning a history of the world in sea voyages and land travels by Englishmen and others*, Glasgow, 1905-1906, 20 vol., t. 1, p. 335-337.

les voyageurs qui l'ont précédé avaient consigné, et la rédaction des journaux de bord à ce moment-là trahit le malaise ressenti par tous. En juin 1620, dans des circonstances identiques et peut-être également dans les mêmes parages que John Saris, Beaulieu éprouve lui aussi un trouble semblable, et reste à son tour sans aucune explication valable à laquelle se raccrocher : « Et le mardi neuvième [juin 1620], avons vu la terre ferme d'entre Sofala et Mozambique, et la nuit, faisant le nord est quart d'est [...], eussions couru risque d'un malheureux naufrage, pour être en cet endroit nos cartes mal bâties, sans notre patache, [...][1]. » Beaulieu essaie alors de se repérer en confrontant son estime avec les indications des cartes, mais rien ne correspond : « Je fus bien étonné de voir la terre ferme si proche, ne m'y attendant pas et croyant que la côte dût aller à peu près comme elle est bâtie sur les cartes, mais il y a beaucoup de différences tant aux hauteurs qu'à la situation, [...][2] », et son vaisseau se trouve piégé par le travers d'îles qu'une concertation tenue à bord entre les Principaux ne permet pas d'identifier, « [...] les cartes ne pouvant en cela nous mettre d'accord pour n'y avoir en cet endroit nulle bonne construction en elles, [...][3]. » Inquiet et désorienté contre son habitude, Beaulieu choisit de s'éloigner rapidement sans plus chercher à comprendre, et son départ ressemble à une fuite. Pourtant, il avait déjà effectué un premier voyage en 1616-1618, il connaît la route, il a une réputation de capitaine expérimenté, qui sait normalement gérer un passage difficile sans perdre son sang-froid.

De telles situations ont perduré, et la relation de Le Gentil, qui se trouve en février 1717 au large de la Cochinchine, en route vers le détroit de Malacca, laisse l'impression qu'un siècle écoulé n'a rien changé. Sa première remarque souligne le positionnement continuellement inexact des îles aperçues : « Toutes les isles qu'on trouve le long de cette côte sont beaucoup plus voisines de la terre qu'elles ne sont marquées sur les cartes, [...][4]. » Assez vite, tout le monde à bord s'interroge, la confusion s'installe : « Le 28 [février] au matin les sentimens de nos pilotes furent fort partagez à la vûe de deux isles que nous ne pouvions trouver sur nos cartes. Les uns disoient que ces isles étoient celles de *Pulo Canton*,

---

1 Augustin de Beaulieu, *op. cit.*, p. 64.
2 *Id.*, p. 65.
3 *Ibid.*
4 Guy Le Gentil de la Barbinais, *op. cit.*, t. 3, p. 7.

les autres soûtenoient le contraire, parce qu'elles étoient trop près de la terre, et que les cartes les marquent beaucoup plus éloignées[1]. » C'est le capitaine portugais d'un vaisseau rencontré qui, « experimenté dans ces mers », les tire d'incertitude et effectue « plusieurs corrections sur nos cartes, rapporte Le Gentil, qui nous furent fort utiles dans la suite, [...][2]. » Peu après, le vaisseau qui navigue en toute confiance et s'estime à trente lieues à l'est de *Poulo Condor*, manque d'échouer sur les écueils qui bordent ladite île... Les jours suivants, Le Gentil note de nouveau, alors que le vaisseau longe la terre de Malaisie et les îles qui l'avoisinent, « ces isles sont situées plus au sud que les cartes ne le marquent[3] », et leur identification reste toujours aussi peu sûre : « [...] nous apperçûmes une isle qui causa encore de grandes disputes parmi nous. [...] Ceux-là ne vouloient point que cette isle fût *Pulo Timon*, parce qu'elle nous paroissoit beaucoup plus au sud qu'elle ne l'est sur les cartes. Néanmoins ceux qui par l'experience que nous avions déja faite, avoient remarqué que toutes ces isles étoient mal situées sur les cartes, furent d'un avis contraire[4]. » Le voyage paraît donc révéler chaque jour des terres dont l'identité est incertaine, qui donnent l'impression d'avoir dérivé, de préférence vers le sud. Le lecteur, déstabilisé par les transes répétées qui ont marqué chaque étape de la navigation, se demande si la dernière phrase du paragraphe : « Les courans porterent tout le jour vers le sud avec beaucoup de rapidité[5] » doit être prise comme une notation simple ou comme un début d'explication de cette situation perturbante : les îles – comme les vaisseaux – peuvent-elles voir leur position infléchie par la violence et la direction des courants ? Il semblerait qu'aujourd'hui de telles difficultés soient définitivement surmontées, et ces sortes de dangers parfaitement maîtrisés. Cependant, Olivier de Kersauson remontant de Rio vers la Caraïbe et utilisant à son bord la carte *America del Sur*, rapporte lui aussi en 2010 : « Pas vraiment de détails, faut bien l'avouer, si bien qu'un matin on avait failli s'emplafonner une île qui n'était évidemment pas sur notre carte[6]. » Même si le terme « s'emplafonner » peut laisser rêveur un lecteur pour qui la première vertu des îles est de

1 *Id.*, p. 8.
2 *Id.*, p. 9.
3 *Id.*, p. 14.
4 *Id.*, p. 14-15.
5 *Id.*, p. 15.
6 Olivier de Kersauson, *Ocean's songs*, Paris, J'ai Lu, coll. Arthaud Poche, 2010, p. 39.

laisser le ciel ouvert sur le large, il n'en reste pas moins qu'une île peut encore manquer sur la carte, soit que, par une négligence singulière, le cartographe ait oublié de la porter, soit qu'elle continue d'errer, chargée d'arrière-pensées coupables.

De plus, les voyageurs ont de la *« bonne »* carte une définition variable. En 1770, James Cook ne se fie toujours qu'à son propre jugement et considère que seul l'usage personnel permet de décider si une carte est valide ou non : « [...] on ne peut pas dire si une carte marine est bonne jusqu'à ce qu'on en ait soi-même fait l'expérience[1]. » D'Après de Mannevillette semble plus consensuel, il estime en 1775 que « [...] les cartes ont cela de commun avec les dictionnaires, que les dernieres éditions sont toujours réputées être les plus correctes : ceux qui sont chargés de la conduite des vaisseaux, écrit-il, ainsi que ceux qui peuvent y contribuer par leurs conseils, ne devroient pas négliger de s'en pourvoir et de les consulter au préjudice des anciennes, dont l'usage et la comparaison ne servent qu'à induire en erreur[2]. » Mais comme lui-même publie juste à ce moment-là un nombre important de cartes nouvelles, sur lesquelles il a corrigé beaucoup de relevés qu'il estimait fautifs, cette prise de position péremptoire peut être liée directement à leur arrivée sur le marché, et au désir légitime de l'auteur de voir son travail reconnu, et récompensé.

Des recherches comme celles que D'Après a menées pendant des années ont peu à peu rendu les cartes plus fiables. Certaines cartes d'ailleurs, quoique toujours imparfaites, avaient acquis depuis longtemps une vraie notoriété. D'Après lui-même constate que « entre celles que [les Hollandais] ont rendues publiques, on distingue sur toutes la carte générale de Pietergoos, dont plusieurs navigateurs se sont servis jusqu'à présent[3]. » Pietergoos, établi à Amsterdam, était cartographe, graveur et éditeur de cartes marines réputées au XVIIe siècle. C'est à lui que fait confiance le navigateur havrais Michel Dubocage, lorsqu'il entreprend en 1708 son long voyage de spéculation commerciale vers l'océan Pacifique, qu'il atteint en passant par le détroit de Lemaire au Cap-Horn. Pourtant, la carte de Pietergoos se révèle dès le début de la

1 James Cook, *op. cit.*, t. 1, p. 128.

2 Jean-Baptiste-Nicolas-Denis d'Après de Mannevillette, *op. cit.*, p. 10. – Les pilotes avaient l'habitude de rapporter leur point d'atterrage sur plusieurs cartes différentes, pour voir avec laquelle ils se trouvaient le plus en accord, manière de procéder que D'Après critique vivement p. 43-44.

3 *Id.*, p. 28 de la Préface.

navigation une source de dilemnes puisque, à l'île de l'Assomption déjà, la position indiquée par le Hollandais et celle observée par Dubocage ne correspondent plus. Ce dernier situe l'Assomption à la latitude de 20°30' « avec certitude de bonne observation. La carte hollandoise de laquelle je me sert ne l'a marquée que par la latitude de 19 degrés 54 [...][1] ». L'écart existe également dans l'estimation de la longitude, et le différentiel constaté entame visiblement la confiance du navigateur : « [cela] feroit 2 degrés 42 minutes de difference qui vallent par cette lattitude viron 50 lieues 1/2. Je ne say sy c'est que j'ay fait cette erreur dans ma navigation ou sy la dite isle ne seroit pas bien marquée sur la carte[2]. » Avec le temps, il semble prendre son parti de ces divergences récurrentes, et un écart de cinquante lieues, qui l'avait déstabilisé la première fois, continue d'être signalé dans le journal, mais considéré maintenant sans inquiétude excessive. Ainsi, abordant la Patagonie, il constate : « À cette atterrage je me suis trouvé plus est que ma carte ne me montroit estre, bien 58 lieues. [...] cette cotte est etablie plus ouest qu'elle ne devroit estre dans la carte de Pitregoase de laquelle je me sers d'environ 50 a 60 lieues[3]. » Il semble donc que, tout en continuant de se fier à la carte hollandaise pour la conduite générale de son voyage, Dubocage ait acquis assez d'autonomie pour juger par lui-même à partir de quel moment son estime personnelle devait prévaloir. Ce qui revient plus ou moins à admettre que le gisement d'une terre peut fluctuer, que chaque navigateur est tenu de faire le point pour corriger par sa propre estime la position indiquée par les cartographes – cette position n'est plus dès lors qu'une indication probable, non une référence fiable, comme si l'errance était une donnée incontournable et qu'il était impératif d'apprendre à la gérer.

Les cartes publiées par D'Après de Mannevillette ont pris ensuite le relais et ont été reconnues comme parmi les plus exactes mises à la disposition des navigateurs au XVIIIe siècle. En 1761, l'abbé Pingré en route pour Rodrigue fait l'apologie de ce capitaine des Vaisseaux de la Compagnie des Indes : « Douter si un tel homme a plus approché du but

1 Michel-Joseph Dubocage, *Journal du Capitaine Dubocage, Voyage à la Chine par le Cap-Horn, découverte de Clipperton, 1707-1716*, présenté, transcrit, annoté par Claude et Jacqueline Briot, membres du Centre Havrais de Recherche Historique, Books on Demand, Paris, 2010, 419 p., p. 73.

2 *Id.*, p. 73-74. – Dubocage nomme « Assomption » l'île de Trindade près des côtes du Brésil.

3 *Id.*, p. 116.

que ceux qui ont couru avant lui la même carrière c'est, à mon avis, douter si la géographie et la navigation sont fondées sur des principes stables et raisonnés, ou s'il faut en abandonner la direction aux caprices du hasard et de l'ignorance[1]. » Bernardin de Saint-Pierre, embarqué sur le *Marquis de Castries* pour rejoindre l'Ile de France en 1768, cite D'Après comme le meilleur cartographe de l'époque : « Les cartes les plus estimées sont celles de M. Daprès ; les marins ont aussi beaucoup d'obligation au savant et modeste abbé de La Caille ; [...][2]. » C'est l'honnêteté personnelle de D'Après que salue au passage Bougainville lorsqu'il navigue en Insulinde en septembre 1768 : « Je dois avertir ici que toutes les cartes marines françaises de cette partie [*i. e.* : les Moluques] sont pernicieuses. Elles sont inexactes, non seulement dans les gissements des côtes et îles, mais même dans des latitudes essentielles. [...] M. d'Après, du moins, avertit qu'il ne garantit point sa carte des Moluques ni celle des Philippines, n'ayant pu trouver de mémoires satisfaisants sur cette partie. Pour la sûreté des navigateurs, je souhaiterais la même délicatesse à tous ceux qui compilent des cartes[3]. »

Malgré des références largement reconnues, nombre de croquis fautifs restent en effet commercialisés comme s'il s'agissait de « bonnes » cartes : « Ce ne sont pas les navigateurs qui sont à blâmer pour les erreurs des cartes, estime Cook en 1770, mais les compilateurs et les éditeurs, qui présentent au monde les esquisses grossières du navigateur comme des plans levés avec exactitude, sans dire de quelle autorité ils agissent ainsi[4]. » L'éditeur, à la recherche d'un profit personnel rapide, ne veut pas s'encombrer de codicilles : « Si le navigateur est assez modeste pour dire que telle ou telle partie de son plan est défectueuse, ou même que sa totalité l'est, l'éditeur ou le vendeur préfère ne pas l'utiliser, car, disent-ils, cela compromet la vente[5]. » De surcroît, selon Cook, les délires de l'imagination, ou le goût de la création gratuite, perçue comme gratifiante en elle-même, président souvent à l'élaboration des cartes, beaucoup plus que la rigueur scientifique, qui n'est pas encore sentie comme une nécessité impérative par de nombreux marins : « J'en sais

---

1 Alexandre-Gui Pingré, *op. cit.*, p. 100.

2 Jacques-Henri Bernardin de Saint-Pierre, *op. cit.*, p. 69.

3 Louis-Antoine de Bougainville, *Voyage autour du monde* par la frégate du Roi *La Boudeuse* et la flûte *L'Étoile*, Paris, Gallimard, coll. Folio Classique, 2010, p. 386.

4 James Cook, *op. cit.*, p. 127.

5 *Id.*, p. 127-128.

qui ont représenté la ligne d'une côte qu'ils n'ont jamais vue, et indiqué des sondages qu'ils n'ont jamais faits ; après quoi ils sont si satisfaits de leur œuvre qu'ils vous la donnent pour argent comptant, sous le titre de "plan", "vue générale", etc.[1] »

C'est sans doute à ces habitudes laxistes que nous devons des cartes d'îles qui n'ont jamais existé, comme celle de San Porandon, dressée vers 1590 par l'ingénieur italien Leonardo Torriani[2], ou celle de l'île Oetabacam, que l'on a crue longtemps voisine de Madagascar. André Thevet en a donné « le portrait au naturel » dans sa *Cosmographie Universelle*[3], précisant, selon une conviction de l'époque sur laquelle nous reviendrons, qu'« elle est fort abondante en argent », indiquant également les détails du relief, comme le dessin des côtes, si découpées que l'île ressemble à une feuille de chêne, et suggérant des zones habitées (voir ill. 6 p. 122).

Dans les situations de navigation courante, le savoir-faire des marins est presque toujours insuffisant : « Je n'en ai connu que quelques-uns qui fussent capables de dessiner une carte ou un tracé d'une côte maritime [...][4] », regrette Cook en 1770. D'autre part, Le Gentil de la Barbinais, qui voyage en mars 1717 entre la Malaisie et Sumatra, fait remarquer que de toute façon il y a bien de la difficulté à représenter avec exactitude, depuis le pont d'un vaisseau en mouvement, des îles qui apparaissent sous des perspectives continuellement modifiées : « Je ne sai comment, écrit-il, on ose se guider sur les vûes ou perspectives d'une terre qu'on dessine sur mer. Nous avions des plans levez par de très-habiles gens, et néanmoins les terres et les montagnes ne paroissoient point à nos yeux telles qu'ils les avoient dessinées. Pour moi je suis persuadé que si deux ingenieurs levent dans deux vaisseaux differens le plan d'une même terre, ce plan ou cette perspective sera differente, si la distance des deux vaisseaux est seulement d'une demie lieue : ensorte que pour se servir utilement de tous les plans qu'on porte ordinairement sur la mer, il faudroit que le vaisseau où l'on est se trouvât justement au même

---

1 *Id.*, p. 127.

2 *Historia de las Islas Canarias*, traduction espagnole par A. Cioranescu, Santa Cruz de Ténériffe, 1958.

3 André Thevet, *La Cosmographie Universelle* [...], à Paris, chez Guillaume Chaudière, rue St Jacques, à l'enseigne du Temps, et de l'Homme sauvage, 1575, 4 tomes en 2 volumes, Livre IIII, chap. v, p. 106.

4 James Cook, *op. cit.*, p. 127.

ILL. 6 – Oetabacam, une île qui n'existe pas. André Thevet, *La Cosmographie universelle [...]*, à Paris, chez Guillaume Chaudière, rue St Jacques, à l'enseigne du Temps, et de l'Homme sauvage, 1575, 4 tomes en 2 volumes, tome 1, Livre IIII, chap. V, Oetabacam, p. 106.

point, et pour ainsi dire, au même zénith où étoit le vaisseau sur lequel les plans ont été levez, ce qui est moralement impossible[1]. » D'Après de Mannevillette signale régulièrement ces modifications qui interviennent dans la manière d'appréhender une côte depuis le large, modifications qui semblent comme l'illustration de la remarque faite par Le Gentil. Décrivant en 1775 la côte de Batacalo dans l'île de Ceylan, D'Après constate que « [...] sur le terrain s'elevent de très-hautes montagnes, dont l'une est appellée par les navigateurs le *Capuchon*, à cause de sa ressemblance par son extrémité avec une coqueluche ; mais elle n'a cette forme que lorsqu'on la releve de l'ouest vers le sud ; car, quand elle reste au nord-ouest ou nord-nord-ouest, sa pointe est comme le sommet d'une grosse pyramide[2]. » Ainsi, selon la position du dessinateur, le croquis varie, il correspond à un angle d'approche à chaque fois différent, la représentation proposée n'est donc que momentanément exacte, elle peut n'avoir plus aucun sens pour le voyageur qui viendra ensuite, n'éveiller chez lui aucun écho.

Sur la longueur du temps, les cartes ont été suffisamment corrigées pour permettre au navigateur de faire quelquefois, au cours de son voyage vers les Indes orientales, le point avec une relative exactitude. Par exemple, le cap de Bonne-Espérance, lieu stratégique et symbolique, point de rencontre entre l'océan Atlantique et l'océan Indien, repère psychologique aussi puisqu'à ce moment la route du vaisseau s'infléchit vers l'est au lieu de continuer vers le sud, a beaucoup retenu l'attention. Le comte de Forbin, major dans l'ambassade envoyée au Siam par Louis XIV, se félicite des progrès accomplis lors de l'escale qu'il y effectue en juin 1685 : « Les pères jésuites [...] firent [...] différentes observations fort utiles, et réglèrent la longitude du cap, qui n'avait été déterminée jusqu'alors que suivant l'estime des pilotes, manière de compter très douteuse, et sujette à bien des erreurs[3]. » L'abbé de Choisy, ambassadeur en second pour ce même voyage, qui a apporté sa modeste collaboration aux travaux menés, est plus précis : « Nous avons fait ce soir une belle observation, et nous prétendons rectifier la longitude du cap de Bonne-Espérance. Il est 3 degrés moins est qu'on ne croit. Cependant, 3 degrés de longitude en ce pays-ci font quarante-huit

1 Guy Le Gentil de la Barbinais, *op. cit.*, t. 3, p. 16-17.
2 Jean-Baptiste-Nicolas-Denis d'Après de Mannevillette, *op. cit.*, p. 268.
3 Claude de Forbin, Comte, *op. cit.*, p. 80-81.

lieues, et cela est fort important dans la navigation[1]. » À cette date, 1685, la position du Cap est donc ramenée de 21° et demi à 18° et demi à l'orient du méridien de Paris. Mesure de nouveau corrigée par l'Abbé de la Caille qui obtient 16° 10' de longitude à l'est de Paris, au cours de la mission qu'il effectue dans l'hémisphère austral entre 1750 et 1754. D'Après de Mannevillette considère que cette dernière observation « ne laisse désormais aucun doute sur la situation de cet endroit » et, dans l'édition de 1775 du *Neptune Oriental*, il conseille aux navigateurs de s'y référer absolument : « C'est à ce point qu'on doit uniquement comparer l'estime, soit qu'on vienne de l'ouest ou bien de l'est, et la différence qu'on trouvera sera toujours une erreur réelle[2]. » Mais le Cap est la pointe avancée et très fréquentée d'un grand continent, que doivent impérativement reconnaître les vaisseaux en route vers l'Inde. Ce n'est pas une île en mer. Trop petite, trop éphémère dans l'histoire d'un voyage, difficile à localiser, plus difficile encore à retrouver, l'île échappe longtemps à tout repérage, elle existe seulement quelque part au large, à l'état d'hypothèse. Elle n'est pas toujours portée sur les cartes, ou bien, à l'inverse, elle l'est trop, sur plusieurs positions différentes puisqu'on ne sait pas quelle est la position juste. Le même abbé de Choisy en route pour le Siam signale de temps à autre la possible mais furtive présence d'une île. Ainsi, à l'approche de la Ligne : « Un de nos pilotes s'est avisé qu'il y a sur notre route, à quatre degrés de la Ligne, une petite île qui n'est qu'une roche de trois lieues de long à fleur d'eau[3]. » Et l'on prend de suite toutes les mesures utiles pour éviter une terre que l'on ne voit pas, et que l'on n'apercevra pas davantage le lendemain, malgré toute l'attention accordée à son repérage, guettant les brisants qui devraient signaler sa rapide émersion. De même à l'approche du tropique du Capricorne : « Nos pilotes se croient par le travers de certaines îles. On a fait monter des hommes aux girouettes : ils n'ont vu que de l'eau[4]. » Rien n'est plus équivoque souvent qu'une ombre d'île sur l'immensité de la mer. De surcroît, une estime trop inexacte, des cartes trop « mal bâties » en sont venues parfois à rendre tout un archipel invisible au navigateur qui le traversait.

1 François-Timoléon de Choisy, *op. cit.*, p. 100.

2 Jean-Baptiste-Nicolas-Denis d'Après de Mannevillette, *op. cit.*, p. 43-44, note de bas de page.

3 François-Timoléon de Choisy, *op. cit.*, p. 62.

4 *Id.*, p. 75.

C'est du moins l'impression que laissent les étranges témoignages de voyageurs qui ont traversé l'archipel du Cap Vert, de nuit, sans le savoir et sans s'en rendre compte. D'Après de Mannevillette, qui a étudié de nombreux journaux de bord, constate d'abord que des erreurs d'estime importantes se rencontrent plus souvent qu'on ne pourrait le penser dans le trajet qui va des Canaries à l'archipel du Cap Vert[1], c'est-à-dire sur une route a priori bien connue au XVIIIe, puisque pratiquée régulièrement depuis trois siècles. Les navigateurs continuent pourtant d'aborder l'archipel avec une estime faussée, source de graves mécomptes. D'Après lui-même s'est trouvé, en décembre 1750, alors qu'il commandait le vaisseau le *Glorieux*, dans une situation dont il avait, en fait, perdu le contrôle sans s'en apercevoir : « [...] je passai pendant la nuit, sans le savoir, entre l'île de *Sel* et celle de *Saint-Nicolas*, par l'effet d'une différence d'estime de quatre-vingt lieues à l'ouest. Ayant fait route ensuite à l'ouest de la hauteur de *Bonnevue*, j'aurois traversé ces îles sans en voir aucune, si l'observation que je fis de l'éclipse de Lune du mois de Décembre, ne m'avoit fait connoître mon erreur; lorsque j'en fus certain je cinglai vers le sud, et la vue de l'île de *Feu* me la confirma : à la vérité je n'avois vu ni *Madere* ni les *Canaries*[2]. » Le *Glorieux* donne à ce moment-là l'impression déconcertante de tenir, sans même en avoir conscience, le rôle du cinquième dans le jeu des quatre coins : encerclé par des îles dont il ne soupçonne pas la présence, il se déplace au milieu d'elles en toute méconnaissance de cause, et finit malgré tout, et contre toute attente, par en attraper une...

La situation est encore plus inquiétante lorsque Pingré traverse cet archipel en 1761 : « Dans la persuasion où l'on était que toutes les îles du *Cap Vert* nous restaient à l'ouest, écrit-il, nous avons cinglé durant la nuit au sud à toutes voiles[3]. » Le capitaine Marion-Dufresne, qui commande le *Comte d'Argenson*, navigue donc avec devant lui, croit-il, un espace maritime totalement libre, sans aucun obstacle à redouter. Mais, à la stupeur générale, le lever du jour révèle l'île de Santiago, l'une des îles sud et la plus importante de l'archipel. « Cet aspect imprévu a donné lieu à bien des raisonnements. Nous avions certainement, durant la nuit dernière, couru le plus grand risque de périr, mais nous ne nous

1 Jean-Baptiste-Nicolas-Denis d'Après de Mannevillette, *op. cit.*, p. 13-14.
2 *Id.*, p. 14.
3 Alexandre-Gui Pingré, *op. cit.*, p. 60.

apercevions du danger que lorsqu'il n'existait plus. La confiance que nous avions eue dans les cartes géographiques que l'on met entre les mains des marins nous avait induits en erreur[1]. » Chacun s'interroge à bord sur la route effectivement suivie, mais rien ne permet de penser que le vaisseau, qui naviguait avec un vent favorable, ait pu modifier sensiblement sa direction. « Or, si l'on transporte cette route sur la carte pour la faire terminer au point où nous nous sommes trouvés ce matin, elle passera près de l'île de *Sel* et elle traversera absolument l'île de *Bona Vista*, constate Pingré. Cependant, nous avions passé hier de jour par la latitude de ces deux îles sans en avoir la moindre connaissance, quelque recherche que nous en eussions faite. La partie occidentale de l'île de *Mai* est, selon la carte, à plus de 6 lieues à l'est de l'île de *Sant Yago*. Nous devions donc avoir également passé sur cette île peu avant le jour et cependant, il nous a été impossible de la découvrir[2]. » Rétrospectivement, la navigation du *Comte d'Argenson* s'apparente elle aussi à une dangereuse partie de cache-cache, et l'on ne sait finalement pas qui extravague : le vaisseau, qui aborde en fait l'archipel sur une tout autre position que celle donnée par l'estime ? La carte, qui a mal indiqué le gisement des îles, comme veut le croire Pingré, en accord avec tous les autres voyageurs : « Il fut décidé unanimement que ces îles étaient très mal placées sur la carte[3] » ? Les îles elles-mêmes, qui s'amusent à tourner en ridicule ces grands capitaines qui croyaient pouvoir les localiser à coup sûr ? La ligne de démarcation entre le rationnel et l'empirique reste en définitive bien floue pour tout le monde. Pingré d'ailleurs ne revient pas sur cette situation dans les jours qui suivent, comme s'il tenait à laisser en arrière cette péripétie rocambolesque. Dans un contexte par trop déconcertant, la prise immédiate d'une distance permet de se désengager, et l'inexpliqué est ramené à un simple accident de parcours. Le mot de la fin revient donc à un passager qui déclare que « *ce n'était pas sans fondement qu'on lui avait dépeint ce vaisseau comme excellent, puisqu'il fendait les terres et les rochers avec autant de facilité que les ondes de l'océan*[4], » ce qui laisse à l'ironie l'opportunité de désamorcer l'incompréhension générale en même temps que la frayeur rétrospective,

1 *Ibid.*
2 *Ibid.*
3 *Id.*, p. 61.
4 *Ibid.*

et de prendre à son compte les dangers que l'on court à naviguer de nuit par le travers d'un archipel fantasque. Bernardin de Saint-Pierre, qui avait emprunté cette route en 1768, notait la permanence des relevés erronés sur les cartes de la région : « [...] la géographie est encore bien imparfaite : la longitude des Canaries et celle des îles du cap Vert est mal déterminée ; entre le cap Blanc et le cap Vert, la carte marque trente-neuf lieues d'enfoncement, quoiqu'il y en ait à peine vingt[1]. »

En fait, du XVIe au XVIIIe siècles, la représentation des horizons lointains, et surtout la perception des îles, sont restées ambivalentes. Un effort réel d'exactitude, une réelle volonté de rendre fiables les investigations menées, se trouvent continuellement traversés par les manifestations d'une sensibilité qui est encore loin d'être assujettie à la raison. La navigation de D'Après de Mannevillette et celle de Marion-Dufresnes coupant l'archipel du Cap Vert montrent que leurs exigences de rigueur scientifique coexistent finalement sans grand heurt avec une intelligence très déliée de l'espace maritime, perçu comme mobile, variable, exactement à la mesure du désir des navigateurs. Ils s'accommodent somme toute assez bien des connaissances scientifiques insuffisantes et des cartes fautives. Leur vaisseau est comme une île qui voyage, et les îles elles-mêmes en contrepartie sont fréquemment comparées à des bateaux, occidentaux ou exotiques, c'est l'image qui vient le plus spontanément sous leur plume quand ils tentent de les décrire. En janvier 1710, Dubocage est en vue des côtes de Patagonie : « Sur les 7h du soir, écrit-il, nous vimes une roche qui se montre comme une chaloupe renversée ou la carcasse d'un vesseau au ouest de nous [...][2]. » En mars 1717, Le Gentil fait route au large de la Cochinchine : « Je dis à un officier avec qui je me promenois alors sur le château de pompe, qu'il me sembloit voir un vaisseau à la voile, autant que l'obscurité pouvoit me le permettre. [...] Le jour qui parut trois heures après nous montra *Pulo Condor* [...][3]. » Quelque temps après, longeant Malacca, il note de nouveau : « Nous vîmes *Pulo Capas*, au nord duquel il y a une roche qui ressemble à un vaisseau à la voile, lorsqu'on en est à cinq lieues de distance[4]. » Alors qu'il fait route vers Batavia en septembre 1768, Bougainville range la terre de Button au sud

1 Jacques-Henri Bernardin de Saint-Pierre, *op. cit.*, p. 69.
2 Michel-Joseph Dubocage, *op. cit.*, p. 116-117.
3 Guy Le Gentil de la Barbinais, *op. cit.*, t. 3, p. 11-12.
4 *Id.*, p. 14.

des Célèbes : « [...] on découvre sur la côte de Button de gros caps ronds et de jolies anses. Au large d'un de ces caps sont deux roches, qu'il est impossible de ne pas prendre de loin pour deux navires à la voile, l'un assez grand, l'autre plus petit[1]. » Peu après, il tente de décrire la passe : « Le premier objet qui frappe du côté de Button est une roche détachée et minée par-dessous, laquelle présente exactement l'image d'une galère tentée, dont la moitié de l'éperon serait emportée ; les arbustes qui la couvrent produisent l'effet de la tente[2]. » L'identification île-vaisseau est régulière dans le *Neptune Oriental* en 1775. D'Après de Mannevillette, soit qu'il cite l'une de ses sources, soit qu'il décrive lui-même, y recense un bon nombre de ces petites terres ancrées en bordure des côtes comme des bateaux en escale. Ainsi à l'île de l'Ascension : « Du côté de l'ouest, il y a cinq petits îlots ou rochers, dont le plus au large est le plus élevé et le plus apparent ; il ressemble à un vaisseau à la voile[3]. » Dans l'archipel Tristan da Cunha, la plus occidentale des îles, reconnue comme ne présentant pas de danger particulier, mérite cependant une mention : « on découvre seulement un rocher à la pointe du sud-est qui a l'apparence d'un bateau à la voile[4]. » Juan de Nova, l'île voyageuse du canal du Mozambique, navigue de conserve avec « un petit rocher blanc sur lequel la mer brise, et qu'on prendroit à deux ou trois lieues d'éloignement pour un vaisseau à la voile[5], » un peu comme un bateau de gros tonnage se ferait accompagner d'une patache. En bordure de Ceylan, « l'île *Provedien* est un rocher blanc qui ressemble à la voile d'une champanne ou barque du pays[6]. » Et toute cette flottille d'îlots aux voiles hissées semble finalement se trouver là en transit, au même titre que les navires de passage. Sur leurs journaux de bord, les capitaines indiquent les petites terres qu'ils ont croisées, sans en omettre une seule, avec la même exactitude et la même application qu'ils mentionnent chacun des vaisseaux aperçus au cours de leur traversée.

---

1 Louis-Antoine de Bougainville, *op. cit.*, p. 366.

2 *Id.*, p. 374.

3 Jean-Baptiste-Nicolas-Denis d'Après de Mannevillette, *op. cit.*, p. 27. (citation extraite du Routier Portugais).

4 *Id.*, p. 31. (Extrait du journal de bord de M. Dercheverry, commandant la corvette du Roi l'*Étoile du Matin*, en 1767.)

5 *Id.*, p. 50.

6 *Id.*, p. 269.

Situer une île en mer reste donc une question de chance autant que le résultat de calculs savants mais parfois erronés. Les cartes sont des auxiliaires également précieux et défectueux. Chaque navigateur se montre donc bien conscient que l'esprit d'observation, une attention continuelle à tous les indices que la mer peut fournir, doivent compléter des connaissances scientifiques encore fragmentaires, voire se substituer à elles puisque souvent elles ne permettent pas d'aboutir. Dès le début des Découvertes, les multiples observations collectées, comparées, mises en commun à la fois par échange oral et par le biais des routiers de navigation, et peu à peu affinées, ont permis d'appréhender l'espace maritime en fonction d'une expérience qui n'avait rien de rationnel ni rien de systématique. Ce qui n'empêche pas les marins d'en faire un usage constant, et ils leur accordent souvent plus de crédit, pour tenter d'évaluer leur position ou d'identifier la zone naviguée, qu'à l'équipement incomplet de leur vaisseau.

LES REPÈRES EMPIRIQUES

Les données empiriques constituent une sorte d'*Instruction sur la navigation* d'un autre ordre, où les oiseaux, la couleur de l'eau, la forme des nuages, la présence de loups marins ou d'herbes flottantes, la disparition de certains poissons, deviennent des repères fugaces que les navigateurs ont appris à lire à fleur d'eau ou de ciel, repères dont ils savent interpréter les infinies variations afin de reconnaître les parages où ils se trouvent.

Les oiseaux tiennent un rôle de premier plan dans tous les récits de navigation. Dès le début des Découvertes, leur apparition sur le ciel marin a été comprise comme indiquant l'approche de terres nouvelles. Dans les premiers jours d'octobre 1492, Christophe Colomb tient le compte de chaque oiseau aperçu, paille-en queue, frégate ou albatros. Après en avoir vu passer un grand nombre qui se dirigeaient vers le sud-ouest, il décide le 7 octobre d'infléchir sa route pour adopter la leur : « L'amiral savait bien que la plupart des îles que possèdent les Portugais avaient été découvertes grâce au vol des oiseaux. [Il] décida d'abandonner la route de l'ouest et de mettre le cap à l'ouest-sud-ouest, dans l'intention de maintenir cette même direction pendant les deux jours qui allaient suivre[1]. » Un vol d'oiseaux a donc décidé de la découverte des Bahamas et non de la Floride, que Colomb aurait atteinte s'il avait gardé sa première direction. À la mi-juin 1502, la seconde expédition Vasco de Gama, sans doute parvenue à l'entrée du Canal du Mozambique, aperçoit de la vase, des débris, « beaucoup d'espèces de grands oiseaux blancs, et d'autres sortes de petits oiseaux semblables à des étourneaux, sauf qu'ils avaient la poitrine blanche. Nous avons tous pensé, rapporte Tomé Lopez, que ces choses venaient de quelque île qui n'avait pas encore été découverte par les chrétiens, et qui était près de là, [...][2] ». Conclusion spontanée et unanime à laquelle, revenant du Brésil en 1558, Jean de Léry apporte une sorte d'illustration : il dit avoir croisé une île inconnue « aussi ronde qu'une tour, [...] il en sortoit tant d'oyseaux, dont beaucoup se vindrent reposer sur les mats de nostre navire, et s'y laissoyent prendre à la main, que vous eussiez dit, la voyant ainsi un peu de loin, que c'estoit un colombier[3]. » D'une manière générale, les oiseaux trahissent la proximité de l'île encore invisible. Aussi l'équipage s'appuie-t-il d'abord sur leur apparition pour essayer de localiser la terre annoncée et aller la reconnaître si, déjà repérée auparavant, elle est indiquée sur les cartes.

L'arrivée des oiseaux autour du bateau apparaît en effet dans les récits comme un bon moyen de vérifier une estime sur laquelle le doute plane toujours. Le 21 juillet 1529, naviguant dans le sud du Canal du Mozambique, les frères Parmentier n'utilisent pas d'autre moyen pour contrôler leur position : « Ce jour fut veu grand'quantité d'oiseaux, parquoy nous estimions estre près de l'isle Sainct-Laurens dite Madagascar[4], » qu'ils abordent effectivement trois jours plus tard. En octobre 1560, la nef *São Paulo*, qui navigue au large du Brésil sur la route du cap de Bonne-Espérance, n'a pas connaissance de l'île de Trindade à cause du temps couvert, mais la sait cependant toute proche :

---

1 Christophe Colomb, *Œuvres*, présentées, traduites de l'espagnol et annotées par Alexandre Cioranescu, Paris, Gallimard, coll. Mémoires du passé pour servir au temps présent, 1961, 527 p., p. 41.

2 Tomé Lopes, in Vasco de Gama, *Voyages de Vasco de Gama, Relations des expéditions de 1497-1499 et 1502-1503*, Récits et Témoignages traduits et annotés par Paul Tessier et Paul Valentin, Préface de Jean Aubin, Paris, Chandeigne, coll. Magellane, 1995, 399 p., p. 206.

3 Jean de Léry, *op. cit.*, p. 512.

4 Jean et Raoul Parmentier, *op. cit.*, p. 30.

« Beaucoup d'oiseaux de ces mêmes îles étaient venus à notre rencontre et nous accompagnaient[1]. » En juillet 1685, Choisy en route pour le Siam dresse, à partir de vols d'oiseaux aperçus, une étonnante carte personnelle, qui en fait lui permet de poser sur l'immensité de l'océan Indien des jalons qui le rassurent : « Nous avons à stribord les îles d'Amsterdam, et à bâbord celle de Romeiros[2] », écrit-il. Si « Romeiros » désigne bien Rodrigue aux Mascareignes, l'on est d'abord surpris de la distance qui sépare les deux archipels par rapport auxquels Choisy cherche à se positionner. Mais, parallèlement, la présence des oiseaux confirme que ces repères éloignés existent bien de part et d'autre du vaisseau, dans une zone qui en comporte vraiment fort peu. Les oiseaux retirent ainsi à cet espace maritime sans limites qui s'étend à l'orient de Madagascar une partie de son pouvoir anxiogène. Quinze jours plus tard, la réapparition des oiseaux lui fera prendre patience et envisager la fin de la traversée : « L'île des Cocos est doublée. Les oiseaux que nous voyons font connaître que nous n'en sommes pas loin[3] », et dès lors il commence à espérer Java, qu'une carte « mal bâtie » lui a d'abord fait supposer plus éloignée qu'elle ne l'est peut-être en réalité. Au cours du voyage de retour, de même, le vaisseau de Choisy arrive dans les parages de l'Ascension : « Les oiseaux sont insolents : la mer en est couverte. L'île de l'Ascension est à 8 degrés, et nous sommes aujourd'hui par la hauteur à 8 degrés 10 minutes. Nous la passerons sans la voir. [...] Terre, terre ! C'est l'île de l'Ascension[4]. » Il semble bien que les oiseaux aient indiqué le gisement de l'île avec plus de fiabilité que la hauteur prise à bord... Du reste, la présence de l'île n'est pas mise en doute si ce sont les oiseaux qui la disent, mais elle l'est assez fréquemment si ce sont les instruments du bord qui ont permis de l'inférer. Cette manière de penser a perduré, même dans l'esprit de voyageurs savants. Le 5 mai 1761, Pingré, qui a pourtant l'attitude et les convictions d'un scientifique, continue d'écrire : « Nous voyons une grande quantité d'oiseaux,

---

1 Henrique Dias, *Naufrage de la nef São Paulo à l'île de Sumatra en l'année 1561*, in *Histoires tragico-maritimes*, *op. cit.*, p. 112. – Diaz croit, à tort, que l'île de *l'Ascension* et celle de *Trindade* sont proches alors qu'elles sont très éloignées. La confusion qu'il commet peut venir de ce que *Trindade* s'est également nommée *l'Assomption*. (Dubocage par exemple ne la désignera que sous ce nom.)

2 François Timoléon de Choisy, *op. cit.*, p. 124.

3 *Id.*, p. 137.

4 *Id.*, p. 351.

ce qui fait conjecturer que nous verrons terre aujourd'hui[1] », comme si les relevés et les calculs qu'il effectue tous les jours avec une grande minutie n'avaient pas, malgré tout, le degré de crédibilité des oiseaux, seuls capables d'annoncer sans erreur possible l'Ile de France que le *Comte d'Argenson* va effectivement reconnaître le soir même.

De telles convictions ont servi la thèse de l'île errante. Dans la mesure où les oiseaux sont censés indiquer la proximité de la terre, l'équipage cherche aussitôt un haut-fond traître ou une île nouvelle lorsqu'il les aperçoit dans des zones encore mal repérées. Leur survenue conforte les découvreurs dans l'idée que des terres sont susceptibles d'émerger à faible distance de leur vaisseau. Quirós cherchant les Salomon en 1606 pratique ainsi une sorte de lecture systématique du ciel et de l'eau. Au tout début du voyage, il remet à son amiral, Luis Vaez de Torres, des *Instructions* dans lesquelles il lui rappelle qu'il doit tenir le plus grand compte de la présence des oiseaux : « Il n'oubliera pas que les oiseaux dorment presque toujours sur les îles ou les bancs de sable, car ils sont ainsi plus proches de leur lieu de pêche, c'est pourquoi il devra redoubler de vigilance, afin de ne pas s'échouer sur ces hauts-fonds ou sur ces îles[2]. » Iles rarement abordées, quelquefois pas même entrevues, mais de l'existence desquelles les oiseaux portaient peut-être témoignage. Dans la plupart des cas, leur présence suffit à semer le doute. Pris dans une tempête en janvier 1619, Bontekoe qui navigue en Atlantique établit le lien oiseaux = île avec pourtant quelque réserve : « Nous vîmes ce jour-là quantité de mouettes, ce qui nous fit juger que nous étions proches de l'île de Brasil, si elle existe, quoique nous ne la vissions pas[3]. » Ile de légende ou trace d'un premier contact très ancien avec le Brésil, l'île Brazil, que l'on trouve déjà mentionnée dans les voyages de Maelduin au VIIIe siècle, a figuré sur diverses cartes marines du XIVe au XVIIe siècle. En mars 1761, Pingré qui se trouve dans l'Atlantique sud, se demande de quelle terre peuvent venir les oiseaux aperçus, qu'il estime trop éloignés de la zone où on les rencontre habituellement : « On a vu ce

1 Alexandre-Gui Pingré, *op. cit.*, p. 125.

2 Pedro Fernández de Quirós, *op. cit.*, p. 202.

3 Willem Ysbrantsz Bontekoe, *Journal ou description mémorable d'un voyage aux Indes Orientales par Willem Ysbrantsz Bontekoë, de Hoorn, contenant les nombreuses et périlleuses aventures qui lui sont arrivées*, sous le titre *Le naufrage de Bontekoë et autres aventures en mer de Chine (1618-1625)*, traduit et présenté par Xavier de Castro et Henja Vlaardingerbroek, Paris, Chandeigne, coll. Magellane, 2001, 239 p., p. 30.

matin plusieurs envergures et un mouton du Cap : nous ne sommes pas cependant fort voisins du *cap de Bonne Espérance*. Ces oiseaux seraient-ils habitants de l'île de *Saxembourg*, laquelle, selon les cartes, doit être éloignée de quelques cent lieues vers le nord-est[1] ? » On s'interrogeait encore au début du XIXe siècle sur l'existence d'une mystérieuse île de Saxembourg, décrite par ceux qui l'avaient reconnue comme une terre sablonneuse plantée d'arbres isolés... D'Après de Mannevillette rapporte à son tour que le 3 octobre 1771, la frégate *le Pacifique*, du Havre-de Grâce, a touché pendant une traversée de la côte africaine à Saint-Domingue. Aucune île, aucun récif n'était visible. On a sondé sans trouver le fond. Pourtant « on avoit apperçu pendant le jour une quantité considérable d'oiseaux, et sur le gaillard du navire un de ces oiseaux qu'on appelle *Crabiés*, qui ne se voient guere qu'à terre, et la mer étoit très agitée[2]. » La conclusion, non formulée, acquiert l'évidence des choses que l'on ne veut pas exprimer mais que l'on a pensées très fort...

De nombreux voyageurs comprennent de fait la présence des oiseaux comme une sorte d'avant-garde de l'île, leur nombre croissant comme un avertissement, une mise en demeure de plus en plus insistante, et la situation peut prendre un tour tragique si le pilote prétend ignorer un message aussi visible qu'audible. Ainsi en août 1555, la nef *Conceição* approche sans le savoir de l'île de Pêro dos Banhos, dans l'archipel des Chagos, au sud des Maldives. Bien que déjà la couleur de l'eau ait changé, et que certains passagers s'en alarment, le pilote ne modifie pas sa route, il ne donne aucune consigne pour amener les voiles et diminuer la vitesse, et « la soirée se passa de la sorte, jusqu'à la nuit, où tant d'oiseaux apparurent qu'ils couvraient le ciel[3]. » Le pilote ne donne toujours pas l'ordre de virer, malgré une intervention claire du gardien qui marque la position sur la carte de navigation et juge que la nef va droit vers un haut-fond. Comme pour confirmer le gardien dans sa requête, « les oiseaux étaient de plus en plus nombreux, rapporte Manoel Rangel, et nous suivaient. [...]. On appelait ces oiseaux *garajus* ; à d'autres on donnait le nom de *teigneux*. Ce qu'il y a de certain, c'est que, sur la nef, avec leurs cris, on ne pouvait s'entendre[4]. » L'insistance

1 Alexandre-Gui Pingré, *op. cit.*, p. 89.
2 Jean-Baptiste-Nicolas-Denis d'Après de Mannevillette, *op. cit.*, p. 24.
3 Manoel Rangel, *op. cit.*, p. 23.
4 *Id.*, p. 24. Les *garajus* sont des hirondelles de mer.

du narrateur – il signale à cinq reprises en trois paragraphes que leur nombre ne cesse d'augmenter – laisse finalement l'impression que les oiseaux ont afflué parce qu'il y avait extrême urgence, qu'une émeute d'oiseaux a vainement essayé d'alerter le pilote sur l'imminence du danger. Ne pas avoir tenu compte de leur présence et de leurs cris, c'était en somme vouloir le naufrage : « Voilà comment la nef *Conceição*, avec le vent en poupe, et par mer calme, toutes voiles déployées, pendant le quart du sommeil, à la fin du deuxième sablier, reçut un grand choc : on eût dit que tout cassait[1]. »

Parfois, l'espèce à laquelle appartient l'oiseau entrevu permet d'identifier une zone géographique précise, et il est alors attendu par tout l'équipage comme une confirmation que la dérive n'a pas trop gravement infléchi la route. Par exemple, un *manches de velours* est réputé apporter la preuve que le vaisseau approche du cap des Aiguilles, la pointe la plus sud de l'Afrique. Le 20 avril 1639, Mandelslo qui rentre des Indes à bord du *Mary* fait la description de ce visiteur symbolique : « Nous vîmes un manches-de-velours, un grand oiseau blanc (ainsi nommé par les Portugais), avec des ailes en partie noires qui ressemblent à celles des grandes mouettes par la taille et la forme[2]. » Son apparition dans le ciel vaut tous les calculs de position, et une longue pratique a permis aux navigateurs d'en tirer des conclusions réconfortantes : « Dès que l'on aperçoit ces oiseaux on est sûr de toucher le fond par 100 ou 150 brasses. On ne les voit jamais loin en mer mais seulement assez près de la terre lorsqu'on peut toucher le fond[3]. » Rassurante remontée du socle continental, dont la sonde depuis des mois ne soulignait plus que l'absence. Mais les manches de velours marquent également le terme d'une descente vers les zones australes encore non découvertes, sur la nature desquelles toutes les inquiétudes restent permises, et les navigateurs craignent toujours de dériver vers ce sud inconnu plus qu'ils ne le voudraient. Grâce aux manches de velours, le navire sait qu'il peut maintenant bifurquer vers le nord-est, qu'il se trouve à la pointe extrême de l'Afrique, qu'il n'est pas sorti de la zone maritime explorée, sur laquelle il dispose d'informations suffisantes pour se situer

1 *Id.*, p. 25.

2 Johann Albrecht von Mandelslo, *Voyage en Perse et en Inde (1637-1640)*, le journal original traduit et présenté par Françoise de Valence, Paris, Chandeigne, coll. Magellane, 2008, 270 p., p. 157.

3 *Ibid.*

approximativement. Si les relations sont rompues entre le Cap et le pays d'où le vaisseau est originaire, les manches-de velours constituent un indice incontournable pour l'équipage, qui peut alors passer au large sans avoir besoin de reconnaître la côte africaine, et poursuivre son périple en toute assurance : « Les vaisseaux portugais, qui n'ont pas le droit de toucher terre ici, rapporte Mandelslo, se réjouissent à la vue de ces oiseaux et continuent alors leur route avec confiance, sans être vus de la terre mais sachant qu'ils ont doublé le cap[1]. » Les manches de velours représentent ainsi, pendant plusieurs siècles, l'un des repères les plus attendus par le navigateur lors de son passage sur le banc des Aiguilles, et mentionner l'apparition de l'oiseau est un rite d'autant mieux respecté qu'il indique également que la première moitié du voyage s'achève. Le 1er avril 1761, le *Comte d'Argenson* sur lequel il navigue arrivant dans les parages du cap des Aiguilles, Pingré note : « M. Marion est à la piste des *manches de velours*. On a donné ce nom à un oiseau blanc dont l'extrémité des ailes est noire et qui a le vol du canard. Dès qu'on le voit, on peut s'assurer que l'on trouvera fond[2] », ce qui montre que la lecture des repères et les conclusions que l'on peut en tirer sont restées rigoureusement identiques au fil du temps. D'Après de Mannevillette considère toujours, en 1775, que ces oiseaux apportent une indication de position dont il faut tenir compte : « [...] on voit presque toujours sur le banc [des Aiguilles] une espece particuliere d'oiseaux blancs avec l'extrémité des ailes noires qu'on appelle *Manches de velours* : ils sont de la grosseur d'un gros canard ; leur vol est court et assez semblable à celui des pigeons[3]. » La description frappe par la reprise systématique des invariants constitutifs d'un topos qui a, en somme, fait ses preuves aussi bien dans le domaine de la navigation que dans celui de la littérature de voyage. Bernardin de Saint-Pierre est le seul voyageur qui ait cherché à ébrécher la légende et proposé, en mars 1768, un relevé d'indices différents qui en sapent les fondements. Outre qu'il a vu des manches de velours un peu avant les Canaries[4] – ce qui leur retire leur aura d'oiseaux emblématiques du banc des Aiguilles – il s'appuie ostensiblement sur d'autres espèces pour s'assurer de la proximité du

1 *Ibid.*, note de bas de page.
2 Alexandre-Gui Pingré, *op. cit.*, p. 99.
3 Jean-Baptiste-Nicolas-Denis d'Après de Mannevillette, *op. cit.*, p. 43.
4 Jacques-Henri Bernardin de Saint-Pierre, *op. cit.*, p. 20.

Cap : « Les *damiers* ne se trouvent qu'aux approches du cap de Bonne-Espérance ; ils sont gros comme des pigeons, ont la tête et la queue noires, le ventre blanc, le dos et les ailes marqués régulièrement de noir et de blanc, comme les cases d'un jeu de dames[1]. » Il cite également le *mouton-du-cap* le bien nommé, « un oiseau plus gros qu'une oie, au bec couleur de chair, aux ailes très étendues, mêlées de gris et de blanc[2] », et précise qu'on ne le rencontre guère qu'à cette latitude. Mais il entérine lui aussi le rôle de ces oiseaux comme repères géographiques précieux, et reconnaît leur capacité à confirmer une position sur laquelle on a des raisons de s'interroger : « Leur vue peut servir à indiquer les parages où l'on se trouve, lorsqu'on a été plusieurs jours sans prendre hauteur, ou lorsque les courants ont fait dériver en longitude. Il serait à souhaiter que les marins expérimentés donnassent là-dessus leurs observations[3]. »

Ils les ont données. Interpréter la présence des oiseaux était devenu une véritable science dont les routiers portugais portent témoignage. Les navigateurs se fondent par exemple sur l'apparition d'une espèce particulière pour déterminer la distance à laquelle ils se trouvent de la terre. La vue d'une frégate le 29 septembre 1492 fait supposer à Colomb qu'il approche du but : « C'est un oiseau de mer ; mais il ne saurait se poser sur l'eau, et il ne s'éloigne pas au-delà de 20 lieues de la côte[4]. » Les instructions que Fernández de Quirós rédige pour l'amiral de sa flotte en 1606 recensent les oiseaux auxquels il doit prendre garde, et ceux dont il n'y a pas lieu de tenir compte parce qu'ils ne donnent pas d'indications sûres : « Si les oiseaux qu'il rencontre sont des *piqueros* au long bec, des pétrels, des mouettes, des poules d'eau, des *estopegados* à tête d'étoupe, des sternes, des éperviers, des pélicans, des flamants, des *siloricos* aux pieds palmés, c'est le signe que la terre est plus proche. S'il ne voit que des mouettes grises, il ne s'en souciera pas trop, car ce sont des oiseaux que l'on trouve dans les océans les plus grands. Il pensera de même en ce qui concerne les paille-en-queue, capables de voler aussi loin qu'ils veulent[5], » mais les observations des marins divergent en ce qui concerne les paille-en-queue, compris comme signes de terre par

---

1 *Id.*, p. 49.
2 *Ibid.*
3 *Ibid.*
4 Christophe Colomb, *Œuvres*, *op. cit.*, p. 38.
5 Pedro Fernández de Quirós, *op. cit.*, p. 202.

certains[1]. En 1638, le *Grand Routier de mer* de Linschoten considère également que le repérage de certaines espèces particulières permet d'évaluer approximativement la distance à laquelle le navire se trouve de la terre. Il signale par exemple les corbeaux à blanc bec, la seule espèce qui reste présente lorsque le vaisseau se trouve tout près de la Terre de Natal : « [...] tant plus vous approcherez de terre, tant plus grand nombre vous trouverez, combien qu'il s'en trouve aussi à vingt lieues de terre, mais point plus loin[2]. » Le 24 mai 1761, Pingré qui vient de quitter l'Ile de France, s'efforce lui aussi de déduire, d'après les espèces d'oiseaux aperçues, la quantité de chemin que la corvette la *Mignonne* doit parcourir pour atteindre Rodrigue : « On a encore vu aujourd'hui beaucoup de goilettes grises ; il n'en paraît pas encore de blanches : celles-ci, dit-on, ne s'écartent jamais plus de 50 lieues de *Rodrigue*[3]. » Lorsqu'il étudie le détail de la route des Indes pour un vaisseau qui passerait à l'est de Rodrigue, D'Après de Mannevillette conseille également de repérer certains oiseaux dont on sait qu'ils s'éloignent peu des archipels de Diego Garcia et des Chagos : « tels sont les goilettes grises et blanches, les poules mauves, les foux et les paille-en-cul qu'on y trouve en grand nombre[4]. » D'Après craint particulièrement une île Roquepiz « qu'on sçait exister dans ces parages[5] », qui serait une île petite et rase, aux abords immédiats de laquelle on ne trouve pas de fond, ce qui interdit tout mouillage, en somme une de ces terres sans nombre qui affleurent comme si elles venaient respirer en surface, et dont seuls les oiseaux peuvent donner connaissance. Ils restent donc longtemps un moyen de reconnaître, voire d'éviter, l'île probable mais invisible, repérée à l'occasion puis de nouveau évanouie, et dont la position est demeurée inconnue.

S'ils trahissent fréquemment la présence possible d'une terre dont il faut se garder, les oiseaux fournissent aussi à un équipage souvent désorienté l'indication de la direction à suivre. On les utilisait déjà dans l'Antiquité pour se guider lors de voyages lointains – vers la Taprobane

---

1 Les phaétons ou paille-en-queue nichent dans les trous de falaises des îles hautes.

2 Jan Huyghen van Linschoten, *Le Grand routier de mer, de Jean de Linschoten... contenant une instruction des routes et cours qu'il convient tenir en la navigation des Indes Orientales [...]*, Amsterdam, chez J. E. Cloppenburch, 1619, in-fol., II-181 p, chap. VIII, p. 16.

3 Alexandre-Gui Pingré, *op. cit.*, p. 136.

4 Jean-Baptiste-Nicolas-Denis d'Après de Mannevillette, *op. cit.*, p. 133-134.

5 *Id.*, p. 133.

par exemple – quand on avait perdu les repères habituels : « La navigation ne se dirige point d'après l'inspection des astres, écrit Pline. On ne voit point la Grande Ourse. Mais l'équipage emporte des oiseaux auxquels on donne la volée, et comme ils se dirigent vers la terre, on suit la direction que prennent leurs ailes[1]. » En 1606, dans ses *Instructions*, Quirós rappelle à l'amiral Vaez de Torres que les oiseaux indiquent la direction à prendre en même temps qu'ils permettent d'évaluer la distance jusqu'à la terre, ce qui permet d'anticiper les dangers, récifs et hauts-fonds voisins des îles : « Si [Torres] rencontre de grands bancs d'oiseaux de mer, comme des goélands blancs ou noirs ou des frégates, il regardera dans quelle direction ils volent le soir, et d'où ils viennent le matin : il observera que, s'ils partent tôt et reviennent tard, c'est que la terre est loin tandis que, s'ils partent tard et reviennent tôt, c'est que la terre est plus proche. S'il ne les voit pas partir, qu'ils coassent de nuit et qu'au lever du jour ils sont en vue, cela signifie soit que la terre est très proche, soit qu'ils dorment en mer[2]. » En 1775, D'Après de Mannevillette continue de tirer les mêmes conclusions de ses propres observations, et, dans des zones mal connues, préconise également de s'en remettre aux oiseaux car « on les voit toujours le matin venir du côté où sont les terres, et le soir y retourner ; ainsi la direction de leur vol en indique à peu près la situation[3]. » Il note au passage la dette des navigateurs à l'égard de leurs prédécesseurs : « Les Portugais faisoient beaucoup de cas, tant du vol des oiseaux que de leur espèce, [...] pour en inférer le parage où ils se trouvoient[4] », même si, visiblement, il considère que ces repères de navigation appartiennent désormais à une époque révolue : ils ne constituent plus qu'une vérification possible, parfois salutaire, surtout si elle vient confirmer les connaissances scientifiques acquises depuis lors.

Bien d'autres indices retiennent l'attention des marins, qui cherchent sans cesse à les exploiter, à repérer leur périodicité, à déduire des données fixes et sûres de ce qui n'était apparu d'abord que comme des remarques ponctuelles, variables et sans conséquence. Tout ce qu'ils

1 Pline, *Histoire naturelle de Pline*, avec la traduction en français, par E. Littré et alii..., Paris, Firmin-Didot et Cie, 1877, 2 vol., XVII-740, 707 p., Livre VI, chap. XXIV.

2 Pedro Fernández de Quirós, *op. cit.*, p. 201-202. – Quirós dit que dans ce cas, les oiseaux dorment sur des hauts-fonds ou des îles proches.

3 Jean-Baptiste-Nicolas-Denis d'Après de Mannevillette, *op. cit.*, p. 134.

4 *Ibid.*

observent depuis leur navire entre en résonnance avec leurs attentes, vient s'agréger à des hypothèses encore fragiles pour justifier ou infirmer leurs craintes. Ainsi, les changements intervenus dans la couleur de l'eau ne sont jamais anodins. En août 1555, les passagers de la nef *Conceição*, épuisés de chaleur, vont s'asseoir sur les vergues les après-midi, pour y trouver un peu d'air. Ils y étaient « un mercredi soir, avec le vent en poupe et par un temps calme, lorsque certains, en regardant l'eau, s'aperçurent qu'elle était devenue très verte et très trouble. Ils dirent aussitôt que nous étions auprès de quelque bas-fond[1]. » La nef approche effectivement sans le savoir de l'île de Pêro dos Banhos, dans l'archipel des Chagos. Être attentif à la couleur de l'eau, qui informe sur la profondeur et indique si le vaisseau navigue toujours en eaux libres, est une nécessité, un réflexe vital. Les *Instructions* de Fernández de Quirós, lors du troisième voyage de découverte des terres australes au début de 1606, fondent une sorte de science des couleurs apparemment très au point, à destination de son amiral : « S'il découvre sur la mer des taches sombres, c'est qu'il y a des rochers sous la surface ; si l'eau est blanche, il y a du sable à faible profondeur ; si elle est noire, c'est de la vase ; si elle est rouge, c'est de la boue ; si elle est verte, c'est que le fond est recouvert d'herbes. En somme, s'il voit que l'eau n'a pas sa couleur habituelle, bleu foncé, il sera sur ses gardes [...][2]. » Toute modification doit être repérée, parce qu'elle cache une information et qu'il faut découvrir laquelle. La notation de Mandelslo, atteignant les accores du banc des Aiguilles le 20 avril 1639 à bord de la *Mary* : « l'eau nous sembla plus blanche que celle que nous avions eue auparavant au large. [...]. Nous étions alors à 85 brasses sur fond de sable[3] », apparaît comme une authentification des repères établis depuis longtemps par Quirós. Savoir écouter, observer, comparer, mettre en relation des données, même si elles n'ont pas de lien entre elles à première vue, permet de tirer des conclusions qui aident à préciser l'estime et à assurer la sécurité d'un voyage. Plus encore, acquérir la connaissance des signes et leur trouver une interprétation dont l'expérience va prouver la validité donne au navigateur le sentiment rassurant qu'il reprend, sur des mers inconnues, une certaine maîtrise du monde et des éléments : les sens cachés finissent par affleurer, leur

1 Manoel Rangel, *op. cit.*, p. 22.
2 Pedro Fernández de Quirós, *op. cit.*, p. 202.
3 Johann Albrecht von Mandelslo, *op. cit.*, p. 157.

lecture devient un exercice constructif et toujours affiné, et les îles du même coup émergent et se laissent aborder.

C'est ce qu'avait compris Quirós, qui déchiffre non seulement la couleur de l'eau mais la forme des nuages, s'inquiète de leur position sur l'horizon et s'efforce de comprendre leurs métamorphoses. Tout devient une succession d'indices, qu'il relève et organise, et qui finissent par apporter des réponses valides. Le lecteur est témoin des progrès sensibles réalisés entre le deuxième et le troisième voyage de ce point de vue. En août 1595, naviguant dans les eaux des Cook du Nord, Quirós n'est encore qu'un observateur attentif, mais resté au stade des hypothèses : « Il y avait [...] de gros nuages épais, de diverses couleurs, qui formaient de nombreux et étranges dessins que l'on voyait se défaire si on les contemplait, mais qui restaient parfois si immobiles qu'ils ne se dissipaient pas de toute la journée ; comme on était en région inconnue, on supposait que c'était un signe de terre[1]. » En septembre, il ne suppose plus, il sait déjà que l'île Santa Cruz se trouve derrière le nuage qui la cache dans la nuit : « [...] à onze heures, on aperçut sur bâbord un gros nuage noir qui couvrait toute cette partie de l'horizon. Les marins et tous ceux qui étaient éveillés ne le quittaient pas des yeux, se demandant si c'était là une île[2]. » Comme l'acteur qui soigne son apparition sur la scène du théâtre, l'île se révèle alors, et le nuage n'est que le tissu occultant qui, une fois levé, la dévoile aux regards : « Le nuage ouvrit son rideau, qui était une averse puis, à moins d'une lieue, on vit clairement une terre[3]. » En 1606, Quirós a tiré les conclusions de toutes les observations effectuées et déterminé des constantes sur lesquelles il conseille à son amiral de s'appuyer désormais : « S'il voit devant lui des nuages épais qui ne courent ni ne s'effilochent, ou qui forment une frange fixe, ou encore qui barrent tout l'horizon, de nuit, ouvrir l'œil, sonder et monter bonne garde, car ces nuages-là sont en général au dessus d'une terre[4]. » Bernardin de Saint-Pierre s'efforce d'expliquer en 1768 ce phénomène que deux siècles de navigation ont ratifié : « L'action [du vent de terre], opposé au vent du large, amasse les nuages sous la forme d'une longue bande fixe, que les vaisseaux qui abordent aperçoivent

1 Pedro Fernández de Quirós, *op. cit.*, p. 64.
2 *Id.*, p. 72.
3 *Ibid.* Il s'agit de l'île Santa Cruz, au sud-est de l'archipel des Salomon que cherche Quirós.
4 *Id.*, p. 201.

presque toujours avant la terre[1], » confirmant ainsi l'hypothèse que la forme du nuage peut trahir une île toute proche, encore invisible mais sur le point d'émerger.

Parmi les autres indices les plus régulièrement pris en compte, certains apparaissent anecdotiques au premier abord, mais, en venant s'ajouter à ceux que le navigateur a déjà collectés, ils éclairent à leur tour l'incertitude inhérente à la navigation et aident à constituer le faisceau de preuves qui corroborent – ou non – l'estime du navire. Tous participent d'une connaissance empirique et cependant très approfondie du monde marin. Ainsi, l'apparition d'herbes flottantes est toujours signalée dans les récits comme indiquant la proximité d'une terre. Le 17 septembre 1492, Colomb naviguait en pleine mer des Sargasses : « Ils virent de grandes quantités d'herbes, tellement qu'il y en avait de tous les côtés. C'était de l'herbe des rochers, et elle semblait venir de l'ouest. [...] On aurait dit des plantes de rivière. Ils trouvèrent parmi ces herbes un crabe vivant, que l'amiral conserva, disant que c'était un indice certain de la terre, [...][2]. » Vasco de Gama se repère de la même manière lorsqu'il atteint la zone nord ouest du cap de Bonne-Espérance en octobre 1497 : « Un mercredi, qui était le premier jour de novembre, fête de la Toussaint, nous avons trouvé beaucoup de signes annonçant la terre : c'étaient des herbes marines qui croissent le long de la côte[3]. » Elles intègrent dès lors l'histoire des voyages vers l'Inde, fonctionnant comme jalon précieux sur la route du Cap, et confortant le navigateur dans l'idée qu'il remet correctement ses pas dans la trace de ceux qui ont ouvert la voie : « Le mercredi onzième, avons vu des trombes, qui sont grands herbages de mer, longs de trois à quatre brasses[4], » rapporte Augustin de Beaulieu qui arrive dans ces mêmes parages en mars 1620. Assez souvent, la rencontre d'herbes flottantes suggère aux voyageurs l'idée d'îles voisines dont elles seraient originaires. Des tout premiers goémons aperçus quelques semaines plus tôt, Beaulieu rapportait que « quelques-uns tiennent que ce varech provient des îles Tristan da Cunha[5] », et en 1685, dans la même zone, Choisy juxtapose

1 Jacques-Henri Bernardin de Saint-Pierre, *op. cit.*, p. 67.
2 Christophe Colomb, *Œuvres*, *op. cit.*, p. 33.
3 Alvaro Velho, *La relation anonyme attribuée à Alvaro Velho*, in Vasco de Gama, *op. cit.*, p. 87.
4 Augustin de Beaulieu, *op. cit.*, p. 37.
5 *Ibid.*

les deux propositions, sans formuler le lien, peut-être parce qu'il va de soi : « Nous voyons [...] de grosses bottes d'herbe qui flottent sur l'eau : cela sent la terre. Nous laissons à stribord quelques petites îles désertes, mais sans les voir[1]. » Or, pour un bateau qui navigue en direction du Cap, les îles à tribord, ce sont a priori les Tristan da Cunha. D'Après de Mannevillette confirme en 1775 que « les approches de ces îles [Tristan da Cunha] se manifestent souvent par de grandes branches de gouesmon qu'on voit flotter sur l'eau, et qu'on rencontre quelquefois fort loin en mer[2]. » En 1768, Bernardin de Saint-Pierre les comptait également parmi les repères auxquels on pouvait se fier pour vérifier que le vaisseau était bien dans la phase d'approche du Cap de Bonne-Espérance : « Il y a aussi quelques espèces de glaïeuls, ou algues flottantes, auxquelles on doit faire attention. Ces différents indices peuvent suppléer au moyen qui nous manque de déterminer les longitudes[3]. » La position exacte du vaisseau reste non précisée, comme celle des îles qu'il pense côtoyer. Mais une carte curieusement illustrée, mobile et vivante, sorte de transition entre les vieux portulans peuplés de monstres et les véritables cartes marines en voie de commercialisation, est élaborée progressivement par les équipages, et elle comporte tous les signes de terre repérables, considérés comme indices crédibles.

Car tout est noté, observé, analysé. En 1594, Carletti effectue la traversée du Cap Vert à Carthagène en Amérique Centrale. Il raconte la pêche à la dorade, à la bonite, aux albacores, et conclut : « Toutes ces sortes de poissons ne s'approchent jamais des terres [...]. Dès qu'ils reconnaissent un vaisseau, ces poissons l'accompagnent [...] et ne quittent le navire que lorsqu'ils sentent l'odeur de la terre. De fait, quand ils rebroussent chemin, c'est avis et indice certain aux pilotes que la terre est proche ou bien que le vent va tomber[4]. » En 1606, Quirós rappelle que si le navigateur voit « des bancs de petits poissons qui ont l'air de bouillonner à la surface, ou des crevettes, des couleuvres, des loups de mer, des tortues, [...], il sera très près de terre[5]. » Un siècle et demi plus

1 François-Timoléon de Choisy, *op. cit.*, p. 89.
2 Jean-Baptiste-Nicolas-Denis d'Après de Mannevillette, *op. cit.*, p. 30.
3 Jacques-Henri Bernardin de Saint-Pierre, *op. cit.*, p. 49.
4 Francesco Carletti, *Voyage autour du monde de Francesco Carletti*, introduction et notes de Paolo Carile, traduction de Frédérique Verrier, Paris, Chandeigne, coll. Magellane, 1999, 350 p., p. 70.
5 Pedro Fernández de Quirós, *op. cit.*, p. 201.

tard, Bougainville traverse le Pacifique après avoir passé le détroit de Magellan, et reprend la route initialement ouverte par Quirós. C'est un thon qui lui fournit le signe de terre attendu : « Nous courûmes pendant le mois de mars [1768] le parallèle des premières terres et îles qui sont marquées sur la carte de M. Bellin sous le nom d'*îles de Quirós*. Le 21 nous prîmes un thon, dans l'estomac duquel on trouva, non encore digérés, quelques petits poissons dont les espèces ne s'éloignent jamais des côtes. C'était un indice du voisinage de quelques terres. Effectivement le 22, à six heures du matin, on eut en même temps connaissance et de quatre îlots [...] et d'une petite île [...][1]. » Quant aux « couleuvres » mentionnées par Quirós, elles avaient déjà été comprises comme un signe de terre en 1502 par la deuxième expédition de Vasco de Gama qui venait d'effectuer la traversée Mélinde-Calicut, et naviguait dans les eaux des Laquedives : « [...] nous avons trouvé dans la mer de nombreux serpents, et nous avons su par là que nous étions près de la terre, car ils ne vont pas à plus de trente ou quarante lieues au large[2], » rapporte Tomé Lopez, observation confirmée par Linschoten en 1610 : « Le 20 de Septembre nous vismes parmi les ondes grand nombre de serpents, grands comme anguilles[3], » alors que son vaisseau navigue à peu près dans ces mêmes parages de l'Inde.

Ainsi, tout est porteur de sens, et tout semble parler, bien avant le rivage des continents, des îles qui croisent au large, de leur présence innombrable, de leur proximité révélée à demi. L'histoire des voyages rend compte de ces multiples contacts, d'un instant ou d'un jour, entre les bateaux et les îles, deux partenaires que lie leur errance commune, fondamentale. Les nombreux repères empiriques dessinent finalement les contours tremblés du monde, proposant des références issues du quotidien et décryptées au terme d'une longue pratique. Ils constituent ce que l'on pourrait appeler le « sens marin » des découvreurs, ils sécurisent sans immobiliser ni contraindre, et laissent à l'imaginaire la place qui lui revient. Des navigateurs modernes semblent parfois regretter cette époque : « Après la profonde mutation des navires et la révolution apportée par l'électronique dans la navigation, écrit le contre-amiral François Bellec, le sens marin est en voie de disparition rapide, balayé comme un

1 Louis-Antoine de Bougainville, *op. cit.*, p. 215.
2 Tomé Lopez, in *Voyages de Vasco de Gama*, *op. cit.*, p. 219.
3 Jan Huyghen van Linschoten, *op. cit.*, p. 16.

exotisme désuet par l'apparente évidence d'une science presque exacte qui, même si elle n'a pas le pouvoir d'interdire l'aventure, a la force des dictatures insidieuses[1]. »

La navigation à l'estime apparaît donc, de manière très contradictatoire, une navigation de hasard dans laquelle les découvreurs ont réussi à rationaliser les situations hasardeuses qu'ils rencontraient. En s'appuyant sur la récurrence des faits observés, en essayant de mettre en relation étroite les termes apparemment éloignés d'une même équation, ils ont réussi à élaborer des instructions nautiques détaillées et utiles. L'exactitude de leurs déductions a été continuellement soulignée par leurs successeurs, et la poésie intrinsèque liée à ce mode d'appréhension du monde est demeurée entière. L'observation minutieuse de l'espace maritime a permis de voyager toujours plus loin, et de revenir malgré tout de ces périples à haut risque, car ces données, aussi empiriques qu'elles aient été, venaient efficacement compléter les connaissances scientifiques encore insuffisantes et les cartes par trop inexactes dont on disposait à l'époque.

1 François Bellec, préface, in Capitaine Jean-Arnaud Bruneau de Rivedoux, *Histoire véritable de certains voyages périlleux et hasardeux sur la mer (1599)*, édition, présentation et notes de Alain-Gilbert Guéguen, préface de François Bellec, Paris, Les Éditions de Paris, 1996, 126 p., p. 16.

LES ERREURS VOLONTAIRES

UNE POLITIQUE GÉNÉRALE

Dès le début des Découvertes, l'errance toujours possible des îles s'est trouvée récupérée, voire institutionnalisée, par les comportements politiques des deux grandes puissances coloniales du XVIe siècle, le Portugal et l'Espagne. En 1493, le pape Alexandre VI avait établi, par la bulle *Inter Coetera*, le partage des terres nouvellement découvertes selon une ligne que le Traité de Tordesillas fixa en 1494, ligne qui passait à « 370 lieues en droiture à l'ouest des îles du Cap Vert, en degrés ou d'une autre manière. » Dès lors, les terres situées à l'occident de cette ligne appartenaient de droit aux Espagnols, celles situées à l'est, notamment les côtes africaines et les Indes orientales, appartenaient aux Portugais. L'archipel des Moluques constitua, de l'autre côté de la terre, le point de rencontre particulièrement litigieux de ces deux directions d'expansion.

Les Portugais poursuivant leurs découvertes vers l'Orient naviguent en Insulinde dès 1512. Les discussions concernant le tracé de la ligne de démarcation entre les deux puissances adverses se sont alors multipliées : il fallait déterminer un méridien de référence ; de quelle île du Cap Vert devait-on partir pour mesurer les 370 lieues ? et comment connaître la distance parcourue sur mer ? Les Moluques de surcroît sont une multitude d'îles, dont le gisement, déjà susceptible de varier en fonction de toutes les raisons culturelles et scientifiques ci-dessus évoquées, varie aussi désormais en fonction des intérêts politiques propres à chacun des deux pays en lice. Archipel convoité pour les épices qu'il produit, situé dans le « golfe de Chine » – aux confins du monde habité pour les hommes des XVe et XVIe siècles – sa position géographique est d'abord mal connue, la Renaissance le pense encore voisin d'Ophir, de Taprobane et des îles d'or du roi Salomon. La conquête de Malacca par les Portugais en 1511 permettra de le localiser un peu mieux. Dans ce contexte trouble, les cartographes sont également tentés de déplacer des îles, d'en modifier la longitude en fonction des demandes émises par les princes dont ils dépendent : « Au gré du commanditaire, c'est tout l'archipel des îles à épices qui se déplace de part et d'autre du fameux méridien de partage entre les deux moitiés du monde. Selon qu'une mappemonde émane d'un atelier portugais ou espagnol, elle situe les Moluques plus à l'est ou plus à l'ouest[1]. »

La zone géographique des Moluques est effectivement l'une de celles qui ont le plus erré pendant l'histoire des Découvertes. « Lorsqu'un cosmographe transfuge passe du service d'un prince à celui de son rival, il modifie en conséquence le tracé de ses cartes, constate Frank Lestringant. Tel est l'exemple fort instructif que donnent en 1519 Pedro et Jorge Reinel qui, de Lisbonne à Séville, trahissent le roi Dom Manuel au profit de Charles Quint[2]. » Et lorsqu'un navigateur transfuge passe à son tour du Portugal à l'Espagne, il est lui aussi tenté de faire tomber dans les possessions de son nouveau maître l'archipel convoité : en 1519, le premier but de l'expédition Magellan est de vérifier, en passant par l'ouest, la position exacte des îles des Épices, que Charles Quint et Magellan lui-même supposaient situées dans l'hémisphère espagnol. Cette éventualité agite depuis quelque temps la Castille : « Une rumeur se répandit que les Portugais avaient à tel point progressé vers l'orient qu'ayant franchi leurs frontières, ils étaient venus dans les limites des Castillans, et qu'ainsi Malacca et le grand golfe [de Chine] se trouvaient à l'intérieur de notre territoire[3], » rapporte Maximilianus Transylvanus lorsqu'il s'efforce en 1522 de refaire l'historique de l'expédition et des hypothèses qui avaient motivé son envoi. Magellan pense en effet que le tracé de l'antiméridien, qui prolonge de l'autre côté du monde le méridien de Tordesillas, pourrait bien valider une telle supposition. Pendant toute cette période, l'archipel des Moluques navigue sur l'échiquier politique, errant au gré des visées expansionnistes de chacun des deux

1 Frank Lestringant, *Le livre des îles, atlas et récits insulaires de la Genèse à Jules Verne*, Genève, Droz, coll. Les seuils de la modernité, vol. 7, (Cahiers d'Humanisme et Renaissance n°64), 2002, 430 p., p. 15.

2 *Ibid.*

3 Maximilianus Transylvanus, La lettre de Maximilianus Transylvanus, in *Le Voyage de Magellan (1519 – 1522), La relation d'Antonio Pigafetta et autres témoignages*, Édition établie par Xavier de Castro, Jocelyne Hamon et Luis Filipe Thomaz, Préface de Carmen Bernand et Xavier de Castro, Paris, Chandeigne, coll. Magellane, 2007, 2 vol., t. 1 : p. 1-550, t. 2 : p. 551-1087, t. 2, p. 889.

pays. En fait, peu après son arrivée aux Philippines, Magellan semble avoir compris que le domaine portugais commençait plus tôt que prévu, que les Moluques ne pourraient pas être ramenées en territoire espagnol, qu'il ne pourrait donc pas les offrir à Charles Quint et asseoir ainsi sa carrière personnelle. Sa déception, sa position désormais difficile entre le Portugal qu'il a trahi et l'Espagne où il lui faudrait rentrer sans rapporter les îles promises, explique peut-être sa mort étrange à Mactan en avril 1521, où il s'est obstiné à combattre avec une poignée de ses hommes contre un millier d'indigènes[1], négligeant d'écouter le conseil de ses proches, refusant l'aide insistante du roi de Cebu, démissionnant en fait d'une aventure à laquelle les îles évadées venaient de refuser un avenir.

D'autre part, pendant trois siècles, il semble que le réflexe de tous les pays occidentaux – et de tous les navigateurs qu'ils envoyaient aux confins du monde – ait été, à peu près systématiquement, de tenir d'abord secrète une découverte, et, lorsqu'elle ne l'était plus malgré les précautions prises, d'en publier un gisement erroné sur les cartes, de façon à induire en erreur les concurrents potentiels. Ces indications fausses, et qui le sont donc de nouveau volontairement, achèvent de perturber les représentations déjà très aléatoires des îles nouvelles, déplacées parfois de manière à faire tomber dans un traquenard les vaisseaux des nations adverses.

Ainsi, lorsque le premier navire de l'expédition Vasco de Gama regagne le Portugal le 10 juillet 1499 après deux ans d'absence, les officiers ne restent pas longtemps en possession des connaissances qu'ils viennent d'acquérir : « Le roi du Portugal leur a fait enlever toutes leurs cartes de navigation sous peine de la vie et de la confiscation de leurs biens, c'est-à-dire toutes celles qui donnent des informations [...], pour qu'on ne sache pas leur route ni la façon de se diriger dans ces régions, et pour éviter ainsi que d'autres gens ne s'en mêlent[2] », écrit le Florentin Guido Detti un mois après le retour du *Bérrio* qui a mis Lisbonne en émoi. Cette volonté de tenir secrètes les routes nouvelles a été générale. En 1605, Quirós a reconnu l'extrême nord du Vanuatu qu'il a pris pour la pointe septentrionale de la « Terra Australis ». Il rentre en Amérique tandis que son amiral Vaez de Torres continue vers l'ouest en passant par les détroits qui portent son nom, découverte majeure que les Espagnols ont dissimulée jusqu'à ce que les recherches

1 Antonio Pigafetta, in *Le voyage de Magellan*, *op. cit.*, t. 1, p. 166.
2 Guido Detti, in Vasco de Gama, *op. cit.*, p. 188.

de Dalrymple l'aient renouvelée au XVIIIe siècle. Quirós lui-même, qui souhaite entreprendre dès son retour un nouveau voyage vers cette Terre Australe en laquelle il croit, se rend à Madrid pour plaider sa cause en octobre 1607. Comme son projet rencontre peu d'échos dans une Espagne en proie à d'innombrables difficultés, il alerte le Conseil d'État auquel il rappelle que laisser passer le temps joue en leur défaveur : « [...] je déposai différents mémoires, plus d'autres où j'exposais les inconvénients qu'il y avait à différer ce voyage, car déjà nos ennemis anglais et hollandais en avaient connaissance ; et si nous n'étions pas les premiers à occuper ces terres et ces mers, il se pourrait qu'ils s'en emparent[1]. » Tout est donc à recommencer, ou presque, pour chaque nation nouvelle qui se lance dans la course aux Épices. Et les plans que le navigateur a réussi à se procurer avant son départ peuvent avoir été altérés volontairement, c'est l'explication à laquelle s'arrête le capitaine anglais John Saris en 1611. Dans le canal du Mozambique, ses observations personnelles se sont avérées en contradiction totale avec les indications de la carte : « [...] d'après [les Portugais], l'île Juan de Nova est si proche de l'île de Madagascar qu'il n'y a entre elles deux qu'un chenal fort étroit. Cependant, comme ils l'ont plus tard placée fort à l'Ouest sur leurs cartes, Saris en conclut qu'ils ont eu le dessein d'induire en erreur les navigateurs des autres nations et de les faire tomber dans la zone des courants violents qui, suivant ses observations, vont beaucoup plus vers l'Ouest que vers le Nord-Est et le Sud-Est [...][2]. » En août 1685, au large de l'Australie alors qu'il navigue vers Java, le vaisseau de Choisy reconnaît une terre que personne n'attend : « Terre, terre ! Nous voyons terre. On ne sait encore ce que c'est. Mais constamment ce ne peut pas être l'île de Sumatra, et par conséquent ce ne fut point l'île des Cocos que nous vîmes avant-hier. Il faut que ce soit une île inconnue, ou que les Hollandais n'aient pas voulu la marquer dans la carte pour dérober leur route aux autres nations[3]. » Une conviction si répandue crée finalement une situation équivoque : même les zones déjà découvertes restent encore à découvrir. Les cartes cachent les îles autant qu'elles les révèlent. À la manière d'un

1 Pedro Fernández de Quirós, *op. cit.*, p. 327. – Voir note d'Annie Baert, p. 328. Quirós expose également ce danger dans sa Requête n° 42 d'octobre 1610, il y revient en 1611, puis en 1614.

2 John Saris, *8e voyage de la Compagnie Anglaise des Indes Orientales*, in Purchas, *op. cit.*, t. 1, p. 335-337.

3 François-Timoléon de Choisy, *op. cit.*, p. 141.

parchemin codé, elles peuvent suggérer une île sans aller jusqu'à fournir la réponse complète. Elles peuvent mettre sur une fausse piste le navire qui cherche à la localiser. Elles contraignent parfois des îles à émerger dans une zone qui n'est pas la leur. Ainsi, même repérée d'un strict point de vue géographique, l'île continue de vaguer en fonction de pays qui la déplacent ou l'occultent, selon leur génie et leurs intérêts. L'on pourrait penser que ces pratiques protectionnistes ont régressé au siècle des Lumières, mais soit force de l'habitude, soit sentiment incontrôlé du navigateur (il réagit souvent comme s'il était le créateur des terres qu'il découvre et que, de ce moment, ces terres étaient les siennes) le silence reste souvent de règle. En septembre 1770, Cook rentre de Nouvelle-Guinée par les détroits de la Sonde et veut rejoindre le port hollandais de Batavia pour réparer l'*Endeavour* endommagé. Il ne jette l'ancre à Batavia que le 10 octobre, mais dès le 30 septembre, il avait confisqué les journaux tenus à bord : « Le matin, je pris et gardai en ma possession tous les journaux de loch et les journaux des officiers, des officiers subalternes et des matelots – au moins tous ceux que je pus trouver, et leur enjoignis de ne faire à personne la moindre révélation sur nos voyages[1]. » Il s'entoure donc de toutes les précautions habituelles pour protéger ses propres découvertes. Lors de son deuxième voyage, Cook va en août 1773 de Nouvelle-Zélande à Tahiti. Sur la route, il rencontre un certain nombre de petites îles déjà reconnues par Bougainville dont il commente la relation avec un peu d'aigreur : « Quelle excuse peut avoir monsieur de Bougainville pour n'indiquer la situation d'aucune des découvertes qu'il fit dans le cours entier de la traversée de ces mers ? Il semble s'en être soigneusement gardé, pour des raisons qu'il est seul à connaître[2]. » Les mêmes raisons apparemment que celles qui l'avaient conduit, lui, à confisquer tous les journaux tenus à son bord en septembre 1770, avant son arrivée à Batavia... À l'automne 1768, alors qu'il approchait également de Batavia, Bougainville pour sa part mettait en cause la politique des Hollandais, qui, pensait-il, cherchaient à inspirer des peurs infondées à leurs concurrents européens : « Nous étions enfin hors de tous les pas périlleux qui font redouter la navigation des Moluques à Batavia. Les Hollandais prennent les plus grandes précautions pour tenir secrètes les cartes sur lesquelles ils naviguent dans ces parages. Il

1 James Cook, *op. cit.*, p. 128.
2 *Id.*, note du bas de la page 190.

est vraisemblable qu'ils en grossissent les dangers ; du moins, j'en vois peu dans les détroits de Button, de Saleyer et dans le dernier passage dont nous sortions, trois objets dont à Boëro ils nous avaient fait des monstres[1]. » Toutes les mesures sont prises également par les Hollandais pour dissimuler les connaissances acquises, et les bavardages intempestifs sont gravement punis : « [...] les ingénieurs et marins employés dans cette partie [les Moluques] sont obligés, en sortant d'emploi, de remettre leurs cartes et plans, et de prêter serment qu'ils n'en conservent aucun. Il n'y a pas longtemps qu'un habitant de Batavia a été fouetté, marqué et relégué sur une île presque déserte, pour avoir montré à un Anglais un plan des Moluques[2]. » Il arrive pourtant que la générosité et l'ouverture d'esprit fondent l'échange entre deux navigateurs que le hasard fait se croiser. Le 22 mars 1775, au cap de Bonne-Espérance, Cook rencontre le capitaine Crozet avec lequel il sympathise, et pour lequel il marque de l'estime : « [...] je le tiens pour un de ces hommes qu'anime le véritable esprit de découverte[3] », sans doute parce que Crozet lui a spontanément fait part de données si habituellement tenues cachées : « Il eut la grande obligeance de me communiquer une carte où sont tracées non seulement ses propres découvertes, mais aussi celles du capitaine Kerguelen [...][4]. » Geste inattendu dont Cook reconnait peut-être le désintéressement en nommant « îles Crozet » l'archipel sub-antarctique du sud de l'océan indien que Marion-Dufresnes et son second Crozet avaient découvert en janvier 1772.

L'errance des îles peut donc être la conséquence d'une politique réfléchie des États ou des découvreurs, envoyés à la recherche de terres nouvelles sur les richesses desquelles il convenait de garder le monopole le plus longtemps possible. Les navigateurs se montrent d'autant plus discrets que si leurs découvertes enrichissent leur pays d'origine, elles les enrichissent souvent, eux aussi, d'une manière aussi rapide que fabuleuse. Si Colomb avait reçu des Rois Catholiques les rentes initialement consenties en paiement de ses découvertes, il serait devenu l'homme le plus riche de la terre[5]. Si la déception de Magellan est tellement forte en

1 Louis-Antoine de Bougainville, *op. cit.*, p. 385-386.
2 *Id.*, p. 411.
3 James Cook, *op. cit.*, p. 300.
4 *Ibid.*
5 Alexandre Cioranescu, in *Œuvres de Christophe Colomb*, *op. cit.*, Introduction, p. 22.

1521, c'est que ne découvrir ni terres ni îles en Insulinde dans les limites de la démarcation espagnole signifie aussi la perte des bénéfices afférents, considérables, que le contrat royal lui avait accordés s'il réussissait dans sa mission[1]. La tentation de faire errer les îles est donc en premier lieu dictée par l'intérêt. En second lieu, elle l'est par la prudence.

LA POLITIQUE DES CARTOGRAPHES

De nombreuses raisons ont conduit les cartographes à gauchir volontairement les cartes qu'ils devaient dresser. Par exemple, un chef d'expédition peut demander de porter des données inexactes sur un plan pour conserver le contrôle d'un équipage que la navigation dans des mers inconnues rend très vite soupçonneux et indocile. D'autre part, en cas de naufrage, le pilote justifie fréquemment l'erreur qu'il a commise en la rejetant sur les cartes, qu'il prétend lacunaires. Cette attitude était si commune que les cartographes semblent avoir choisi d'appliquer presque systématiquement le principe de précaution. Placer sur une carte une terre imaginaire peut avoir valeur d'avertissement, et cette fonction préventive est attestée en 1556 par la *Cosmographie* de Guillaume Le Testu, qui n'a pas hésité à figurer dans l'Antarctique la terre australe inconnue. Il admet qu'elle n'a pas encore été découverte, qu'il n'est même pas sûr qu'elle existe, mais il la représente, entre autres raisons, dit-il, « ausy affin que ceulx la, lesquelz navigueront, ce donnent garde lors qu'ilz auront oppinion qu'ilz aprocheront ladicte terre[2]. » Du reste, cartographes et navigateurs semblent tomber d'accord, même à une époque tardive, pour que les îles restent signalées alors que leur existence est douteuse, et pour que la carte anticipe délibérément leur gisement, en les indiquant plus au large qu'elles ne sont en réalité, afin que l'équipage ne soit pas pris au dépourvu en découvrant l'île trop tard et qu'il dispose du temps nécessaire pour les éventuelles manœuvres d'évitement.

1 Voir *Capitulationes*, in *Le Voyage de Magellan*, *op. cit.*, p. 326-327.

2 Guillaume Le Testu, *Cosmographie Universelle selon les navigateurs tant anciens que modernes, par Guillaume Le Testu, pillote en la mer du Ponent, de la ville françoise de Grace*, Présentation de Frank Lestringant, Paris, Arthaud, Direction de la Mémoire, du Patrimoine et des Archives, Carnets des Tropiques, 2012, 240 p., F. XXXVII.

Falsifier la carte peut d'abord être une question de tactique. Au moment de repartir, en 1595, coloniser les îles Salomon qu'il a découvertes lors d'un premier voyage en 1567-1569, Alvaro de Mendaña demande à son chef-pilote de dresser en cinq exemplaires (une pour lui et une pour chacun de ses quatre pilotes) une carte qui est à la fois incomplète et truquée. Incomplète parce qu'il exige « de n'y faire figurer que la côte du Pérou, entre Arica et Paita[1] », donc de réduire à presque rien le tracé des côtes occidentales de l'Amérique déjà connues, afin que, manquant de repères, ses navires soient obligés de se tenir en flotte et n'osent pas s'enfuir si l'expédition se révèle difficile ou dangereuse. Mendaña demande d'autre part au chef-pilote de tracer « deux points au nord et au sud, l'un au dessus de l'autre, par 7° et 12° de latitude, à 1 500 lieues à l'ouest de Lima, disant que c'étaient les latitudes extrêmes des îles qu'il allait chercher [...][2]. » Or, il avait évalué à 1450 lieues la distance entre les Salomon et le Pérou lors du premier voyage. Il préfère ajouter cinquante lieues supplémentaires pour entreprendre le deuxième, afin que la découverte (faussement) précoce des Salomon soit vécue comme une heureuse surprise, assimilée à une chance : « il vaut toujours mieux arriver plus tôt[3], » dit-il, sachant combien la gestion des équipages peut devenir problématique si le voyage s'éternise. Se donner une marge lui laissera, pense-t-il, plus longtemps la maîtrise de la situation si l'on tardait un tant soit peu à retrouver les îles cherchées.

Mettre en cause les insuffisances de la carte servait également d'alibi en cas d'accident. En 1585, le *Santiago* fait naufrage sur les Bancs de la Juive dans le canal du Mozambique. Les circonstances de cette catastrophe la rendirent célèbre dans toute l'Europe. Après avoir déjà changé à trois reprises auparavant la direction du vaisseau, le pilote infléchit de nouveau sa route le soir du naufrage « pour se diriger vers le nord-est à un quart du nord, direction qui ne pouvait l'amener qu'à foncer en plein sur les bancs[4]. » Responsable – et survivant – d'un désastre qui fait trois cent quarante morts, il tente de se disculper en invoquant un récif que la carte n'indiquait pas : « Et si cet autre haut-fond, distinct de celui de

1 Pedro Fernández de Quirós, *op. cit.*, p. 45.
2 *Id.*, p. 46.
3 *Ibid.*
4 Manuel Godinho Cardoso, *Le naufrage du Santiago sur les « Bancs de la Juive » (Bassas da India, 1585)*, Relations traduites par Philippe Billé et Xavier de Castro, Préface de Michel L'Hour, Paris, Chandeigne, Coll. Magellane, 2006, 190 p., p. 56.

la Juive, ne figure pas sur les cartes, c'est à cause de la négligence des pilotes et des cartographes, et il ne manque pas d'hommes dignes de foi, qui affirment l'avoir vu figurer sur d'anciennes cartes, comme on l'a dit à propos de la nef *Graça*[1]. » Ce récif non porté, quoique déjà connu selon le pilote, lui permet de manipuler les faits réels. Comme les habitués de la ligne de l'Inde, interrogés à Mozambique, émettent à leur tour des avis partagés sur l'éventuelle présence de cet écueil imaginaire, le doute est jeté. D'autres situations semblables ont conduit les cartographes à faire figurer sur leurs plans d'hypothétiques hauts-fonds ou des îles improbables afin de mettre les vaisseaux à l'abri d'un danger qui en réalité n'existait pas. Mais il paraissait préférable de se garder d'une terre toujours possible, susceptible d'émerger au moment où on ne l'attend pas.

Car il semble que tout le monde tombe d'accord finalement sur le fait que l'on n'est jamais trop prudent, et les inexactitudes volontaires sont admises, voire approuvées. Anticiper les îles, que le cartographe situe en général plus éloignées de la côte qu'elles ne le sont réellement, afin de laisser aux navigateurs le temps de parer leur approche, est compris comme une protection supplémentaire, non comme une erreur susceptible d'accroître encore une confusion déjà grande. Alors qu'il se trouve en Insulinde en 1717, Le Gentil de la Barbinais assiste à des sondages effectués sur le banc de sable qui entoure l'île de *Lucipara* : « Ce banc se trouva beaucoup plus loin de *Sumatra* et plus près de *Lucipara* qu'il n'est marqué sur les cartes : mais cette erreur n'est pas un deffaut qu'on puisse reprocher aux geographes, estime Le Gentil, et il vaut mieux marquer le danger plus proche afin de reveiller la prudence des pilotes[2]. » Cette manière de voir était la sienne dès le début du voyage, et il s'en était déjà ouvert pendant la navigation qui l'avait conduit du Pérou aux îles Marianne en avril 1716 : « [...] l'opinion la plus commune est que les isles qui sont marquées sur les cartes sont beaucoup plus à l'*Est*, c'est-à-dire plus voisines du continent de l'Amerique, que les geographes ne les mettent[3]. » Déplacer les îles – et donc les contraindre à errer – est une mesure de prévention érigée en système : l'erreur volontaire commise sur leur gisement prétend diminuer le nombre des échouements en rendant les navigateurs plus attentifs.

1 *Id.*, p. 60.
2 Guy Le Gentil de La Barbinais, *op. cit.*, t. 3, p. 33-34.
3 *Id.*, t. 1, p. 131.

Cette plus grande vigilance n'est pas forcément nécessaire d'ailleurs : « Il y a même quelques-unes de ces isles qui n'existent point », reconnaît sans peine Le Gentil[1]. Et s'il suppose que les îles marquées sont « plus à l'*Est*, » c'est qu'il en juge par « les journaux de tous les vaisseaux qui ont fait cette route et qui ne les ont jamais vûes[2]. » En dehors de l'île de la *Passion* découverte par Dubocage en 1711 – « c'est le seul morceau de terre qu'on ait encore apperçû dans cette mer au delà de la ligne, en suivant cette route[3] » – il est bien conscient qu'il n'y a aucun danger à redouter en somme, mais l'éthique des cartographes, prendre garde à l'île non repérée qui erre peut-être dans les parages, s'est imposée et elle prévaut malgré tout : « Quoiqu'il en soit, conclut Le Gentil avec sérénité, nous prîmes de sages précautions, pour ne pas aller rendre fameux par notre naufrage quelque écueil inconnu jusqu'alors[4]. » Le principe de précaution est également la position adoptée par D'Après de Mannevillette dans le *Neptune Oriental* en 1775. Par exemple, personne n'a jamais revu l'île *Roquepiz* depuis que James Lancaster l'avait signalée, sur la route entre Rodrigue et les Chagos, en 1601. Mais D'Après pense lui aussi qu'il vaut mieux avertir d'un danger douteux, qui pourrait s'avérer un jour un mauvais pas réel : « [...] ainsi c'est à ceux qui se trouveront en ce parage à être sur leurs gardes, pour ne pas rencontrer [l'île] pendant la nuit[5]. »

À ce stade, il faut bien admettre que la cartographie relève de la poésie. La représentation de l'espace maritime, avant d'être scientifique et donc définitivement figée, est l'expression d'une perception du monde où tout est en pleine évolution parce que vivant. Le cartographe redessine le monde ; en bon artiste, il réinvente l'espace insulaire en fonction des hypothèses et des craintes dont les navigateurs lui font part, il le plie à des exigences d'ordre humain. Il tente ainsi de donner au voyageur le contrôle mental de mers insuffisamment connues, à défaut d'un pouvoir réel sur une navigation toujours aventureuse.

Le déplacement des îles sur les plans relève d'autre part d'une politique volontariste chez les géographes : il devient le moyen de dominer

---

1 *Ibid.*

2 *Ibid.*

3 *Id.*, t. 1, p. 132.

4 *Ibid.*

5 Jean-Baptiste-Nicolas-Denis d'Après de Mannevillette, *op. cit.*, p. 133.

un contexte anxiogène, de le désamorcer, malgré – exactement – tout. Car dans les faits, personne n'a la maîtrise de rien, les navigateurs sont à la merci de l'accident. Mais en procédant de la sorte, le cartographe neutralise en partie le pouvoir néfaste de l'île, elle existe comme perspective avant qu'elle ait émergé. La terreur qui se déclenche à bord avec le cri d'*arrive tout*[1] ! lorsqu'elle surgit brusquement là où on ne l'attendait pas, « le tumulte, écrit Le Gentil, la confusion, la crainte de la mort que je vis peinte sur le visage de tout le monde m'épouvanterent de telle sorte, que je fus long-tems sans pouvoir rappeller mes esprits[2] », fait place à l'attente vigilante mais paisible de son apparition – si elle apparaît. L'éventualité d'une île, qui devait effrayer et contraindre, ainsi anticipée rassure et libère. Et nombreux sont les voyageurs qui, mis à cette école depuis leur embarquement, semblent avoir envisagé d'élargir à leur propre parcours la liberté que l'on consentait aux îles et à l'espace insulaire en général. Acteurs dans un monde dont la représentation reste si mobile, pourquoi ne seraient-ils pas eux-mêmes séduits par la tentation de l'errance, celle du monde insulaire pouvant à l'occasion appeler et autoriser discrètement la leur ? Dans l'histoire des voyages, vaisseaux et individus sont capables parfois de s'évanouir sans avertissement, de réapparaître de même, après s'être accordé un temps où, à la manière des îles que l'on ne sait pas fixer, ils ont échappé à tout contrôle.

UNE POLITIQUE INDIVIDUELLE

Les causes d'embarquement sont multiples. Les raisons officielles données à la première page d'un récit, et les raisons réelles qui se devinent parfois dans le cours d'une narration, ne coïncident d'ailleurs pas toujours. La volonté de voir le monde et le désir de s'enrichir sont les deux motifs les plus couramment avancés. Mais ce qui est sûr, c'est qu'entreprendre un long voyage au XVIe et au XVIIe siècles suppose une rupture, qui peut devenir définitive, avec le pays et la société d'origine. S'embarquer répond très souvent à un désir d'ailleurs, à une volonté

1 Guy Le Gentil de la Barbinais, *op. cit.*, t. 3, p. 10-11.
2 *Ibid.*

d'échapper, de briser les liens innombrables, familiaux, communautaires, religieux, qui entravent la liberté individuelle. Arrivant à Lorient au début de l'hiver 1768, Bernardin de Saint-Pierre note combien la proximité de l'océan est perçue comme une occasion d'émancipation éventuelle, si les contraintes deviennent trop fortes : « Le paysan Bas-Breton est à son aise. Il se regarde comme libre dans le voisinage d'un élément sur lequel tous les chemins sont ouverts. L'oppression ne peut s'étendre plus loin que sa fortune. Est-il trop pressé, il s'embarque[1]. » L'évasion de la société civile castratrice est sans doute l'un des motifs de départ les moins avoués, et l'un des plus constants. Et s'en aller aux Indes (par mer) et en pèlerinage (par terre), les deux possibilités qui s'offraient à l'époque à tous ceux qui souhaitaient s'affranchir. L'embarquement apparaît donc comme une première libération.

Elle s'avère parfois vite décevante. La navigation en escadre réinstaure et aggrave toutes les contraintes de la société civile. Elle obéit à des règles strictes, à des astreintes rendues plus sensibles par les phénomènes de grossissement qui affectent toute micro-société ; celle du navire d'abord, « la mer aigrit naturellement l'humeur. La plus légère contestation y dégénère en querelle [...], un vaisseau est un lieu de dissensions[2] », et celle à peine élargie de la flotte. Car chaque navire y tient un rang et un rôle, il est le vassal de la capitane, du vaisseau-amiral, il doit respecter les rites et les préséances, il est rappelé à l'ordre voire puni pour tout manquement. Dès le début de l'expédition Magellan, Juan de Carthagena, capitaine du *San Antonio*, se rebelle contre l'autorité de Magellan auquel il demande à être consulté « sur tout ce qui concernait le voyage » et auquel il refuse le titre de capitaine-général[3]. Mais il arrive qu'aucune dissension grave ne soit notée dans les journaux de bord, et que cependant un navire disparaisse, ou que des hommes désertent, pour un temps ou pour toujours, exploitant les marges d'incertitude dont les cartes ne cessent de leur donner l'exemple. Tout se passe comme s'ils reprenaient à leur propre compte et appliquaient à leur propre existence la représentation d'un monde dans lequel des éléments peuvent s'absenter, se déplacer, voire s'effacer sans que l'on sache jamais ce qu'il en est advenu.

---

1 Jacques-Henri Bernardin de Saint-Pierre, *op. cit.*, p. 11.

2 *Id.*, p. 25 et 26.

3 Voir la Lettre de Juan Lopez de Recalde in *Le voyage de Magellan*, *op. cit.*, t. 2, p. 558 et 559.

Bien qu'en 1595-1596, lorsqu'il part rechercher les Salomon afin d'y établir une colonie espagnole, l'adelantado Alvaro de Mendaña ait pris toutes les précautions nécessaires pour maintenir ses navires en flotte, jusqu'à demander à son chef-pilote Fernández de Quirós de dessiner puis distribuer à ses quatre pilotes des cartes qui réduisaient les repères géographiques au strict minimum, maintenir une discipline sur ses vaisseaux devient difficile avant que trois mois ne se soient écoulés. La recherche des Salomon n'aboutit pas, les équipages partis depuis le 16 juin 1595 sont gagnés par le découragement début septembre : « La raison ne règnait pas, [...] il leur semblait que jamais ils ne trouveraient de terre. [...] D'autres déclaraient que les îles Salomon s'étaient enfuies, [...][1] ». S'enfuir, justement, c'est le rêve secret des équipages. Le premier à passer à l'acte est le navire-amiral, le *Santa Isabel*, qui, par une étrange coïncidence, disparaît quelques heures avant la découverte des îles Santa Cruz. On l'a vu pour la dernière fois à neuf heures du soir le 7 septembre. Ensuite, sa trace est perdue. « La nuit passa, [...]. On chercha le navire-amiral, mais on ne le vit point[2]. » Longtemps, ses compagnons nourrissent l'espoir de le retrouver, « [...] l'*adelantado* envoya le capitaine Don Lorenzo, avec 20 soldats et marins, sur la frégate, chercher le navire-amiral [...][3] », mais en vain. Ceux qui restent essaient de croire qu'il a peut-être réussi, lui, à atteindre les Salomon. La recherche est abandonnée définitivement fin novembre 1595, la veuve de l'adelantado ayant estimé que « puisqu'on ne voyait pas San Cristobal[4] et que l'on ne trouvait pas le navire-amiral, il fallait mettre le cap sur Manille[5]. » Le mystère reste entier. Quirós a appris par la suite que la disparition de ce vaisseau avait été annoncée au Pérou, dans la région même où ils s'étaient embarqués, ce qui signifierait alors que certains des passagers de la *Santa Isabel* avaient fini par rentrer au pays ? « Ce que l'on peut dire, conclut Quirós, c'est que, pour de nombreuses raisons, j'ai toujours eu des doutes sur la perte de ce navire [...][6] ». Après

1 Pedro Fernández de Quirós, *op. cit.*, p. 66.
2 *Id.*, p. 72.
3 *Id.*, p. 78.
4 San Cristobal était l'une des îles Salomon que l'adelantado Alvaro de Mendaña avait découverte lors de son premier voyage en 1567-1569, et qu'il voulait retrouver pour fonder sa colonie.
5 *Id.*, p. 131.
6 *Id.*, p. 72.

la *Santa Isabel*, deux autres bateaux, sur les quatre que comportait la flotte au départ, se perdent au cours du voyage Santa Cruz – Manille. Le *San Felipe*, une galiote, se désolidarise en décembre : « [...] cette nuit-là, il changea de cap, disparut, et on ne le revit plus[1]. » Quirós a su plus tard que « la galiote, perdue au milieu d'un grand nombre d'îles, accosta dans l'une d'elles, nommée Mindanao, par 10° de latitude[2]. » Ses hommes étaient dans un état de misère effrayant. Interrogés, des soldats « ont déclaré que leur capitaine avait volontairement écarté sa galiote[3] » de la capitane. Plus tard, la capitane elle-même abandonne la frégate qui ne parvient plus à la suivre. « La frégate, on ne la revit jamais. On entendit dire qu'on l'avait trouvée échouée quelque part sur la côte, toutes voiles hissées, les hommes de l'équipage morts et décomposés[4]. » Les points de convergence apparaissent donc continuels entre la navigation hasardeuse conduite pendant presque 6 000 kms par Quirós qui « faisait sa route vers le cap *Espiritu Santo*, la première terre des Philippines, sans carte et en s'aidant seulement de ce qu'on en disait[5] », les archipels non reconnus qu'il traverse, (petites îles basses, bancs de sable et hauts fonds voyageant un moment de conserve avec la capitane avant de s'effacer,) et les vaisseaux de la flotte, tentés de les imiter, toujours perdus pendant la nuit et devenus invisibles au matin, et qu'une collision avec l'île imprévue dont ils viennent de partager l'errance finit par jeter à la côte, « toutes voiles hissées ».

D'autre part, les relations abondent en exemples d'erreurs inexplicables, peut-être volontaires, qui cherchent à rendre momentanément à un vaisseau l'indépendance dont le prive sévèrement la navigation en escadre. Par exemple, la hourque le *Saint-Denis*, qui appartient à la flotte Mondevergue et quitte la France avec dix autres vaisseaux en mars 1666, ne parvient à Madagascar que deux ans après son départ. Elle a erré après le cap de Bonne-Espérance, doublé Madagascar sur toute sa longueur et repassé la ligne sans s'en apercevoir, conduite par des officiers qui apparemment ne savaient pas faire le point et ne se dirigeaient qu'à la boussole[6]. Le *Saint-*

1 *Id.*, p. 133.
2 *Id.*, p. 159.
3 *Ibid.*
4 *Ibid.*
5 *Id.*, p. 142.
6 Urbain Souchu de Rennefort, *Histoire des Indes Orientales*, à Paris, chez A. Seneuze, rue de la Harpe, D. Hortemels, rue Saint Jacques, 1688, 571 p., chap. XVIII, p. 240.

Denis aborde finalement à Socotra où rien a priori ne l'obligeait à prolonger quatre mois son séjour, sauf peut-être qu'il s'y fait « trafic de civette à douze francs l'once[1] » ? Reprenant la route du retour vers Madagascar, la hourque atteint l'île de Mozambique. Bien que les denrées les plus courantes s'y vendent excessivement cher, que l'eau y manque au point qu'il faille aller la chercher en terre ferme, équipage et passagers s'y attardent de nouveau pendant deux mois : « L'argent y estoit rare : mais l'or fort commun, [...]. Les Portugais le tiroient du Royaume de Sofola, qui en est à cent cinquante lieuës. L'on monte par la Riviere des Coriantes jusques à la mine d'or[2]. » Les visiteurs occasionnels – et peu pressés de repartir – semblent donc très au fait de cette question. Lorsque le *Saint-Denis* rejoint Fort-Dauphin le 1er mars 1668[3], les cinquante hommes du bord ne paraissent pas avoir particulièrement souffert de leur longue errance. La hourque vagabonde s'est détachée de l'escadre, a navigué en toute indépendance pendant un an, et resurgit finalement (comme une île perdue, c'est-à-dire par hasard et quand on ne l'attend plus) sans que son itinéraire incohérent et ses activités mystérieuses mais peut-être rentables fassent l'objet d'une enquête approfondie. Il est vrai qu'après la Ligne, les lois occidentales se discutent, leur respect ne va plus de soi... Embarqué au Havre sur le navire *La Force* le 20 mars 1668, Dellon navigue d'abord de conserve avec l'*Aigle d'Or* pour se rendre à Madagascar. Après le passage de la ligne et du tropique du Capricorne à la fin de juin, « l'eau manqua à ceux de l'Aigle d'or, avec lesquels il falut partager la nôtre ; la nuit suivante il fit fausse route et nous abandonna[4]. » En somme, ayant renouvelé ses réserves pour assurer son autonomie, l'*Aigle d'or* s'accorde une parenthèse de liberté, mais Dellon ne fait aucun commentaire négatif sur sa brusque désertion. Il ne parle plus de la conserve absente pendant trois mois jusqu'à ce que, revenant de Mascareigne à Fort-Dauphin à la fin de septembre, il rapporte : « nous [y] trouvâmes l'Aigle d'or, qui étoit arrivé depuis quinze jours [...][5] ». Les deux navires fêtent leurs retrouvailles, mais aucune précision

1 *Ibid.*

2 *Id.*, p. 241.

3 Jacques Ruelle, « Relation de mon voyage tant à Madagascar qu'aux Indes orientales (1665-1668) », présentée et annotée par Jean-Claude Hébert, *Études Océan Indien*, Paris, Inalco, n° 25-26, 1999, p. 9-94, p. 60.

4 Charles Dellon, *Relation d'un voyage des Indes Orientales par M. Dellon [...]*, à Paris, chez Claude Barbin, 1685, 3 parties en 1 vol., t. 1, p. 11.

5 *Id.*, p. 26-27.

n'est donnée sur les activités ou l'itinéraire de l'*Aigle d'or* entre juin et septembre, comme si cette prise de distance momentanée restait dans l'ordre des choses – les erreurs d'estime empêchent de retrouver les îles que l'on cherche, comme les « fausses routes » font s'égarer les vaisseaux.

Ainsi, la géographie naturellement mobile des cartes se mue en une invitation à s'inscrire dans les marges d'erreur potentielles, à s'approprier les imprécisions, à intégrer les flottements. Les hommes finissent par établir insensiblement une adéquation entre leur propre existence mal assurée et la représentation d'un monde toujours un peu livré au hasard. Le manque de repères sûrs, s'il génère souvent de l'angoisse, ouvre aussi sur une forme d'absence de clôture, une vacance possible et tentante, puisque les vraies limites ne sont qu'imparfaitement connues, et que des îles encore non trouvées errent sans doute sur les lisières océanes. Le cartographe n'hésite donc pas à manipuler ses plans si leur dessin falsifié peut répondre à la demande d'expansion des États ou à la nécessité de réconforter les navigateurs. Le voyageur lui, récupère parfois tant d'inconstance à son profit, et reconquiert à l'occasion l'espace de liberté consenti par l'erreur d'estime toujours permise, par les lacunes des cartes, et par le gisement fluctuant d'archipels sans nombre et quelquefois sans nom tout juste entrevus sur sa route.

LE FLOU DES CONTOURS

DES REPÈRES TOUJOURS FLOTTANTS

Erreurs involontaires, manipulations volontaires des cartes, imprécisions récurrentes tolérées, voire appouvées, pérennisent dans l'esprit du voyageur une représentation du monde très floue, qu'il sait pertinemment inexacte, et par conséquent peu sécurisante. Mais, en contrepartie, une telle représentation ne l'enferme pas non plus dans un cadre définitif, aux limites brutales, ce qui lui laisse des marges où prolifèrent à volonté l'illusion, le merveilleux, toutes les extravagances de l'imagination.

La première conséquence du manque de repères fiables reste l'incapacité des voyageurs à jamais se situer vraiment lorsqu'ils sont en mer. Il y a bien sûr d'heureuses surprises, des rencontres d'îles juste là où on les avait prévues. Mais à l'époque qui nous concerne, d'innombrables exemples montrent que même des navigateurs compétents ne parviennent pas à retrouver l'île-repère dont ils ont besoin pour assurer leur navigation, ni le point de rendez-vous prévu avec les navires de leur escadre, ni l'île précédemment découverte dont ils veulent vérifier et fixer le gisement, et cette situation fait continuellement vaciller la compréhension, pourtant plus satisfaisante au fil du temps, des zones géographiques qui les entourent.

Ainsi, l'océan qui s'étend à l'est de Madagascar est resté longtemps inconnu. Le régime de mousson qui, dans toute cette zone, porte les vaisseaux vers l'Inde et l'Insulinde n'a été réellement exploité qu'au XVIIe siècle. De surcroît, la traversée du cap de Bonne-Espérance à Sumatra n'offre pas beaucoup d'îles sur lesquelles se repérer, et situer l'archipel des Cocos au nord-ouest de l'Australie était donc perçu comme une nécessité, car il permettait de vérifier le bien-fondé de la route décidée par les pilotes. En ce sens, il constituait un véritable réconfort que l'équipage guettait longtemps à l'avance. Or, la plupart du temps, qu'il effectue la traversée aller ou la traversée retour, le navire ne parvient pas à localiser les Cocos. En 1665, Jean-Baptiste Tavernier part de Batavia sur un vaisseau hollandais pour retourner en Europe : « Dès que nous fûmes sortis du détroit nous vîmes les Isles du Prince. De là nostre route fut pour aller chercher les Isles de Cocos, et estant à la hauteur de ces isles nous fûmes deux ou trois jours à courir la mer pensant les découvrir, mais nous ne pûmes ; ce qui fit que nous prîmes nostre route droit au Cap de Bonne-Esperance[1]. » Le journal de l'abbé de Choisy en 1685-1686 se fait l'écho de l'espoir inquiet, puis de l'incompréhension générale que suscite la vaine recherche des Cocos. Alors que Choisy part en mission au Siam, une première mention, le 22 juillet 1685, signale les Cocos comme une étape déterminante pour contrôler la route à suivre : « Il est présentement question de l'île des Cocos qu'il faut laisser à bâbord, ce qui nous sera impossible si le vent ne se range un peu vers le sud[2] ». Le 25 juillet, Choisy précise : « Nous sommes aujourd'hui à 14 degrés à vau-le-vent de l'île des Cocos[3]. » Le 31 juillet, il semble sûr de son fait : « L'île des Cocos est doublée. Les oiseaux que nous voyons font connaître que nous n'en sommes pas loin[4]. » Mais le 3 août, toutes les certitudes sont tombées : « À la pointe du jour on a vu terre. [...]. Les pilotes ne savent plus où nous sommes. [...] Il faut que ce soit les Cocos. Il est vrai qu'ils sont marqués sur la carte à 12 degrés, et l'île que nous avons vue est à 10 degrés. Mais la carte ne vaut rien[5]. » Le 4 août, l'ancienne conviction est réaffirmée : « On n'en doute plus : ce fut l'île des Cocos que nous vîmes hier matin[6]. » Mais le 5 août, la stupeur à bord est générale : « Terre, terre ! Nous voyons terre. On ne sait encore ce que c'est. Mais constamment ce ne peut pas être l'île de Sumatra, et par conséquent ce ne fut point l'île des Cocos que nous vîmes avant-hier[7]. » Après un temps d'hésitation, la côte en vue est

---

1 Jean-Baptiste Tavernier, *Les six voyages de Jean-Baptiste Tavernier, écuyer baron d'Aubonne qu'il a fait en Turquie, en Perse et aux Indes [...]*, Paris, Gervais Clouzier et Claude Barbin, 1676, 2 vol. (30-698-8, 8-525 p.)., livre 3, p. 501.

2 François-Timoléon de Choisy, *op. cit.*, p. 132.

3 *Id.*, p. 133.

4 *Id.*, p. 137.

5 *Id.*, p. 139-140.

6 *Id.*, p. 141.

7 *Ibid.* – L'imprécision est telle que les pilotes confondent *Christmas Island*, proche de Java, (que Choisy appelle île Monin) et les *Cocos*, situés bien plus à l'ouest, en plein océan.

finalement identifiée comme étant celle de Java… Au retour du Siam en 1686, le journal de Choisy fait de nouveau état des mêmes errances, il souligne une précarité d'autant plus dangereuse que les fausses certitudes donnent à l'équipage une illusoire impression de sécurité. Le 14 janvier, « […] nous voici dans la grande mer. Nous allons reconnaître l'île des Cocos, qui est à plus de cent cinquante lieues d'ici[1] », écrit-il. Le vingt janvier il corrige : « Nous ne verrons point les Cocos : les vents nous ont obligés à faire le nord-ouest, et quelquefois l'est-nord-ouest[2]. » Mais le 23 janvier, la compréhension de la route suivie est de nouveau totalement bouleversée : « Nos pilotes ont été fort étonnés ce matin de voir terre : ils croyaient avoir dépassé l'île des Cocos, et s'en faisaient à plus de vingt-cinq lieues. Bien nous a pris d'avoir vu clair ; nous faisions le sud-ouest avec confiance et allions à pleines voiles donner sur l'île. Cela n'eût pas été sain la nuit. Il n'y a point de lune, cette terre est fort basse, et nous eussions été dessus avant qu'on s'en fût aperçu[3]. » Ainsi, l'île qui devait constituer un repère de navigation important s'est trouvée systématiquement absente dans les parages où on la situait, et elle a systématiquement surgi quand le vaisseau pensait avoir quitté ses eaux depuis un bon moment déjà. De l'île ou du navire, l'on ne sait jamais vraiment qui est le plus touché par le syndrome de l'errance.

La quête n'est pas plus facile lorsqu'il s'agit d'îles plus proches et mieux connues, alors même qu'elles constituent des étapes et des escales très fréquentées au cours des traversées en Atlantique. L'île de Saint-Hélène par exemple est si mobile qu'en 1679, Du Val, qui dresse la carte de l'itinéraire suivi par Pyrard de Laval, la fait figurer deux fois à deux longitudes différentes, Pyrard l'ayant reconnue à l'aller en novembre 1601[4] et au retour en juin 1610[5], ce qui a laissé les habitués de la route des Indes stupéfaits : « Elle est assez difficile à trouver en venant aux Indes et plusieurs l'ont cherchée en vain, car ceux qui vont vers l'orient ne prennent pas cette route, ains au retour seulement, de sorte que ce fut un bien grand hasard quand à notre premier passage nous la rencontrâmes, et les Portugais et les

1 *Id.*, p. 299.
2 *Id.*, p. 310.
3 *Id.*, p. 311.
4 François Pyrard de Laval, *op. cit.*, t. 1, p. 47.
5 *Id.*, t. 2, p. 790.

Hollandais s'en étonnaient fort[1]. » Rentrant également des Indes en 1639, l'équipage de la *Mary*, à bord de laquelle navigue Mandelslo, s'estime à vingt lieues de Saint-Hélène le 4 octobre, à douze lieues de 8 ; le 11 octobre « pendant toute la journée nous scrutâmes l'horizon pour essayer d'apercevoir la terre ferme. Au matin, nous vîmes pendant plusieurs heures un nuage que nous prîmes pour l'île. Le soir nous changeâmes de cap et nous dirigeâmes au NW[2] » et la quête est abandonnée. L'île-jalon[3] s'est absentée, la *Mary* préfère alors se repérer par rapport à la côte guinéenne, dont la stabilité est acquise. En 1710, La Roque, qui rentre de l'Arabie Heureuse, rapporte : « [...] on pensa faire route pour gagner l'île de l'Ascension, espérant d'y rencontrer nos camarades ou d'en prendre des nouvelles et d'y prendre des tortues, qui sont là en grande abondance. Mais nous ne pûmes jamais trouver cette île[4]. » Au retour du Siam en juin 1686, alors que son vaisseau est déjà entré dans les eaux européennes, le journal de Choisy montre à quel point la confusion, déjà grande dans l'océan Indien, continue de régner à bord : « On voit terre. [...] et l'on ne sait où nous sommes. Nous croyions avoir dépassé les Açores et en être plus de quarante lieues à l'est [...][5] », mais apparemment l'estime est gravement fautive. « C'est l'île de Flore, la plus occidentale des Açores. [...] Nous savons présentement où nous sommes. Nos pilotes se trouvent cent lieues plus ouest qu'ils ne croyaient[6]. » Choisy rappelle avec un frisson rétrospectif que cette situation se reproduit pour la troisième ou quatrième fois du voyage... Lorsqu'il a connaissance de l'île *Tercere* en mars 1769, Bougainville, qui achève son périple autour du monde et vient de faire une dernière escale à l'Ascension, constate qu'il a « environ soixante et sept lieues d'erreur du côté du ouest, [...] erreur considérable dans un trajet aussi court que celui de l'Ascension aux Açores[7]. » En 1718, une remarque désabusée de Le Gentil laisse

1 *Id.*, t. 2, p. 793.

2 Johann Albrecht von Mandelslo, *op. cit.*, p. 187-188.

3 Le terme est de Frank Lestringant, *Le Livre des îles*, *op. cit.*, p. 53 : « Les îles-jalons représentent les étapes indispensables des navigations hauturières. »

4 Jean de La Roque, *Voyage de l'Arabie Heureuse, Les Corsaires de Saint-Malo sur la route du café, 1708-1710 et 1711-1713*, préface de Jean-Pierre Brown, texte établi et annoté par Eric Poix, Besançon, La Lanterne Magique, 2008, 206 p., p. 132.

5 François-Timoléon de Choisy, *op. cit.*, p. 365.

6 *Ibid.*

7 Louis-Antoine de Bougainville, *op. cit.*, p. 432.

penser que les voyageurs ont fini par accepter comme inévitables ces approximations très inquiétantes : « [...] je vous dirai seulement qu'il nous arriva à la vûe des isles *Terceres* [Açores], ce qui arrive à presque tous les vaisseaux qui courent ces mers. Nous eûmes cent quarante lieues d'erreur de l'Est à l'Ouest, quoique nous eussions donné chaque jour, en réglant la longitude, un nombre de lieues à l'Ouest à cause des courans[1]. » Cependant, depuis le début de la navigation vers les Indes, Occidentales ou Orientales, les îles de Sainte-Hélène, de l'Ascension, les Açores, ont continuellement servi de repères en Atlantique. Elles permettent au navire de vérifier qu'il ne s'est pas dévoyé, balisant en quelque sorte la route qu'il doit suivre, elles permettent d'embarquer des rafraîchissements, de l'eau fraîche, tout les rend nécessaires ! Mais la plupart du temps, l'estime du vaisseau reste trop inexacte pour toutes les raisons que nous avons vues, et en particulier parce que les positions en longitude demeurent gravement fautives. Chaque fois que l'île est reconnue, elle l'est par conséquent sur une position qui surprend tout le monde et paraît différente de celle indiquée sur les cartes. Et comme depuis Pline l'inconstance des îles est installée confusément dans les représentations, l'île semble toujours être touchée par la tentation d'une errance vague, et échapper d'autant mieux aux instruments de mesure et aux calculs savants qui s'efforcent de la fixer. On est pratiquement assuré d'atteindre la côte d'un continent solidement ancré au fond des mers, mais les îles sont susceptibles de dérives non contrôlables, et le savoir qui les concerne ne peut donc jamais être définitivement arrêté.

Même lorsqu'il s'agit d'une terre qu'il a lui-même découverte, le navigateur qui voudrait la localiser de nouveau est en difficulté, alors qu'il en avait déterminé le gisement lui-même, et qu'un premier périple lui avait donné une certaine connaissance de la zone géographique où il revient la chercher. Au second voyage, la quête obstinée débouche souvent sur une errance tragique. La recherche des Salomon par exemple se répète, sur le même mode, avec les mêmes péripéties douloureuses, à quelques décennies d'intervalle. Alvaro de Mendaña avait découvert San Cristobal en juin 1568, et c'était son rêve de retourner y vivre, la nouvelle expédition qu'il conduit est d'ailleurs menée à ses frais. Pourtant, les indications qu'il peut

1 Guy Le Gentil de la Barbinais, *op. cit.*, t. 3, p. 177.

fournir en 1595 à son chef-pilote, Fernández de Quirós, ne permettent pas de la retrouver. Les dissensions continuelles entre les hommes à bord, le chagrin, la déception, « *l'adelantado* les vécut dans la souffrance[1] », et ils semblent à l'origine de sa mort à Santa Cruz, l'île dans laquelle la flotte affaiblie fait relâche du 7 septembre au 18 novembre 1595. C'est la fin du premier acte. Mais lorsque Quirós, reparti à la découverte des terres australes, veut revenir faire escale à Santa Cruz en mars 1606, il n'y parvient pas non plus : « Cela faisait déjà longtemps que l'on naviguait, sans trouver Santa Cruz, et nous ne pensions qu'à mouiller dans sa baie *Graciosa* et à apaiser notre grande soif dans ses sources[2]. » Quirós voyant à son tour gronder la révolte parmi les équipages, réunit ses pilotes afin que chacun puisse donner son opinion « sur le fait que nous n'ayons pas trouvé l'île de Santa Cruz, alors que nous avons navigué à sa recherche sur le parallèle où elle se trouve. Je rappelle, précise Quirós, qu'elle est grande, que ce n'est pas une île basse, qu'à proximité se trouve un volcan si haut qu'on peut le voir à plus de 40 lieues [...][3] ». Mais les avis divergent, personne ne sait à quelle distance, même approximative, les navires se trouvent de Lima, et Santa Cruz est reperdue. Fin du deuxième acte. Puis, comme cela se produit toujours en pareil cas, l'errance prolongée fait bientôt surgir des îles nouvelles, qui captent pour un temps l'attention des voyageurs sans parvenir à remplacer l'île absente, celle que l'on n'a pas retrouvée, la seule que l'on voulait vraiment. À la mort de Mendaña fait désormais écho la douloureuse solitude de Quirós. Et le même processus se renouvelle toujours, comme si, à peine le découvreur réembarqué, l'île à son tour s'était hâtée de dérader, qu'elle ait pour principe de n'être jamais que la partenaire d'une rencontre brève, sans lendemain. L'épilogue souligne alors le manque, la désillusion, évoque le projet vague d'une nouvelle recherche au cours de laquelle le hasard, peut-être, se montrerait un peu plus clément.

Parfois, un navigateur compétent cherche la position exacte d'une île précédemment localisée avec soin, afin d'en fixer une bonne fois le gisement sur les cartes. Mais les difficultés réapparaissent aussi dans ce cas de figure, alors même que le cadre particulier de ces expéditions de recherche se veut rigoureux, voire scientifique. Lors de son deuxième voyage visant à compléter la découverte de l'hémisphère austral en 1772,

1 Pedro Fernández de Quirós, *op. cit.*, p. 71.
2 *Id.*, p. 232.
3 *Id.*, p. 233.

Cook doit, après avoir quitté le cap de Bonne-Espérance, « continuer vers le sud, et essayer de retrouver le cap Circoncision, que monsieur Bouvet dit être situé par 54° de latitude sud et par 11° 20' de longitude est par rapport au méridien de Greenwich[1]. » En possession de ces coordonnées approximatives sans être complètement erronées, Cook va quadriller la zone afin de retrouver la terre découverte par Bouvet de Lozier en 1739. Sa mission consiste à vérifier s'il s'agit d'une pointe avancée du continent austral encore inconnu comme l'a supposé Bouvet qui l'a prise pour un cap, ou simplement d'une petite île. Il cherche pendant trois semaines en vain et finit par douter de ce que Bouvet a vu : « [...] le ciel était si clair que nous aurions pu voir la terre à quatorze ou quinze lieues de distance. Il est donc très probable que ce que Bouvet avait pris pour une terre n'était autre chose que des montagnes environnées de bancs de glaces flottantes[2]. » Parvenu à 60° de latitude sud en janvier 1775 lors de son deuxième voyage, Cook convaincu que s'il existe un continent austral il ne peut être qu'à l'intérieur du cercle polaire et donc totalement inhabitable, cesse ses recherches et songe à remonter vers le nord : « Nous avions encore à vérifier l'existence de la découverte de Bouvet[3], » et il va manquer l'île pour la seconde fois. De la même manière, lorsqu'il rencontre Crozet au Cap de Bonne-Espérance en mars suivant, ils font ensemble le point sur les cartes personnelles du capitaine Français « où sont tracées non seulement ses propres découvertes, mais aussi celles du capitaine Kerguelen, que j'y trouvai dans la position même où nous les avions cherchées, de sorte que je ne puis comprendre comment il se fait que nous les manquâmes [...][4] », rapporte Cook visiblement troublé par l'absence, de nouveau inexplicable, d'îles qu'il aurait dû normalement pouvoir reconnaître. Les recherches vaines d'îles dont l'existence est prouvée s'étaient bien sûr faites plus rares avec le temps. Aussi, lorsqu'elles se produisent, l'incompréhension n'en est-elle que plus grande. Cook ne laisse rien au hasard et de surcroît il navigue avec la montre de Kendall, qui limite considérablement les erreurs possibles en longitude. Or, dans les recherches qu'il vient de mener, l'inconstance de l'île semble continuer de faire échec aux savoirs reconnus.

---

1 James Cook, *op. cit.*, t. 1, p. 154. Les coordonnées de l'île Bouvet sont de 54° 25' 10" S et 3° 22' 00" E.

2 *Id.*, p. 159.

3 *Id.*, p. 285.

4 *Id.*, p. 300.

L'île Bouvet existe pourtant. Les Kerguelen aussi. Dougherty Island a-t-elle existé ? Le baleinier *James Stewart*, capitaine Dougherty, la découvrit en 1841, dans l'hémisphère sud, à quelque distance de l'Australie. La découverte a été confirmée en 1860 par la *Louise*, capitaine Keates, et en 1886 par le *Cingalese*, capitaine Stannard. L'exploration de la zone à la fin du XIXe et au début du XXe siècles ne permit pas de la localiser. S'agissait-il de bancs de brouillard, d'icebergs, de mirages ? Le capitaine Davis, qui conduisit à bord du *Nimrod*, en 1909, la dernière mission de recherche, finit par conclure, de manière assez ambiguë : « I am inclined to think Dougherty Island has melted[1]. » Et quelle conclusion émettre pour l'île de Sable, qui se trouvait l'an dernier encore dans la mer de Corail à mi-chemin entre la Nouvelle Calédonie et l'Australie ? Cook l'indique sur sa carte en 1774, elle est signalée par le baleinier *Velocity* en 1876. Elle était censée mesurer vingt-cinq kilomètres de long sur cinq de large. La carte du monde éditée par Michelin la représente, bien visible, sorte d'avant-poste à l'est de la Nouvelle Calédonie. Mais l'équipe de scientifiques australiens qui a cherché à la localiser en novembre 2012 ne l'a pas retrouvée – « the ocean floor actually didn't ever get shallower than 1 300 meters below the wave base » – à l'emplacement qui aurait dû être le sien. L'île a été aussitôt retirée des cartes, celles de Google et de la National Geographic Society, par exemple. Y a-t-il eu confusion à l'origine avec les îles Chesterfield situées un peu à l'ouest ? Les géographes embarrassés invoquent l'erreur humaine, étrangement reportée de carte en carte depuis deux siècles. D'autres pensent que le monde ne cesse d'évoluer et que suivre le rythme de ces changements est précisément le rôle des cartographes. D'autres essaient de comprendre comment l'île qui n'existe pas peut apparaître sur une prise de vue apparemment effectuée par un satellite, si la forme sombre non identifiée qui y figure est bien une île, si le cartographe n'a pas essayé de faire correspondre les données numériques récentes, sur lesquelles l'île était absente, avec les cartes anciennes des navigateurs en ajoutant le relief manquant, ce qui expliquerait l'étrangeté des contours[2]. En définitive, les représentations mentales n'ont pas changé autant que l'on aurait pu croire. Les hommes qui regardent une silhouette d'île se dessiner à fleur

1 J. K. Davis, The *Nimrod*'s homeward voyage in search of doubtful islands, *The Heart of the Antarctic*, Philadelphia, J. B. Lippincott Company, 1909.

2 Les imaginations se sont enflammées, certains y ont reconnu un porte-avion…

d'eau se posent toujours les mêmes questions – celles que se posent dès le XVIe siècle équipages et passagers lorsqu'ils scrutent la mer, et que toute ombre entrevue peut donner sa chance à l'île intérieure, exigeante, aux contours fondus, qui les habite avec tant de constance.

UNE ÎLE EN MER

Car tout peut évoquer une île pour le guetteur attentif qui l'espère. Un voyageur lettré est, en outre, l'héritier des auteurs anciens pour qui la mer grouille de mystères, et il est resté, à leur image, toujours assez peu assujetti à la raison analytique, mais intérieurement partagé entre crainte et émerveillement, et facilement subjugué par l'étrangeté du monde. Toute forme suffisamment vaste, dense, sombre, élevée au-dessus de la surface de l'eau, peut faire naître l'idée d'île, y compris dans le cas où la forme aperçue se déplace. Aussi les récits les plus anciens associent-ils très tôt la silhouette de la baleine et celle de l'île – au point que les marins abusés tentent d'y débarquer avant de prendre conscience de leur erreur. En 851, l'auteur arabe anonyme qui retrace l'itinéraire des navires partant d'Irak pour rejoindre la Chine évoque cette confusion toujours possible : « Dans cette mer [l'océan Indien] on trouve parfois un poisson sur le dos duquel apparaissent et croissent de l'herbe et des coquillages. Quelquefois, les navigateurs jettent leur ancre sur lui, croyant avoir affaire à une île ; mais lorsqu'ils comprennent leur bévue, ils appareillent au plus vite. Parfois, ce poisson déploie une de ses deux nageoires dorsales qui ressemble à une voile. Parfois, il sort la tête de l'eau ; on s'aperçoit alors qu'elle est énorme. Quelquefois, il crache de l'eau par la bouche et forme un jet aussi haut qu'un grand minaret[1]. » Le baléinoptère entrevu possède donc un bon nombre des qualités propres à l'île : un début de végétation, les manifestations d'une vie marine côtière, de l'eau vive, et il peut même évoquer à l'occasion un bateau

1 Anonyme, *Itinéraire des navires d'Irak jusqu'en Chine*, in *Voyageurs arabes, IBN FADLÂ, IBN JUBAYR, IBN BATTÛTA, et un auteur anonyme*, textes traduits, présentés et annotés par Paule Charles-Dominique, Paris, NRF Gallimard, coll. La Pléiade, 1995, 1409 p., p. 3. – Le « poisson » en question est un rorqual, il est doté d'une nageoire dorsale et de nageoires pectorales.

à la voile, qui est, comme nous l'avons vu, une comparaison fréquente sous la plume des navigateurs lorsqu'ils veulent donner à voir l'île au loin. Cette confusion toujours possible île/baleine se trouve également dans l'adaptation du *Voyage de Saint Brendan* par Benedeit au XIIe siècle. Les moines de Saint Brendan, descendus du bateau, ont cru préparer leur repas sur la terre ferme. Mais juste au moment où les convives allaient s'asseoir : « [...] tout le monde de s'écrier très fort : "Ah ! abbé, maître, attends-nous !" Car toute la terre s'était mise en mouvement et s'éloignait rapidement du bateau[1] » sur lequel Saint Brendan, avec cette prescience des événements qui le distingue de ses compagnons, était seul demeuré. Ces îles animées, qui ont pour archétypes la baleine du prophète Jonas, le Béhémoth, le Léviathan, tous les monstres marins primordiaux du chaos originel, appartiennent à une tradition religieuse et culturelle qui assure leur pérennité en dépit de tous les démentis apportés par l'expérience et la raison. Le thème fantastique d'une île qui se met en mouvement sous les pieds des hommes venus y séjourner interpelle et fascine[2]. En 1555, l'évèque suédois Olaus Magnus admet toujours l'existence de gigantesques créatures marines que les équipages confondent avec des îles, sur lesquelles ils débarquent, allument des feux – les îles-leurres s'enfoncent alors, engloutissant hommes et navires. Olaus Magnus donne une description de ces monstres dont le caractère hautement ambigu, à la fois animal et végétal, est manifeste : « Leur tête, toute couverte d'épines, est entourée de longues cornes pointues pareilles aux racines d'un arbre déraciné[3]. » Même si la croyance au merveilleux s'estompe avec le temps, les voyageurs restent longtemps perméables à l'idée d'une proximité entre l'île et la baleine et le topos peut resurgir adouci, sous des plumes connues dont le témoignage a paru digne de foi : « [...] nous aperçûmes, écrit François de L'Estra en 1671, une baleine d'une grosseur prodigieuse qui dormait aux rayons du soleil, ayant une partie du dos hors de l'eau si couvert de coquillages

---

1 Benedeit, *Le Voyage de Saint Brendan*, édition bilingue, texte, traduction, présentation et notes par Ian SHORT et Brian MERRILEES, Paris, Honoré Champion, coll. Champion Classique, 2006, 207 p., p. 77.

2 Bernard Guidot, « Le Voyage de Saint Brendan par Benedeit : une aventure spirituelle ? » in Jean-Michel Racault, dir., *L'aventure maritime*, Paris, L'Harmattan [cahiers du CRLH n° 12], 2001, 320 p., p. 175.

3 Cité par Jean Delumeau, *La peur en Occident, XIVe-XVIIe siècles, une cité assiégée*, Paris, Fayard, 1978, 486 p., p. 60.

de moules et d'huîtres que les pilotes crurent d'abord avec étonnement que c'était une pointe de rocher[1]. » D'Après de Mannevillette signale en 1775, à quarante lieues à l'ouest du cap Comorin, un curieux rocher de deux encablures de tour sur lequel la mer brise beaucoup : « On sonda à un demi-mille de ce danger, sans trouver le fond à 100 brasses : cet écueil [...] parut une roche noirâtre peu élévée, et on n'y remarqua aucuns sables autour[2]. » C'est dire que le doute reste permis sur la nature exacte de cette petite éminence apparemment non enracinée au fond de l'eau, à la fois immobile comme le minéral, émergeant solitaire comme un animal improbable, en rompant la houle – aucune conclusion claire n'est formulée et les hypothèses restent ouvertes.

C'est l'idée même d'île qui erre en réalité. Si l'île dérive, c'est en fait que la notion qu'elle recouvre n'est pas fixe non plus, et n'a pas de limites reconnues. Elle alimente par conséquent des représentations foisonnantes qui laissent toute latitude à des manifestations très variables. En août 1346, Ibn Battûta quitte la Chine pour l'Inde sur une jonque. Il connaît d'abord dix jours d'une traversée sans histoire. Puis le temps se gâte, la jonque entre dans une mer inconnue et navigue pendant quarante-deux jours sans pouvoir se repérer, ne sachant plus où elle se trouve. « Le quarante-troisième jour, nous vîmes, après l'aurore, une montagne, en mer, à vingt milles de nous. Le vent nous drossait vers elle[3]. » Le vent se calme, la montagne se soulève « au point de laisser passer le jour entre elle et la mer[4] » ce qui permet de l'identifier : c'est l'oiseau Roch, un oiseau fabuleux dont Marco Polo parlait déjà comme d'un aigle démesurément grand. Un vent résolument favorable cette fois éloigne enfin la jonque de cette île-rapace dont l'approche aurait été mortelle. En 1356, Jean de Mandeville livre un curieux témoignage sur une île-cimetière en mer d'Inde : « Moi-même j'ai vu en mer au loin une sorte de grande île où il y avait des arbrisseaux, des épines, des ronces en grande quantité et les marins nous dirent que c'étaient tous les navires qui avaient été arrêtés par les rochers d'aimant et, de la pourriture qui était dans les navires, ces arbrisseaux, ces épines, ces ronces et quantité

1 François de L'Estra, *Le voyage de François de L'Estra aux Indes Orientales*, (1671-1676), introduction, traduction et notes de Dirk van der Cruysse, Paris, Chandeigne, coll. Magellane, 2007, 351 p. (glossaire, notes, bibliographie et table), p. 68.

2 Jean-Baptiste-Nicolas-Denis d'Après de Mannevillette, *op. cit.*, p. 216.

3 Ibn Battûta, « Voyages et périples » in *Voyageurs arabes*, *op. cit.*, p. 993-994.

4 *Id.*, p. 994.

d'herbes avaient poussé[1]. » L'île atteste en somme qu'une succession de voyages se sont interrompus au même endroit, elle est constituée par l'entassement des carcasses de bateaux piégés, immobilisés par les roches aimantées des fonds, et peu à peu rongés et recouverts par la végétation folle qui les a envahis. En octobre 1519, alors que la flotte de Magellan navigue en Atlantique entre les Canaries et le Brésil, Pigafetta rapporte avoir vu tant de poissons-volants « qu'il semblait que ce fût une île en mer[2] », et le grouillement vivant de cette île aérienne respecte à la fois l'exactitude de la scène et son aspect fabuleux. Le pullulement d'un banc de poissons peut du reste semer réellement le doute. L'équipage du *Mamoody*, qui naviguait dans les eaux des Lacquedives en mai 1750, avait cru apercevoir des brisants à une demi-lieue de distance. Mais « l'officier qu'on avoit envoyé dans le canot, pour voir les brisans de plus près, rapporta qu'il croyoit que c'étoit du poisson qui faisoit l'effet de ce qu'on prenoit pour des brisans, [...][3] ». En 1540, une semaine après avoir quitté Malacca dont il s'estime à quatre-vingt-dix lieues, Fernão Mendes Pinto croise en pleine nuit une terrible île errante : « [...] au beau milieu du troisième quart nous entendîmes par deux fois un grand cri en mer. [...] Manœuvrant les voiles, nous nous dirigeâmes vers l'endroit où nous avions perçu la clameur, épiant vers le bas pour tenter d'apercevoir ce dont il s'agissait. Plongés dans cette confusion pendant environ une heure, nous découvrîmes au loin une chose noire et rase, sans aucune silhouette humaine. Et ne sachant déterminer ce que ce pouvait être, nous tînmes de nouveau conseil sur ce que nous ferions. [...] Il me fut entre autres demandé de ne pas chercher à connaître ce qui ne me regardait pas [...][4]. » L'île-radeau à la dérive porte en fait vingt-trois naufragés agonisants, qui depuis quatorze jours n'ont mangé que le cadavre d'un cafre. Selon une tradition maorie, lorsque Cook découvrit la Nouvelle-Zélande en octobre 1769, les indigènes prirent l'*Endeavour* qu'il commandait pour une île flottante, et ils tentèrent de s'en emparer par les armes... L'île étrange, dont la présence interroge et inquiète, est restée d'actualité. Un article récent du journal *le Monde* rapporte

1 Jean de Mandeville, *Voyage autour de la Terre*, Paris, Les Belles Lettres, coll. La roue à livres, 2004, p. 203-204.

2 Antonio Pigafetta, in *Le Voyage de Magellan*, *op. cit.*, t. 1, p. 89.

3 Jean-Baptiste-Nicolas-Denis d'Après de Mannevillette, *op. cit.*, p. 248.

4 Fernão Mendes Pinto, *Pérégrination*, récit traduit du portugais et présenté par Robert Viale, Paris, La Différence, coll. Minos, 2002, 987 p., p. 135-136.

qu'une expédition doit partir à la fin de mai 2013 pour tenter de faire le clair sur une immense île errante formée de déchets plastiques, dont l'existence est connue depuis 1997. À l'écart des routes maritimes, elle flotte sur l'océan Pacifique, d'une superficie égale à l'Inde, et l'on sait peu de choses à l'heure actuelle sur la concentration et la nature des déchets qui la constituent. Sans doute a-t-elle suscité un intérêt assez mince jusqu'à présent parce qu'elle incarne un peu trop ce qui nous gêne – à tous les sens de ce terme – dans nos sociétés. Comme île a priori maléfique, il est préférable de la savoir dérivant au loin, et l'explorateur Patrick Deixonne qui doit l'étudier est le nouveau sorcier qui pourra peut-être l'empêcher de nuire.

En ce sens, les représentations que les récits de voyage proposent de l'île errante apparaissent souvent très humaines. Elles révèlent à demi-mot, et pourtant sans complaisance, des peurs silencieuses, des attentes tenues secrètes, toutes les tentations et les illusions qui animent les voyageurs : ils sont les premiers à créditer un nuage d'une identité précaire, et parfois savent reconnaître d'avance sur une île-mirage tous les biens qu'ils en espèrent lorsqu'ils sont en situation de détresse.

UN HORIZON D'ATTENTE

L'île-mirage est à proprement parler celle qui n'existe pas, et dont les voyageurs ne cessent de parler cependant, dans des situations de tension extrême où l'apparition de l'île est si nécessaire qu'elle semble répondre spontanément à ce qui est exigé d'elle. Le besoin que le voyageur en éprouve oblige l'île à émerger du néant, parce qu'à défaut d'être devant ses yeux, elle est tellement dans sa pensée, et investie d'exigences si fortes, qu'il la fait exister en dépit de tout pendant quelques instants. L'on peut alors se demander si ce n'est pas la violence du désir, et le discours débridé qui en découle, qui finissent par la constituer en objet à part entière, par donner une réalité et un corps à ce qui restera une illusion, voire une hallucination collective.

Au premier stade, c'est l'absence de contours précis qui autorise, et finit par suggérer, le contour flou interprété comme indice. Arrivant dans les eaux des Bahamas à l'automne 1492, les équipages de Colomb sont victimes d'une suite de visions qui semblent matérialiser l'excès de leur impatience et concrétiser leur exigence intérieure. Le 25 septembre après le coucher du soleil, la luminosité déclinante ayant peut-être favorisé la méprise, Martin Alonso, capitaine de la *Pinta*, « appela l'amiral, réclamant une récompense pour une bonne nouvelle qu'il allait lui donner, car il venait d'apercevoir la terre[1]. » L'illusion devient aussitôt collective, et les hommes de la *Nina* montés aux mâts la confirment : « Ils affirmèrent tous que c'était bien la terre. L'amiral le crut aussi, et il calcula qu'elle devait se trouver à une distance de 25 lieues. Ils restèrent tous jusqu'à la nuit dans la conviction que c'était bien la terre[2]. » Mais une fois effectuées les vingt-cinq lieues, et bien davantage en direction du sud-ouest où la terre était apparue, ils se rendent compte « que ce qu'ils avaient pris pour de la terre n'était pas une île, mais seulement l'horizon[3]. » Une erreur identique se renouvelle le 7 octobre suivant, les hommes de la *Nina* tirant au lever du soleil un coup de bombarde pour indiquer une terre que l'on n'a toujours pas atteinte en fin d'après-midi et que l'on n'atteindra pas non plus le lendemain. L'on peut du reste se demander quel rôle de stimulateur a joué dans cette vision réitérée la récompense promise par les Rois Catholiques à celui qui verrait la terre le premier.

Si la ligne d'horizon peut être prise pour le rivage de l'île, c'est qu'elle constitue précisément un *horizon d'attente*, et que la ligne de partage, si floue, entre mer et ciel, permet d'y inscrire l'île absente avec une certaine vraisemblance. De même, un ciel nuageux prête à confusion, et le quiproquo peut s'être renouvelé tant de fois au cours d'un voyage que l'annonce de la terre enfin visible laisse les hommes indifférents. En mai 1558, Jean de Léry rentre du Brésil en France et la basse Bretagne est en vue : « Toutesfois parce que nous avions esté tant de fois abusez par le pilote, lequel au lieu de terre nous avoit souvent monstré des nuées qui s'en estoyent allées en l'air, quoy que le matelot qui estoit à la grande hune criast par deux ou trois fois, Terre, terre, encore pensions-nous que ce fust moquerie[4]. » Le nuage, dont la forme coïncide sans effort avec une silhouette d'île, fixe aisément le regard et la quête du voyageur. À

1 Christophe Colomb, *Œuvres*, *op. cit.*, p. 36-37.
2 *Id.*, p. 37.
3 *Ibid.*
4 Jean de Léry, *op. cit.*, p. 537.

la fois bien réel tout en restant une vapeur particulièrement volatile, il est comme le simulacre moqueur de l'île qui existe quelque part, mais se fait tellement désirer que le voyageur a toutes les chances de ne jamais la reconnaître. Le 11 octobre 1639, une nuée s'est constituée en double convaincant de Sainte-Hélène, île dont Mandelslo n'a finalement pas eu connaissance : « Au matin, nous vîmes pendant plusieurs heures un nuage que nous prîmes pour l'île. Le soir nous changeâmes de cap [...][1] », abandonnant une recherche dont le nuage en forme de leurre semble avoir souligné la vanité. En 1653, La Boullaye-Le Gouz qui navigue sur les côtes d'Irlande s'aperçoit que l'illusion dont il est victime se renouvelle dans un contexte atmosphérique particulier : « Le soir certaines vappeurs qui s'eslevoient de la mer, me faisoient croire que c'estoit de la terre, laquelle je voyois à 1, 2 et 3 milles, et m'imaginois distinguer les arbres en grand nombre, et mesme des bœufs [...][2] ». La Boullaye se tourne vers le pilote, qui le désabuse et lui fournit toutes les explications alors en usage : « Vous n'estes pas le premier qui a erre dans la speculation de ces choses, les plus experts dans la navigation s'y trompent souvent, ce qui nous semble terre n'est qu'une vapeur grossiere qui ne peut estre eslevée davantage à cause de la saison et de l'esloignement du soleil, ces arbres et ces animaux apparens font partie de cette vapeur, laquelle s'amasse plus en un lieu qu'en l'autre, [...][3] », et La Boullaye remercie vivement le pilote qui lui a consenti ce cours de physique appliquée et « donné la raison de cette terre imaginaire[4]. » Souchu de Rennefort en route pour Madagascar en mars 1665 et arrivant en vue des Canaries relève pour sa part l'ambiguïté d'une situation où l'illusion de l'île peut apparaître au moins aussi réconfortante que l'île réelle : « Le 21 [mars 1665] à midy l'isle de Palme se découvrit à Jacques le Quesne pilote qui nous la fit enfin remarquer, après avoir tiré des conjectures sur vingt pointes de nuages qui nous parurent pendant une heure, autant terre que ce qu'il nous montra[5] », ce qui laisse penser que

1 Johann Albrecht von Mandelslo, *op. cit.*, p. 188. – Les passagers de la *Mary* scrutent l'horizon depuis une semaine à la recherche de Sainte-Hélène.

2 François de La Boullaye-Le Gouz, *Les voyages et observations du Sieur de La Boullaye-Le Gouz, Gentil-homme Angevin [...]*, à Paris, chez Gervais Clousier au Palais, sur les gradins de la Sainte Chapelle, 1653, 571 p., p. 434.

3 *Id.*, p. 434-435.

4 *Id.*, p. 435.

5 Urbain Souchu de Rennefort, *op. cit.*, p. 7-8.

l'île intérieure et le nuage mobile se rejoignent en fait dans une même évanescence, et coïncident d'abord dans la même tentation d'une aventure rêveuse… Parfois, aucune certitude ne se dégage, l'île erre entre vision et réalité avant de s'estomper et de se perdre à nouveau. On ne saura jamais des deux hypothèses laquelle aurait dû prévaloir : « Ce soir les matelots de l'avant ont crié : "Terre !" Nos pilotes sont tombés des nues, raconte Choisy qui rentre du Siam en avril 1686. Nous avons fait le nord-ouest depuis le Cap ; il est impossible que ce soit la grande terre d'Afrique. Quelle apparence que ce soit quelqu'île inconnue sur une route où il passe tous les ans tant de navires ? La nuit est venue et la terre, qui pouvait bien être un nuage, a disparu[1]. » Le flou des contours l'emporte alors, et si nuage il y avait, ce qui n'est pas prouvé d'ailleurs, l'expression « nos pilotes sont tombés des nues » y gagne une saveur inattendue tant elle vient à propos.

La plupart du temps, ce sont les privations physiques excessives, devenues de véritables souffrances, et donc l'irrépressible désir de débarquer qui suscitent la vision, et l'illusion devient le moyen d'anticiper une présence qui tarde trop. « Notre dessein étoit de relâcher aux isles des Larrons, témoigne Le Gentil de la Barbinais en mai 1716. Jamais terre ne fût plus desirée. Les vivres commençoient à nous manquer, et nous étions reduits aux viandes salées, c'est-à-dire qu'on multiplioit les occasions d'avoir soif, à mesure qu'on retranchoit les moyens de l'étancher. Les moindres nuages qui s'élevoient à l'horizon formoient une image trompeuse de la terre : nous croyions voir des montagnes, qui donnoient lieu à des gageures continuelles, mais le soleil qui dissipoit cette terre mouvante, nous privoit bien-tôt d'une illusion si douce[2]. » L'illusion d'optique pure et simple, liée à une mauvaise interprétation de ce qui est aperçu depuis le pont du vaisseau, peut aussi causer des méprises et des déceptions. Bougainville et son équipage en sont victimes aux îles Malouines en février 1764 : « La même illusion qui avait fait croire à Hawkins, à Wood Roger et aux autres, que ces îles étaient couvertes de bois, agit aussi sur mes compagnons de voyage. Nous vîmes avec surprise en débarquant que ce que nous avions pris pour du bois en cinglant le long de la côte n'était autre chose que des touffes de jonc fort élevées et fort rapprochées les unes des autres. Leur pied, en se desséchant, reçoit

1 François-Timoléon de Choisy, *op. cit.*, p. 347.
2 Guy Le Gentil de la Barbinais, *op. cit.*, t. 1, p. 140-141.

la couleur d'herbe morte jusqu'à une toise environ de hauteur ; et de là sort une touffe de joncs d'un beau vert qui couronne ce pied ; de sorte que dans l'éloignement, les tiges réunies présentent l'aspect d'un bois de médiocre hauteur[1]. » Mais le plus souvent, c'est lorsque les conditions de navigation se dégradent trop que l'île se constitue en mirage nécessaire, la vision comblant temporairement le déficit creusé par l'attente déçue et la demande insatisfaite, de nourriture et d'eau en particulier.

Les situations de naufrage sont par conséquent celles où l'illusion commune se mue le plus facilement en hallucination avérée. Le contour vague de l'île que le nuage avait simplement esquissé ou que les joncs secs avaient dénaturé se précise, la scène s'anime, et le décor comporte à présent les objets dont les naufragés ont un besoin impérieux. Une fois la nef *Santiago* fracassée sur les bancs de la Juive dans la nuit du 19 août 1585, les survivants tentent de fabriquer deux ou trois radeaux avec l'intention de gagner une île qu'ils aperçoivent et qui va leur permettre de mettre leurs projets à exécution : « De là où nous étions, écrit le Père jésuite Pedro Martins, [...] nous eûmes nous aussi l'illusion, trompés par l'apparence de quelques rochers, qu'à 3 lieues de là, se situait une zone découverte, avec de l'eau et des arbres. Nous pensâmes qu'une fois arrivés là-bas, nous pourrions nous désaltérer, reprendre des forces et construire une grande embarcation pour rejoindre Moçambique[2]. » Mais la terre salvatrice, qui aurait donné l'eau et le bois nécessaires pour échapper à la mort, n'existe pas : « [...] il n'y a qu'un long récif à fleur d'eau, [...] ; ce qui [...] semble de loin des arbres n'est qu'une entresuite de rochers qui nous a abusés ; et le sable que nous avions vu n'est en réalité que du corail blanc dont tout ce banc est construit [...][3] ». La vision se défait au moment où les naufragés abordent le récif, il leur suffit de reprendre pied dans le réel pour qu'elle se désagrège. L'hallucination dont sont victimes les rescapés du *Terschelling* qui a naufragé dans le golfe du Bengale en 1661 est encore plus complète – elle prétend rendre des hommes (choqués par les événements qu'ils viennent de vivre, et qui ont bu plus que de raison pour annihiler la peur) à leur pays natal, à leurs compagnons perdus. En effet, après avoir abandonné le navire condamné, trente-deux survivants tentent de gagner la terre

1 Louis-Antoine de Bougainville, *op. cit.*, p. 80-81.
2 « La lettre de Pedro Martins », in *Le naufrage du Santiago*, *op. cit.*, p. 158-159.
3 *Id.*, p. 161.

sur un radeau. Au premier abord, l'île basse vers laquelle ils se dirigent leur offre le même spectacle et leur promet les mêmes bienfaits que la verte Hollande dont ils sont originaires : « Nous approchâmes la terre de si près que nous crûmes y voir des vaches qui paissaient, témoigne le narrateur. Je ne puis exprimer la joie que nous donna cette vision, car c'en était une, et des plus grossières, de prendre un banc de sable où la mer brisait avec violence pour une prairie avec du bétail. Cette triste méprise nous fit retomber dans le chagrin [...][1]. » Remportés au large par la marée, ils tombent dans une hallucination encore plus grave lorsqu'ils parviennent à approcher le rivage une seconde fois, puisqu'ils distinguent désormais des barques sur la plage et des pêcheurs qui étendent leurs filets ; ils reconnaissent même des Hollandais et les prennent pour leurs compagnons, qui auraient touché l'île avant eux : un certain nombre de naufragés avaient en effet quitté très tôt le vaisseau échoué en embarquant sur un premier radeau, afin d'aller avertir les indigènes que d'autres voyageurs attendaient du secours sur l'épave. La vision est si précise, si convaincante, que les nouveaux arrivants – ou qui se croient tels – peuvent donner le détail des costumes portés par les hommes qu'ils aperçoivent à terre : « Nous les vîmes si bien que nous pûmes distinguer leurs habits sans la lunette de longue-vue : les uns portaient des chapeaux, d'autres des bonnets. Certains étaient vêtus de linges de coton ou de toile, et d'autres étaient nus de la tête à la ceinture. [...] chacun crut que tout cela était bien vrai[2]. » Effet de l'eau de vie absorbée et/ou plus encore de l'intense demande qui les habite, les trente-deux passagers du radeau, qui en temps habituel sont si rarement d'accord, s'accordent tous à ce moment-là pour confirmer les détails de leur vision. Et comme ils ont fait fond sur les constructions de leur imagination, l'atterrage est suivi d'une période de désespérance indécise pendant laquelle ils cherchent encore avec obstination les preuves de ce qui n'existe pas. Il faut ensuite faire le deuil de l'île généreuse qu'ils ont rêvée, des secours matériels qu'elle est bien incapable de leur offrir, des consolations amicales que les fantômes évanouis ne leur apporteront pas : « Il n'y en avait nulle trace et tout semblait avoir disparu, comme si

1 Frans Janssen van der Heiden, *Le naufrage du Terschelling sur les côtes du Bengale (1661)*, le récit de Frans Janssen van der Heiden, traduit et annoté par Henja Vlaardingerbroek et Xavier de Castro, Paris, Chandeigne, coll. Magellane, 1999, 219 p., p. 58-59.

2 *Id.*, p. 60.

nos yeux avaient été trompés par quelque vision[1]. » La belle île absente fait alors paraître infinie la solitude de l'île déserte, et le découragement conduit certains des naufragés à des crises de démence. Chaque demande forte que l'hallucination collective permettait de satisfaire donne lieu de surcroît à un tragique et ironique retournement de situation. Les vaches qui paissaient dans la prairie imaginaire font place au cadavre putréfié d'un buffle bien réel, qui cuit sur la plage au soleil, et que les naufragés mangeront plus tard « jusqu'au cuir[2] », et aux compatriotes Hollandais compatissants qui devaient les réconforter se substituent huit esclaves en fuite, plus misérables et affolés que les rescapés ne le sont eux-mêmes[3]. L'île-mirage non seulement n'est pas secourable, mais elle renvoie les visiteurs à leur propre incapacité, à leurs dissensions égoïstes, à leur absence d'autonomie et d'initiative – que peuvent-ils pour eux-mêmes, ces hommes qui se représentaient l'île comme une Providence et misaient tout sur elle ?

Ainsi l'île focalise-t-elle les attentes les plus prégnantes des voyageurs. Elle est une terre d'espoir toujours possible, et la figure idéalisée de l'île fait échec à l'immensité océane au cours des traversées. Elle constitue un point d'ancrage géographique et psychologique, dans un univers maritime qui n'en comporte guère. Ce qui explique peut-être que les hommes confondent si facilement l'île et son apparence, identifient comme île une forme temporaire et vaporeuse, ou créditent une île-mirage de richesses fictives.

L'exiguïté du territoire insulaire nourrit d'autre part l'impression que l'on peut en acquérir une maîtrise rapide. Du rêve au projet et du projet à la réalisation, l'île n'exige aucune marge de temps, elle apparaît comme l'espace de la réalisation et de la vie immédiates. Après des mois de navigation, elle concrétise par ailleurs l'idée de distance prise avec le pays d'origine, et la rupture avec les codes occidentaux. L'île est *l'isolée*, elle n'entretient pas de lien avec les sociétés qu'on a laissées derrière soi, et elle autorise du coup la jouissance d'une liberté inenvisageable en Europe.

L'île errante mythique est vécue alors comme une terre d'accueil, comme un havre offert pour résister aux diverses oppressions qui ont

---

1 *Id.*, p. 64.
2 *Id.*, p. 66.
3 *Ibid.*

parfois justifié l'embarquement des hommes vers le « par-delà ». Elle répond également au désir secret de goûter une parenthèse de vie qui échappera à tout contrôle – cette île-là navigue dans toutes les mers du globe. Comme espace ouvert à toutes les régressions, elle ménage sur les lisières du monde une clôture secrète où les individus pourront de nouveau connaître les bonheurs d'une époque primitive révolue. Aussi un certain nombre d'îles fugitives réapparaissent-elles pendant plusieurs siècles dans les récits des voyageurs. Elles abritent des sociétés cachées, constituées d'hommes heureux, en rupture avec leur histoire et les interdits de leur civilisation. Les modes sur lesquels ces îles sont supposées fonctionner n'auraient eu ni légalité ni avenir dans le monde occidental.

TROISIÈME PARTIE

QUELQUES MOBILES TRÈS HUMAINS

L'errance des îles est d'abord culturelle, héritée des Anciens et entérinée par le contexte des Découvertes qui contraignit à explorer le monde à tâtons dans un premier temps, et donc à multiplier les erreurs et les confusions. Par ailleurs, les connaissances scientifiques insuffisantes ont creusé des approximations déjà immenses, et conduit à gérer les incertitudes de la navigation en s'appropriant de manière empirique un monde dont les contours demeuraient flous. Dans ce contexte, force est de constater que les voyageurs d'îles se sont accommodés avec une certaine aisance d'îles résolument voyageuses.

Mais la mobilité des îles est également la conséquence inévitable des rêves que bercent nombre de découvreurs, le résultat de leurs demandes insistantes, toujours identiques, et toujours renouvelées. La Non Trubada est le seul territoire capable d'entretenir la foi en un lieu authentique, salvateur, parce que maintenu à l'écart des corruptions de tous ordres. Un lieu dont la position est mal connue, mais qui saura réenchanter la vie, lui rendre son sens, parce qu'il a conservé intactes les valeurs perdues d'un monde originel. L'île-refuge relève de cette représentation. Petite, lointaine, coupée du continent qui a failli, elle fait perdurer une civilisation que les circonstances, les guerres, la main-mise d'un pays sur le pays voisin ont compromise. *L'île des Sept Cités* en propose un exemple étonnant, auquel la découverte de l'Amérique a donné une résonance singulière que certaines relations, comme celle d'Eustache Delafosse, ont su exploiter. « Ex insulis, dit Saint Augustin, sapientia Dei maxime elucet. » L'île errante devient alors le territoire qui résiste, elle abrite un monde en réduction, qu'aucune influence extérieure n'est venue pervertir, elle est la cellule-souche qui permettra un jour la restauration du corps détruit.

L'île-refuge peut offrir aussi une occasion d'échapper aux contraintes d'une communauté castratrice, la clôture insulaire autorisant et dissimulant la transgression des codes sociaux et religieux. Ainsi, dans *l'île des Femmes*, le pouvoir, l'autorité, la demande érotique ont changé de camp ou sont partagés à égalité avec les hommes. L'ordre qui y règne est essentiellement féminin, et les interdits sont levés. Cette île des Femmes est toujours perdue en mer. Maintenue à distance, elle constitue une petite terre marginalisée, entourée d'eau et de silence, puisque son existence menace les fondements mêmes des sociétés policées.

Parfois, des équipages ont le sentiment de l'avoir découverte : le temps d'une escale, l'île et le rêve semblent se confondre pour de bon. Les grands principes moraux qui interdisent l'amour libre en Occident se trouvent un instant abolis. Sous la plume de Bougainville par exemple, *Otahiti* est devenu le paradis de la volupté, et le temps habituellement si long en mer passe maintenant trop vite. Otahiti libère les hommes de la loi ordinaire, elle symbolise à la fois la rupture avec le monde occidental et le bonheur trouvé dans une société nouvelle, qui évoquerait l'Âge d'Or et qui laisserait les êtres vivre en paix avec eux-mêmes.

Ces îles mythiques ont beaucoup erré, dans les mers comme dans les représentations qui en étaient proposées.

Si le désir de vivre libre a suscité le rêve d'une île lointaine et accueillante, le désir de s'enrichir est une demande encore bien plus commune, demande presque toujours liée elle aussi à l'idée d'une île tropicale encore à découvrir. La quête des richesses est l'une des premières sources d'errance : errance des hommes partis à leur recherche, errance des îles qui les recèlent et qui croisent toujours un peu au-delà des régions déjà atteintes. Du reste, ce qui est pensé comme « richesse » peut varier : *des diamants et des plumes rouges* constituent également des biens rares et chers, selon que l'on est Européen ou Polynésien. Et l'aventurier séduit s'embarque à destination d'une terre hypothétique, dont il ne sait pas s'il reviendra, et dont il a pourtant en tête une image précise.

Bien entendu, l'or reste le métal le plus convoité. On le trouvera de préférence dans les îles de la zone torride, où il « croît » à la manière de plantes vivaces, puisque la présence *des mines est une question d'ensoleillement.* Selon les données de la physique médiévale en effet, ce sont les rayons solaires qui engendrent les métaux précieux, le soleil ayant la vertu, par alchimie naturelle, de transformer en or les terres minérales. Parmi les îles innombrables de l'Inde et de l'Insulinde où la chaleur est si souvent excessive, certaines doivent donc, obligatoirement, receler de véritables trésors, il reste juste à les localiser.

La tentation de la surenchère, le rêve d'amasser une fortune immense, tout contribue à valider les illusions, à justifier des thèses hasardeuses. Aussi le discours des découvreurs évolue-t-il en même temps que la quête entreprise : il est question d'abord d'une île qui produit des paillettes ou des grains d'or, puis d'une île qui abonde en pépites, enfin d'une île dont le sol contient plus d'or que de terre. La recherche de ces *Îles de l'Or*, souvent confondues avec l'Ophir du roi Salomon, a justifié l'envoi de nombreuses expéditions au XVIe siècle, et habitait toujours l'arrière-pensée de certains navigateurs au XVIIe, tant leur long passé imaginaire avait inscrit leur existence dans les mentalités.

Remonter jusqu'à la source de l'or a hanté la pensée de Christophe Colomb en 1492. Parvenu aux Bahamas, il quitte San Salvador pour Sainte Marie de la Conception, Sainte Marie pour la Fernandina, la Fernandina pour Samoet, Samoet pour Cuba, Cuba pour l'île de la Tortue, l'île de la Tortue pour Haïti toute proche, et aucune de ces îles ensoleillées, à la végétation luxuriante, dont la beauté l'a frappé et ému pourtant, ne parvient à le retenir, puisque lui cherche ses îles de l'or à lui, *Babeque et Cipangu*, deux terres qui n'en finissent pas de fuir au vent en direction du sud – Cipangu que l'Amiral se représente telle que Marco Polo l'a dépeinte, Babeque telle que les Indiens la décrivent, sans réussir à atteindre ni l'une ni l'autre. L'une et l'autre désenchantent toutefois les îles réelles à peine découvertes, et la croyance toujours réaffirmée en leur existence possible leur confère une présence fantomatique et obsédante dans un récit où elles tiennent continuellement le premier rôle sans parvenir à émerger nulle part.

Et nombreux sont les voyageurs qui, à force de recréditer une hypothèse jamais vérifiée, finissent par en devenir les dupes. L'or de Madagascar par exemple a « crû » dans les relations pendant des siècles (et donné naissance à des projets d'exploitation) à défaut de « croître » dans les improbables filons aurifères des provinces malgaches. La Grande Île possède quelques gisements d'or en fait, mais qui auraient été trop peu productifs pour les exigences affichées ! La question a malgré tout agité les esprits pendant deux siècles : chacun était convaincu de l'existence de l'or puisque les Grands en portaient, mais personne n'en connaissait la provenance. Et les récits curieusement ont fini par dessiner deux îles complémentaires qui se superposent : la première, riche d'un or inépuisable en paroles, éclipse en partie la deuxième, la véritable, *Madagascar sans or*...

... et *sans argent*, puisque la situation se renouvelle jusqu'à l'absurde en ce qui concerne l'argent, venu essentiellement d'Europe, mais les

Malgaches l'ont thésaurisé en quantité telle que leurs visiteurs étaient convaincus qu'il ne pouvait provenir que de mines locales. Aucun gisement n'étant connu sur la Grande Île, une île-sœur imaginaire, plus petite, nommée Oetabacam, a assuré la promotion des mines inexistantes. On la situait le plus souvent au large de Fort-Dauphin, où faisaient escale – et naufrageaient parfois sur les écueils – les navires venant d'Europe. Oetebacam est en somme née des épaves successives, ce sont les fortunes de mer accumulées qui ont subrepticement induit l'idée de son existence, et ce sont leurs propres trésors perdus que les Européens se sont mis à envier.

Ces îles illusoires, qui étaient des îles de paroles et se payaient de mots, ont nourri bien des projets, et constitué le but affiché de nombreuses expéditions.

RÉENCHANTER LA VIE…

L'ÎLE DES SEPT CITÉS

L'île est l'unique point d'ancrage envisageable au milieu d'un univers maritime perçu comme insondable, polymorphe, inconnaissable. Par opposition à l'infini mouvant qui l'environne, elle seule est capable de proposer un espace concret où les hommes pourraient reprendre pied, elle seule peut réinstaurer un temps à leur mesure. C'est donc sur elle qu'ils projettent pendant tout le cours de la navigation les désirs et les attentes qui les habitent. Aussi l'une des premières vocations de l'île encore Non Trouvée – et qui ne le sera jamais la plupart du temps – reste-t-elle de préserver en plein océan le havre dont les hommes auraient besoin : « […] les îles représentent un lieu géométrique où l'on ne peut séparer le désir d'horizon lointain et l'idée enracinée d'origine. Les îles disent que le monde est régional[1]. » L'île-refuge, comme espace lointain où l'on pourra rentrer chez soi, tient une place privilégiée parmi les îles errantes imaginées, soit qu'une société cherche à y sauvegarder ses valeurs menacées, soit que des marins fatigués de solitude rêvent d'y respirer à l'aise le temps d'une escale, soit que des hommes contraints par les interdits du monde occidental demandent à y retrouver pour un temps la liberté des Origines.

Certaines de ces petites terres constituent en elles-mêmes une histoire en marge de l'Histoire. La légende les a érigées en îlots de résistance, susceptibles de protéger la micro-société qui s'y serait réfugiée afin d'y abriter sa religion et sa culture gravement compromises sur le continent.

---

1 Eric Fougère, « Espace solitaire et solidaire des îles : un aperçu de l'insularité romanesque au XVIIIe siècle », in Jean-Claude Marimoutou et Jean-Michel Racault, co-dir., *L'insularité, Thématique et représentations*, (Actes du colloque international de Saint-Denis de La Réunion, avril 1992), Paris, L'Harmattan, 1995, 475 p., p. 141.

« Ce “lieu de nulle part”, constate François Moureau, peut alors se développer en marge de l’histoire commune des peuples de la terre ; il peut même nier le temps et ses ravages, se dresser dans l’absolu de sa perfection comme un “anti-monde” protégé de l’histoire[1]. » *Antillia*, appelée également « *île des Sept Cités* », et parfois « les îles » quand elle est démultipliée en archipel, répond très précisément à une telle représentation. Elle devient pendant des siècles l’exemple de l’île-refuge, spirituellement et géologiquement détachée du continent. Lorsque la péninsule ibérique a été envahie par les Maures en 711, le dernier roi wisigoth Roderic fut massacré avec ses partisans par les guerriers arabes de Tarik-ibn-Zeiyad à la bataille du Guadalete : les Maures s’installaient pour huit siècles en Espagne. On peut raisonnablement supposer avec Babcock qu’une émigration a suivi ce brutal changement de civilisation : « [...] it was most natural, indeed nearly inevitable, that some Christian fugitives should continue their flight from the seaboard to accessible islands already known or rumored, or even desperately commit themselves in blindness to the remoter mysteries of the ocean[2]. » C’est bien sûr la seconde hypothèse, plus séduisante puisqu’elle laisse tout pouvoir à la Providence, que la légende a retenue. La tradition la plus répandue assure en effet que l’évêque de Porto et six autres évêques portugais, accompagnés de leurs fidèles, hommes et femmes, s’embarquèrent avec leurs bestiaux et leur fortune, pour fuir les envahisseurs maures. Ils s’abandonnent aux caprices de la mer, et abordent une île inconnue où ils fondent sept cités, une par évêque, pour pouvoir y vivre selon leur foi et leurs coutumes. Afin que personne ne songe plus à retourner en Espagne, les navires, les cordages et tous les objets propres à la navigation sont brûlés. La légende fait donc de l’île d’Antillia une sorte de cellule souche, préservée à l’écart du corps initial détruit, mais susceptible de permettre sa restauration si des conditions favorables se trouvaient un jour de nouveau réunies. « Comme conservé dans le liquide marin et l’isolement, un fragment de civilisation stagne là[3] », et l’île attend, peuplée de fantômes, d’être rattrapée par l’Histoire dont elle s’est affranchie.

1 François Moureau, *Le théâtre des voyages, une scénographie de l’Âge Classique*, Paris, P.U.P.S., coll. Imago Mundi, 2005, 584 p., p. 395.

2 William H. Babcock, *Legendary islands of the Atlantic, a study in Medieval Geography*, American Geographica Society Research Series N°8, New York, W.L.G. Editor, 1922, 196 p., p. 68.

3 Bernard Terramorsi, « L’île fantôme de Washington Irving : le “rêve américain” et l’insularité », in *L’Insularité, Thématique et Représentations*, *op. cit.*, p. 437.

Les récits du XVe siècle ont repris et enjolivé une légende qui apparaît d'autant plus précieuse et opportune que la *Reconquista* entre dans sa dernière phase : commencée à la fin du VIIIe siècle, elle s'accentue au XIe, lorsque les chrétiens, qui reçoivent des renforts réguliers, venus de France notamment, rétablissent progressivement leur domination sur la péninsule ibérique. Après la reconquête de Cordoue et de Séville au XIIIe siècle, seul demeure aux mains des musulmans le royaume de Grenade, devenu malgré tout vassal de la Castille à laquelle il paye un impôt. En 1480, le récit du Flamand Eustache Delafosse, qui vient de faire un voyage malheureux à la côte de Guinée pour se procurer de l'or et de la maniguette au meilleur prix, donne une version particulièrement éloquente de la légende, à laquelle la *Reconquista* en voie d'achèvement confère une aura très particulière. Venu trafiquer sur la côte africaine, Delafosse a été attaqué par les Portugais qui se sont arrogé le monopole du commerce dans la région ; il a perdu sa caravelle, totalement pillée, est fait prisonnier et ramené au Portugal sur le vaisseau de ses assaillants. C'est donc des marins portugais du bord qu'il tient les nombreux détails de la légende, et son récit montre à quel point l'histoire de l'île-refuge intègre et magnifie les événements politiques récents. Le schéma originel est adapté afin que l'île apparaisse toujours en accord avec les données de l'actualité, qu'elle les justifie, leur conférant un sens et une force supplémentaires. Les dernières péripéties de la *Reconquista* s'en trouvent en quelque sorte authentifiées, elles y gagnent une profondeur et un déterminisme inattendus.

Delafosse resitue d'abord brièvement les faits : « [...] cela se passa avant le temps de Charlemagne, roi de France, alors que toutes les Espagnes – Aragon, Grenade, Portugal, Galice qui toutes faisaient partie du royaume d'Espagne – étaient conquises par les Sarrazins[1]. » Il rappelle donc l'invasion qui aurait entraîné la migration d'origine. Si personne n'a eu connaissance de l'île des Sept Cités jusqu'à une date récente, lui explique l'équipage portugais, si elle est demeurée cachée à tous pendant sept siècles, c'est qu'elle se trouvait protégée par le charme qu'avait jeté sur elle l'évêque fugitif dès son débarquement : « L'évêque, qui était grand clerc, savant en l'art de nécromancie, jeta

1 Eustache Delafosse, *Voyage d'Eustache Delafosse sur la côte de Guinée, au Portugal et en Espagne (1479-1481)*, transcrit, traduit et présenté par Denis Escudier, avant-propos de Théodore Monod, Paris, Chandeigne, Coll. Magellane, 1992, 182 p., p. 45-47.

alors un charme sur les îles, en sorte qu'elles n'apparaîtraient jamais à personne tant que toutes les Espagnes ne seraient pas rendues à notre bonne foi catholique[1], » et ce afin de préserver les exilés volontaires de toute nouvelle intrusion extérieure. Bien entendu, le fait que l'île ne soit pas aperçue des navigateurs n'empêche pas que sa présence dans les parages soit régulièrement soupçonnée puisque trahie par l'indice habituel, les oiseaux. Au cours de son voyage de retour au Portugal, alors que le vaisseau se trouve fort loin des terres, Delafosse en fait le constat à titre personnel : « En naviguant nous vîmes voler plusieurs oiseaux, et nos marins disaient qu'ils venaient des îles enchantées, lesquelles ne se montrent pas[2]. » La route que suit le navire commence à être très fréquentée : il gagne le large en quittant la côte africaine afin d'aller chercher les grands vents qui le ramèneront vers Lisbonne. Les oiseaux comme preuve de l'existence de l'île n'ont donc rien d'occasionnel, ils constituent au contraire une donnée bien connue des marins, donnée sur laquelle ils fondent leurs certitudes : « [...] les marins voyaient souvent les oiseaux de l'île voler quand ils naviguaient dans les parages ; mais à cause de l'enchantement, ils ne voyaient jamais les îles[3]. »

La reconquête de l'Espagne progressant rapidement au XVe siècle, l'île des Sept Cités redevient visible de temps à autre. Ce sont d'abord des apparitions momentanées, intermittentes, correspondant à des séquences victorieuses de la reconquête, et immédiatement suivies de nouvelles périodes d'effacement. Sur le globe qu'il a dressé en 1492 pour la ville de Nuremberg, le cosmographe et navigateur Martin Behaim signale brièvement qu'en l'année 1414 un navire d'Espagne s'approcha de l'île de très près, par hasard. Les portulans l'indiquent assez régulièrement depuis cette époque, loin au large vers l'ouest. Pour Delafosse, l'île des Sept Cités n'est pas un mirage. Elle constitue le refuge de la société menacée, elle en garde intactes les valeurs, elle en assure la pérennité, le temps qu'il faudra. Il ajoutait foi aux témoignages des marins portugais, il se porte maintenant lui-même garant des faits qu'il rapporte : « Or, voici ce qui arriva pendant l'un de mes séjours d'affaires en ce pays d'Espagne[4] », et il relate l'étrange escale qu'aurait faite à l'île des Sept

1 *Id.*, p. 47.
2 *Id.*, p. 45.
3 *Id.*, p. 47.
4 *Ibid.*

Cités l'équipage d'un navire déporté depuis Madère par la tempête, « pendant le siège de la cité de Grenade » dit-il, donc en 1491, juste avant la réunification complète de la péninsule : « Par les hasards des vents ils arrivèrent à une île et y trouvèrent un très beau et bon port, [...] ils virent les gens du pays aller et venir. Mais comme ils avaient laissé leur chaloupe derrière eux en quittant le port de Madère, ils ne purent ni parler avec les habitants, ni aller à terre, et pareillement ceux qui étaient à terre ne vinrent pas parler avec eux. Ils se dirent que c'était l'une des îles enchantées et que, si elle commençait à apparaître, c'est que l'Espagne presque tout entière était rendue à la chrétienté et que l'enchantement arriverait bientôt à son terme – ce qui advint en effet peu après[1]. » Mais quelque temps après seulement. Le siège de Grenade en 1491 est long : commencé en avril, il ne s'achève que le 2 janvier 1492, date à laquelle le sultan Boabdil signe sa reddition. Aussi le vaisseau portugais qui vient d'avoir connaissance de l'île des Sept Cités est-il perdu corps et biens en rentrant au pays : « [...] au moment où l'île enchantée fut découverte, la Grenade n'était point totalement chrétienne : la cité elle-même n'était pas encore chrétienne, et l'enchantement devait durer tant que les Espagnes dans leur totalité ne seraient pas chrétiennes. Voilà pourquoi ils périrent[2]. »

Le récit de Delafosse séduit. Il sait intéresser et impliquer son lecteur, intrigué par la conviction tranquille qu'il affiche, par sa capacité à présenter un contexte résolument fantastique comme tout à fait naturel et crédible. Contexte qu'il n'hésite pas à rationaliser, les évènements qui se produisent en Espagne et ceux qui scandent la vie à l'île des Sept Cités entrant continuellement en correspondance, se validant mutuellement avec une rigueur et une logique sans faille. L'épilogue paraît devoir ratifier définitivement l'ensemble de la légende. Grenade est rendue aux Rois Catholiques le 2 janvier 1492. Colomb avait participé au siège de la ville. Dans l'euphorie de la victoire, son projet d'expédition vers l'ouest initialement refusé par les Rois lui est accordé et obtient un

1 *Id.*, p. 49. – Voir note de Denis Escudier p. 95 ; la référence au siège de Grenade pose la question de la date de rédaction du récit : « [...] la rédaction, mise en œuvre et achevée pour l'essentiel, semble-t-il, dès le premier trimestre de 1481, n'aurait connu sa mise au point finale qu'après un délai d'au moins douze ans », estime Denis Escudier. Ce qui expliquerait une anecdote postérieure de plus de dix ans au voyage effectué par Delafosse.

2 *Id.*, p. 49.

financement. Il part des Canaries en septembre suivant, et découvre les Antilles en octobre 1492. « [...] depuis la conquête de la cité [Grenade], conclut Delafosse sur le ton de l'évidence paisible, on va comme on veut et sans la moindre difficulté auxdites îles enchantées, qu'auparavant on n'avait jamais su ni voir ni trouver[1]. » Delafosse est-il informé des découvertes de Colomb ? On peut supposer qu'il en a eu connaissance rapidement puisqu'il se rend régulièrement dans la péninsule pour des questions de négoce. Si tel est le cas, « [...] il se montre sensible comme beaucoup de ses contemporains à l'extraordinaire coïncidence historique qui se produit en cette année 1492 : au moment même où la péninsule est délivrée de l'occupation arabe, la découverte du nouveau monde ouvre de nouvelles perspectives, un nouveau champ d'action à l'Europe chrétienne[2]. » Dans la période qui suit, l'île fantastique des Sept Cités s'efface des récits, et les traditions qui s'y rattachaient semblent tomber dans l'oubli. Comme si tout était dit. Comme si l'île mythique, enfin trouvée, avait désormais un gisement fixe sur les cartes. Du temps où elle se dérobait à la vue des navigateurs, on racontait à son sujet que les habitants vivaient comblés, les biens de la terre s'y renouvelant sans cesse, que le sable des plages était constitué d'or pour un tiers, et les îles que l'on venait de découvrir parurent assez en accord avec leur réputation. Seuls manquèrent les hommes au teint blanc, parlant la langue espagnole, pratiquant la religion selon le rite catholique, qui auraient dû normalement, comme descendants des fugitifs, habiter les îles et former une communauté aisément identifiable. Delafosse ne fait aucune allusion à cette dissonance suffisante pour réactiver peu à peu le doute – dès le début du XVIe siècle, des religieux franciscains reprirent la quête des Sept Cités chrétiennes de la légende, cherchant, du côté de la Californie[3], une population blanche, gardienne des vieilles traditions, descendant nécessairement des diocésains arrivés par mer huit siècles auparavant, conduits par leurs sept évêques wisigoths.... Faute de pouvoir être saisie, la légende devient saisissante.

L'île-refuge pose donc, de manière très aiguë, la question des attentes du voyageur. La demande, à la fois vitale et impossible, de retour aux sources, suppose que l'île s'est constituée en espace conservatoire de

1 *Id.*, p. 49-51.

2 Voir Denis Escudier, in le *Voyage d'Eustache Delafosse*, *op. cit.*, p. 140.

3 Voir la légende des Sept Cités de Cibola.

valeurs anciennes perdues – rien n'est plus actuel lorsqu'on songe au désir d'îles qui anime certains continentaux, persuadés qu'une harmonie originelle peut s'y trouver préservée, un peu comme dans l'île des Sept Cités. Le territoire insulaire est parfois compris, aujourd'hui encore, comme une retraite possible hors du monde, il protègerait de la corruption et des agressions extérieures ceux qui décident d'y aller vivre. L'individu se révèlerait, par la seule magie de l'île qui l'accueille, dépositaire d'un état primitif que le cadre et le lieu lui permettraient de réactiver, puisqu'il en connaîtrait depuis toujours les lois implicites.

D'une manière générale, en allant dans l'île, le voyageur espère pouvoir établir une distance avec son mode de vie habituel, se libérer momentanément de contraintes fortes. Il cherche à se reconstruire – voire à émerger à son tour – comme être humain, ne serait-ce qu'en échappant le temps de l'escale à la discipline rigoureuse qui règne toujours à bord. Mais il aimerait également s'adonner aux plaisirs dont il est privé depuis des mois, et auxquels il pense pouvoir se livrer sans obstacle parce que l'île est lointaine, petite, perdue à l'écart, sur les frontières magnifiées des océans. Envisagée sous cet angle, la géographie insulaire se révèle très porteuse de rêves. Lieux hors du temps et des routes naviguées, les petites îles ont été souvent imaginées, depuis l'Antiquité, comme des espaces qui auraient échappé aux lois et aux interdits, et dans lesquels les hommes qui débarquent pourraient renouer sans crainte et sans scupules avec des conduites désaliénées, et avec la joie de vivre qui en découle.

L'ÎLE DES FEMMES

Peuplée de femmes accueillantes aux hommes prisonniers des vaisseaux depuis des mois, une telle île reste par nécessité vagabonde, et difficile à aborder.

Située dans la marge des routes connues, elle constitue d'abord une concession au sens moral du terme, puisque son fonctionnement repose sur l'inavouable et l'illégal, désormais institutionnalisés. En tant qu'espace dégagé des tabous sexuels, l'île des Femmes ne peut figurer sur les cartes, elle est un ailleurs indéterminé mais capable de renaître partout et elle dérive donc au large, dans chaque océan, comme réponse possible, proposant en quelque sorte son propre exemple de liberté pleinement assumée. Placer l'interdit sur une île, c'est à la fois le conjurer et l'autoriser. L'espace sur lequel règne un ordre exclusivement féminin est toujours insularisé, maintenu à l'écart, puisque le statut de la femme s'y trouve inversé, et que les grands principes moraux qui freinent les conduites érotiques y sont abandonnés. Visiteurs occasionnels, les hommes y jouissent de voluptés illicites dans le monde occidental, et y vivent pendant un temps affranchis des interdits religieux et sociaux par lesquels ils sont habituellement empêchés.

L'île constitue d'autre part une concession au sens territorial du terme, puisqu'elle fonctionne comme espace clos, secret, protégeant des amours qui, dans le monde chrétien, seraient sanctionnées. Le paradis insulaire érotique est dissimulé : il réactualise le temps d'avant la Chute, une manière d'être au monde que l'on pourrait dire « première », où la vie redevient sans heurt, sans souffrance, sans privations ni morales ni physiques : l'île des Femmes autorise le repliement amoureux et la satisfaction des sens. Au cours de la traversée, les veilles et les fatigues, l'attente et l'ennui, créditent sans peine l'espoir de cette terre différente, une terre d'après le passage de la Ligne, traditionnellement perçu comme abolissant les lois ordinaires de la vieille Europe. Les modèles ne manquent pas dans le passé qui permettent de doter l'île des Femmes d'une âme et d'une histoire. L'amour absolu ne peut naître que sur un rivage d'île depuis qu'Aphrodite a élu domicile à Cythère. La barrière du langage est abolie, efficacement remplacée par l'usage des signes, et c'était déjà vrai lorsque les Amazones ont abordé le pays des Scythes : « Un d'entre eux s'approcha d'une de ces Amazones isolées, raconte Hérodote, et celle-ci, loin de le repousser, lui accorda ses faveurs. Comme elle ne pouvait lui parler, parce qu'ils ne s'entendaient pas l'un et l'autre, elle lui dit par signes de revenir le lendemain au même endroit avec un de ses compagnons, et qu'elle amènerait aussi une de ses compagnes[1] ». Pour Ulysse et ses amis, pendant une année entière qui passa comme un jour, l'île de Circé fut pleine de délices ; de même que celle sur laquelle débarquèrent Bran et son équipage, dans le folklore oral de l'Irlande ; de même que l'île à laquelle aboutit la navigation du guerrier celte

1 Hérodote, *Histoire*, traduite du grec par P. H. Larcher, avec des notes de Bossard et alii, Paris, Charpentier libraire-éditeur, 1850, 2 vol., 466 et 416 p., Livre IV, CXIII.

Maelduin[1]. Absente des mappemondes mais bien présente dans les imaginations, toujours un peu plus loin que les terres réellement abordées, toujours un peu au large des îles déjà reconnues, l'île des Femmes est perçue comme le lieu de la transgression permise. Parallèlement, elle offre aussi un réconfort et un ancrage temporaires, la promesse d'une vie en communauté qui épanouit au lieu de contraindre. Elle est donc susceptible de surgir sur tous les horizons marins et révèle des capacités à errer proprement illimitées.

En 1298, Marco Polo la situe dans la mer d'Éthiopie, on la trouve « quand on part [du] royaume du Mekran [en Inde Majeure] qui est sur le continent et que l'on est allé encore 500 milles par mer vers le sud, [...][2] », et les lecteurs de Marco Polo la feront régulièrement louvoyer dans ce secteur. En 1356, Mandeville écrit que « au-delà de la terre de Chaldée, est l'Amazonie, c'est la Terre de Féminie[3], » peuplée de guerrières courageuses amputées d'un sein. Les récits les plus anciens ont en effet largement conservé les coutumes et le mode de vie qui appartenaient traditionnellement aux Amazones[4]. En 1439, Nicolò de' Conti situe l'île des Femmes « à moins de 5 000 pas[5] » de l'île de Socotra, donc dans la même zone que Marco Polo, c'est-à-dire dans la partie extrême ouest de l'océan Indien. En 1493, alors qu'il quitte la mer des Antilles, Colomb apprend des Indiens embarqués à son bord qu'il navigue à peu de distance d'une île habitée uniquement « par des femmes sans hommes[6] ». Elle se nomme Matinino et se trouve (presque)

---

1 Jean Markale, La navigation de Maelduin, in *L'Épopée celtique d'Irlande*, Paris, Payot, coll. Bibliothèque historique Payot, 1993, 264 p.

2 Marco Polo, *La description du Monde*, édition, traduction et présentation par Pierre-Yves Badel, Paris, Le Livre de Poche, coll. Lettres Gothiques, L.G.F, 1998, 509 p., p. 447.

3 Jean de Mandeville, *Voyage autour de la Terre*, Paris, Les Belles Lettres, coll. La roue à livres, 2004, p. 118.

4 Sur ce mythe toujours réactualisé, voir Adriana Cabrera, « Voyage sur l'Amazone : la quête des Amazones par Charles de la Condamine », in Gérard Ferreyrolles et Laurent Versini, dir., *Le livre du monde, le monde des livres*, Mélanges en l'honneur de François Moureau, Paris, PUPS, 2012, 1167 p., p. 509-519.

5 Nicolò de' Conti, *Le Voyage aux Indes de Nicolò de' Conti (1414-1439)*, préface de Geneviève Bouchon, les récits de Poggio Bracciolini et de Pero Tafur traduits par Diane Ménard et présentés par Anne-Laure Amilhat-Szary, Paris, Chandeigne, coll. Magellane, 2004, 174 p., p. 107.

6 Christophe Colomb, *Œuvres*, présentées, traduites de l'espagnol et annotées par Alexandre Cioranescu, Paris, Gallimard, coll. Mémoires du passé pour servir au temps présent, 1961, 527 p., p. 154 et 155.

sur sa route. Ce qui la positionne de nouveau dans les parages des Indes, pour Colomb du moins, qui pensait bien les avoir atteintes et découvrit Cuba en pensant toucher la Chine. En 1522, sur les indications d'un vieux pilote, Pigafetta délocalise l'île des Femmes, qu'il appelle « Ocoloro » et la place « dessous Java la Grande[1] », ce qui la situe désormais dans la partie extrême est de l'océan Indien, région encore mal connue, donc capable de recréditer le rêve que la partie occidentale maintenant explorée n'a pas réussi à valider. En 1609, et sans doute pour les mêmes raisons, João dos Santos la déplace de nouveau vers l'est « dans une des îles qui se trouvent en mer de Chine[2] ». Toutes ces terres constituent le point de fixation d'un rêve érotique, et les récits s'écartent peu à peu de la légende des Amazones : plus que les talents guerriers des femmes, c'est le type de relation qu'elles entretiennent avec les hommes qui est maintenant souligné. Suivant le modèle mis en place par Marco Polo, les rencontres ne sont envisagées que pour une durée limitée, qui, selon les récits, va de quelques jours à quelques mois, entre les hommes et les femmes de deux îles voisines, ce qui convertit les îles en escales avant la lettre. Cette impérative brièveté du séjour, donnée incontournable pour des équipages qui doivent nécessairement remettre à la voile, justifie sans doute aussi la vitalité de la légende parmi les gens de mer : elle semble faite pour eux, répondre à leurs attentes d'hommes en même temps qu'aux obligations normales de la navigation.

Chez Marco Polo, c'est l'île Mâle voisine qui envoie ses hommes dans l'île Femelle le temps d'un printemps : « Tous les hommes demeurent dans l'île dite Mâle. Quand arrive le mois de mars, tous partent pour l'autre île appelée Féminie, où demeurent toutes les femmes. Les hommes restent trois mois avec leurs femmes, mars, avril et mai, écrit Marco Polo en 1298 ; pendant ces trois mois ils prennent leur plaisir avec leurs femmes, au bout de ces trois mois ils retournent dans leur île [...][3] ». L'initiative revient donc encore aux hommes dans ce texte fondateur.

1 Antonio Pigafetta, La relation d'Antonio Pigafetta et autres témoignages, in *Le Voyage de Magellan (1515-1522)*, Édition établie par Xavier de Castro, Jocelyne Hamon et Luis Filipe Thomaz, Préface de Carmen Bernand et Xavier de Castro, Paris, Chandeigne, coll. Magellane, 2007, 2 vol., t. 1 : p. 1-550, t. 2 : p. 551-1087, p. 252.

2 João dos Santos, *Ethiopia Orientale, L'Afrique de l'Est et l'océan Indien au* XVI*e siècle, La relation de João dos Santos (1609)*, introduction, traduction et notes de Florence Pabiou éd., Préface de Rui Manuel Loureiro, Paris, Chandeigne, coll. Magellane, 2011, 768 p., p. 328.

3 Marco Polo, *op. cit.*, p. 447.

Mais ce sont les femmes elles-mêmes qui viennent solliciter les hommes chez Mandeville en 1356 : « Cette terre d'Amazonie est une île tout entourée d'eau, [...]. Au-delà de cette eau demeurent les hommes qui sont leurs amis auprès desquels elles vont prendre leur plaisir quand elles le veulent[1]. » La demande est donc cette fois féminine et l'autorité a changé de camp. Ce n'est plus le désir des hommes mais exclusivement celui des femmes qui commande la fréquence et la durée des rencontres : « Quand elles recherchent la compagnie des hommes, elles vont dans les terres voisines, leurs amis leur rendent visite et elles demeurent avec eux huit ou dix jours, puis elles rentrent[2]. » En 1439, Nicolò de' Conti fait état de visites accomplies et reçues à tour de rôle, hommes et femmes disposant par alternance du statut de visiteurs en escale dans l'île de l'autre : « Tour à tour, les hommes vont voir les femmes et les femmes les hommes et avant que six mois ne passent, chacun retourne dans son île. Et comme s'il était fatal de demeurer plus longtemps que le temps permis dans l'île de l'autre, si l'on dépasse ce terme, on meurt aussitôt[3] », sans doute parce que le partenaire de passage serait alors en voie de sédentarisation, et courrait le danger de se trouver définitivement insularisé, donc prisonnier de ce qui devait initialement le libérer. En 1493, Colomb rapporte que les hommes venaient de l'île de Carib rendre visite aux femmes de Matinino. Et il apparaît que « l'amiral eût été bien content d'y accoster » lui-même, sous le prétexte officiel « de pouvoir présenter aux Rois Catholiques une demi-douzaine de ces femmes[4] », dont la présence à bord aurait en premier lieu égayé le voyage du retour. Mais Colomb n'est pas « très sûr que les Indiens connussent bien la route. [...] Il dit du moins qu'il est certain que ces femmes-là existent vraiment[5]. » Avec le temps, la croyance en un paradis érotique que le désir appelle et que la réalité ne confirme jamais finit par vaciller. L'île des Femmes est devenue périlleuse en 1522 chez Pigafetta, et les hommes qui abordent Ocoloro courent le risque de mourir. Les femmes peuvent se passer d'eux, et, comme les cavales de Pline, définitivement affranchies, elles « s'engrossent de vent[6]. »

---

1 Jean de Mandeville, *op. cit.*, p. 119.

2 *Ibid.*

3 Nicolò de' Conti, *op. cit.*, p. 107.

4 Christophe Colomb, *Œuvres*, *op. cit.*, p. 155.

5 *Ibid.*

6 Antonio Pigafetta, *op. cit.*, p. 252.

Le désir des voyageurs en manque n'en continue pas moins d'influer sur le destin des îles et de marquer leur géographie. C'est parce qu'ils y vivent sans femmes que François Leguat et ses compagnons quittent l'île Rodrigue en 1693. Huguenots réfugiés, ils y ont fondé une petite colonie et mènent une existence adamique au milieu d'une nature généreuse, mais se laissent peu à peu gagner par l'ennui, et, note Leguat, « il n'y avait pas un de mes aventuriers qui n'eût beaucoup mieux aimé Chimène qu'il n'aimait Rodrigue[1]. » L'île sans Femmes est finalement celle où l'on peut finir par mourir, par simple dégoût de vivre, étouffé dans la fadeur tiède de jours tous semblables. Les huit hommes décident donc, au péril de leur vie, d'abandonner l'île. En quoi Bernardin de Saint-Pierre leur donnera tort en 1784 : « Pour moi, écrit-il, je ne doute pas que s'ils eussent eu dans la providence la confiance qu'ils lui devoient, elle n'eût fait parvenir des femmes dans leur île déserte, comme elle y avoit envoyé des cocos[2]. » De quelle île des Femmes encore non découverte, et en suivant quels courants compatissants, serait venue cette migration inespérée ? Des Maldives peut-être ? L'histoire ancienne de cet archipel est mal connue. Mais l'on raconte que « Maldives » viendrait de *Mahiladipa*, qui signifierait *Iles des Femmes*, parce que des femmes auraient déjà quitté Ceylan à une époque reculée pour venir s'établir dans l'archipel... Parfois ce sont les noms donnés à divers lieux ou repères qui en disent long sur la pensée des hommes qui explorent une île. Ainsi, dans son *Atlas des Îles Abandonnées*, Judith Schalansky constate que les chercheurs en mission à Amsterdam confondent facilement érotisme et géographie : « [...] un des caps se nomme la Vierge, deux volcans, les Seins, et un troisième cratère porte tout à fait officiellement le nom de Vénus[3]. » Comme si l'île errante que personne ne parvenait à localiser avait fini par se substituer aux femmes désirées et acceptait d'en jouer momentanément le rôle. La prise de possession est donc absolue puisque l'île, la femme qu'elle incarne et les hommes qui y séjournent pour un temps sont également

1 François Leguat, *Voyages et aventures de François Leguat et de ses compagnons en deux îles désertes des Indes orientales*, 1690-1698, Jean-Michel Racault et Paolo Carile éd., Paris, Les Éditions de Paris, coll. Voyages et récits, Domaine Protestant, 1995, 269 p., p. 128.

2 Jacques-Henri Bernardin de Saint-Pierre, *Études de la Nature*, Nouvelle Édition revue et corrigée par Jacques-Bernardin Henri de Saint-Pierre. Avec dix planches en taille-douce. 5 vol., in-8, de l'imprimerie de Crapelet, Paris, chez Deterville, rue du Battoir, an XII – 1804, t. 2, p. 455.

3 Judith Schalansky, *Atlas des Îles Abandonnées*, traduit de l'allemand par Elisabeth Landes, préface de Olivier de Kersauson, Paris, Arthaud, 2010, 139 p., p. 25.

possédés, à tous les sens de ce terme si opportunément polysémique. L'île trahit ainsi des désirs secrets, elle constitue le point d'intersection entre réalité et imaginaire, elle réenchante un monde vide dont on désespère. Il arrive d'ailleurs qu'elle cesse un moment d'errer et se mette à exister tout de bon pour les marins qui la cherchaient.

OTAHITI

L'île des Femmes, objet de désir et de fantasmes, est longtemps passée pour inaccessible. Elle a fini pourtant par croiser, en juin 1767, la route du *Dolphin*, le vaisseau de Samuel Wallis, qui la nomme d'abord *île George*, alors que ses habitants l'appellent Otahiti[1]. Bougainville, conscient, avant même de débarquer, de ses dispositions exceptionnelles, lui donnera le nom de *nouvelle Cythère*, après y avoir effectué, en avril 1768, une escale de neuf jours dont il regrette explicitement la brièveté. Mais un grain qui chasse les vaisseaux à la côte, un fond « perdu de corail » qui coupe les cables et finit par coûter six ancres au total, une forte houle, tout oblige *La Boudeuse* et *L'Étoile* à reprendre la mer et à « abandonner cette relâche, écrit Bougainville, plus tôt que nous ne nous y étions attendus[2]. » Sur trois voyages effectués entre 1769 et 1777, dont les deux premiers à la recherche du continent austral, James Cook quant à lui a trouvé la possibilité de faire quatre escales à Tahiti, et la première a duré trois mois, du 13 avril au 13 juillet 1769. Lorsqu'il remet à la voile le 13 juillet, il croit faire à l'île des « adieux définitifs[3] », c'était peut-être compter sans les diverses occasions que peut aussi suggérer la nostalgie… Le second voyage conduit le *Resolution* de Cook et l'*Adventure* commandé par le capitaine Furneaux au milieu des

1 François Moureau, *Le théâtre des Voyages, Une scénographie de l'Âge classique*, *op. cit.*, p. 80-82, et p. 346-351.

2 Louis-Antoine de Bougainville, *Voyage autour du monde par la frégate du Roi La Boudeuse et la flûte L'Étoile*, édition présentée, établie et annotée par Jacques Proust, Paris, Gallimard, coll. folio classique, 2010, 477 p., p. 247-248.

3 James Cook, *Relations de voyages autour du monde,* choix, introduction et notes de Christopher Lloyd, traduction de l'anglais par Gabrielle Rives, Paris, Éditions La Découverte, 1987, deux tomes, 308 et 157 p., t. 1, p. 49.

icebergs, des brouillards et des tempêtes au sud du cercle Antarctique en février 1773 ; puis en Nouvelle-Zélande en mai, parmi les trombes qui tournoient dans le canal de la Reine-Charlotte. Au sortir de ces navigations éprouvantes, Tahiti apparaît comme le point de fixation idéal vers lequel convergent tous les regards, le lieu par excellence de la relâche espérée, et Cook l'indique très tôt comme destination à Furneaux : « si aucune terre n'était découverte, continuer jusqu'à Tahiti[1] », et comme point de rencontre si les deux vaisseaux viennent à se perdre : « en cas de séparation avant que nous eussions atteint Tahiti, je fixai le rendez-vous dans cette île[2] ». Quelques cas de scorbut qui se sont déclarés dans l'*Adventure* justifient de surcroît que l'on s'efforce de rejoindre l'île par les voies les plus rapides, comme si les nombreux archipels qui peuplent la même zone n'avaient pas les mêmes vertus curatives. Cook abordera de nouveau à Tahiti huit mois plus tard, en avril 1774, officiellement pour vérifier le fonctionnement des montres marines embarquées au départ[3], mais diverses remarques échappées à sa plume, pourtant d'une rare décence, laissent penser que les activités que l'on mena au cours de cette escale ne concernaient pas seulement les observations astronomiques. Sa dernière visite en août 1777 sonne comme un adieu, puisque Cook ramène chez lui le Tahitien Omaï qui l'avait accompagné à Londres et que lui-même part maintenant pour l'Alaska et le grand Nord – ce séjour à Cythère est bien le dernier.

Les premières rencontres avec les îliennes ne laissent aucun doute aux voyageurs sur la spécificité de l'île à laquelle ils viennent d'aborder. Les circonstances de son arrivée, par exemple, ont profondément marqué et ému Bougainville en avril 1768. Les femmes ont immédiatement focalisé son attention. La recherche problématique d'un mouillage pendant les premiers jours ne l'empêche pas de constater que l'accueil insulaire ne manque pas de charmes : « [...] il vint dans les pirogues quelques femmes jolies et presque nues[4] », dont les heureuses intentions à l'égard des navigateurs se confirment dès le lendemain : « Les pirogues étaient

---

1 *Id.*, p. 185.
2 *Id.*, p. 186.
3 *Id.*, p. 150. Le Bureau des longitudes avait fourni quatre montres pour ce deuxième voyage, « trois faites par monsieur Arnold et une par monsieur Kendall d'après les principes de monsieur Harrison. » Celle de Kendall fonctionne encore au Musée maritime national à Greenwich.
4 Louis-Antoine de Bougainville, *op. cit.*, p. 224.

remplies de femmes [...]. La plupart de ces nymphes étaient nues [...]. Elles nous firent d'abord, de leurs pirogues, des agaceries où, malgré leur naïveté, on découvrait quelque embarras ; soit que la nature ait partout embelli le sexe d'une timidité ingénue, soit que, même dans les pays où règne encore la franchise de l'âge d'or, les femmes paraissent ne pas vouloir ce qu'elles désirent le plus[1]. » L'île demeurée intacte, venue sans mutation aucune des temps anciens, une île des Femmes qui attendait les vaisseaux et leurs passagers, existait finalement ailleurs que dans les légendes. Et si des hommes y vivent aussi, c'est d'abord pour tenir le rôle d'intermédiaires et confirmer les présupposés : « Ils nous pressaient de choisir une femme, de la suivre à terre, et leurs gestes non équivoques démontraient la manière dont il fallait faire connaissance avec elle[2]. » Mais certaines sont parfaitement à même de se faire entendre sans l'intervention d'aucun médiateur : « Malgré toutes les précautions que nous pûmes prendre, il entra à bord une jeune fille qui vint sur le gaillard d'arrière se placer à une des écoutilles qui sont au-dessus du cabestan ; cette écoutille était ouverte pour donner de l'air à ceux qui viraient. La jeune fille laissa tomber négligemment une pagne qui la couvrait et parut aux yeux de tous, telle que Vénus se fit voir au Berger phrygien[3]. » Et, dans le cas précis, à tout l'équipage en manœuvre, gagné par un enthousiasme qui le rend particulièrement efficace : « Matelots et soldats s'empressaient pour parvenir à l'écoutille, et jamais cabestan ne fut viré avec une pareille activité[4]. » Cook se montre beaucoup plus discret que Bougainville, il est surtout agacé dans un premier temps par le fait que divers objets se volatilisent chaque fois que les vaisseaux reçoivent des naturels à bord. Cependant, lui aussi décrit la visite de deux jeunes femmes dont l'une est venue selon toute apparence pour s'offrir au plus notable des civils embarqués, Sir Joseph Banks, un jeune et riche amateur de science. La mise en scène, dont Banks ne paraît pas comprendre la finalité, ni peut-être Cook, qui la qualifie de « cérémonie » à deux reprises, semble pourtant explicite. Un serviteur ayant offert à Banks de jeunes bananiers, symboles de paix, puis étendu des étoffes sur le sol devant lui, l'une des jeunes femmes « s'avança alors sur ce tapis, et

1 *Id.*, p. 225-226.
2 *Id.*, p. 226.
3 *Ibid.*
4 *Ibid.*

avec autant d'innocence qu'on en peut concevoir, s'exposa aux regards entièrement nue de la ceinture aux pieds ; en cet appareil elle tourna sur elle-même une, à moins que ce ne soit deux fois, puis sortit du tapis et laissa tomber ses vêtements[1]. » Elle semble avoir renouvelé son offre sans plus de succès : « On posa par-dessus une nouvelle quantité d'étoffe, et elle recommença la même cérémonie[2]. » Sa compagne et elle, prenant sans doute l'absence de réaction de M. Banks pour un refus ou une impossibilité, le serrent dans leurs bras avant de s'en retourner. Peut-être même lui fait-on cadeau de la couche restée non utilisée : « On fit alors avec l'étoffe un rouleau que l'on donna à monsieur Banks[3], » pour le cas où il se raviserait ? Bougainville, plus sensible à « la franchise de l'âge d'or », avait bien compris qu'à Tahiti, le voyage à Cythère s'effectuait sans tabou, n'exigeait ni secret ni intimité particulière et que la scène se déroulait éventuellement sous le regard de tous : « Vénus est ici la déesse de l'hospitalité, son culte n'y admet point de mystères, et chaque jouissance est une fête pour la nation. Ils étaient surpris de l'embarras qu'on témoignait[4]. » L'île n'en reste pas moins l'île des Femmes pour les Anglais également, même si une grande réserve voile le récit de Cook et contraint les relations (qui se sont établies quand même) à respecter la discrétion des mœurs européennes. Simplement, les femmes sont devenues les visiteuses du soir, ce que révèle incidemment une remarque de Cook, qui, étonné par l'intérêt que les insulaires manifestent pour les chemises, « article d'importance capitale » pour le troc, se laisse aller à confier : « À Tahiti, les dames [...] avaient l'habitude d'aller tous les matins à terre, et quand elles revenaient à bord le soir de s'y montrer en guenilles : c'était un bon prétexte pour demander à l'amoureux de leur donner de nouveaux habits[5]. » Une vie commune s'est donc organisée, qui concilie l'amour libre traditionnellement pratiqué dans l'île des Femmes et le respect de quelques convenances occidentales, afin de sauver les apparences. Mais de multiples détails montrent qu'une communauté fonctionne avec bonheur au quotidien, les femmes ayant pris leurs habitudes à bord[6], où les hommes sont heureux de les retenir,

1 James Cook, *op. cit.*, t. 1, p. 44.
2 *Ibid.*
3 *Ibid.*
4 Louis-Antoine de Bougainville, *op. cit.*, p. 235.
5 James Cook, *op. cit.*, t. 1, p. 243.
6 *Id.*, t. 1, p. 51-52.

même à leur table quelquefois, ce que les usages de l'île interdisent en principe, hommes et femmes n'ayant pas coutume de partager les repas.

La séduction est partout, et elle naît d'abord du fort contraste entre les fatigues, les astreintes et les privations inhérentes à la navigation, et la liberté retrouvée, au moins en partie, le temps à la fois paisible et comblé, qui caractérisent l'escale. Tout se trouve métamorphosé dans la lumière des Tropiques, qui fait tomber les préjugés et les appréhensions de départ. Bougainville en avait fort peu, Cook en avait beaucoup. En avril 1768, Bougainville a été immédiatement frappé par la beauté naturelle des Tahitiennes, qui lui paraît illustrer et confirmer certaines des idées nouvelles auxquelles il adhère : « Jolies[1] » est le premier terme qu'il emploie pour parler de femmes qui, dit-il, « ne le cèdent pas pour l'agrément de la figure au plus grand nombre des Européennes, et qui, pour la beauté du corps, pourraient le disputer à toutes avec avantage[2]. » Il revient à diverses reprises sur les lignes harmonieuses des corps libres, qu'aucun corset n'est venu déformer, et c'est cet aspect qui l'a séduit, plus que les visages sur lesquels il s'attarde peu : « Elles ont les traits assez délicats ; mais ce qui les distingue, c'est la beauté de leurs corps dont les contours n'ont point été défigurés par quinze ans de torture[3]. » Un an plus tard, en avril 1769, Cook se montre, à l'inverse, d'abord peu réceptif aux charmes locaux, peut-être parce qu'ayant eu connaissance avant son départ d'Angleterre des difficultés rencontrées par Samuel Wallis en 1767, il aborde l'île en étant sur ses gardes. Sans doute aussi la beauté réside-t-elle initialement pour lui dans la fine porcelaine de visages anglais féminins, car il n'est visiblement pas séduit. Son manque d'enthousiasme s'exprime assez abruptement juste après son arrivée, alors qu'il décrit Obiriha, que Wallis avait prise pour la reine de l'île : « Cette femme est âgée d'environ quarante ans et, comme la plupart des autres femmes du pays, très masculine[4]. » Mais il n'est à Tahiti que depuis quinze jours, il a passé beaucoup de temps à délimiter l'emplacement d'un fort sur la grève, dont il interdit l'accès aux insulaires, et il se déplace souvent avec un détachement d'hommes armés, ce qui ne favorise pas vraiment les contacts. Il faut croire que sa vision

1 Louis-Antoine de Bougainville, *op. cit.*, p. 224.
2 *Id.*, p. 225.
3 *Id.*, p. 253-254.
4 James Cook, *op. cit.*, t. 1, p. 41.

des choses a ensuite beaucoup évolué. Lors de son deuxième voyage, il fait escale à Tahiti puis aux Tonga, et si certains de ses compatriotes trouvent les femmes des Tonga plus belles que les Tahitiennes, Cook note qu'à titre personnel il est « d'avis contraire[1]. » En août 1777, lors de sa toute dernière visite, il supprime les boissons fortes à ses marins afin d'économiser l'alcool dont il aura davantage besoin en Alaska, mais il dit leur conserver le grog du samedi soir, « une ration entière, afin que tous portassent la santé des amies qu'ils comptaient parmi le beau sexe en Angleterre, de crainte que les jolies filles de Tahiti ne les leur fissent oublier[2]. »

Par ailleurs, la tentation de « l'insularisation » définitive était le plus grand danger rencontré dans l'île des Femmes par les navigateurs des légendes anciennes. Et ce danger existe à Tahiti. Bougainville note qu'à l'arrivée, il a du mal à conserver l'autorité sur ses hommes, qui perdent leur sang-froid à la vue des pirogues chargées de femmes nues : « Je le demande : comment retenir au travail, au milieu d'un spectacle pareil, quatre cents Français, jeunes, marins, et qui depuis six mois n'avaient point vu de femmes[3] ? » Il en parle ensuite comme d'« hommes ensorcelés[4] », et confie honnêtement que « le moins difficile n'avait pas été de parvenir à se contenir soi-même[5]. » Il rapporte également que, le temps de l'escale, l'île a été pour ses équipages comme le symbole de l'amour offert, puisque continuellement mis à leur disposition par les insulaires : « Chaque jour nos gens se promenaient dans le pays sans armes, seuls ou par petites bandes. On les invitait à entrer dans les maisons, [dont les maîtres leur] offraient des jeunes filles. [...] la terre se jonchait de feuillage et de fleurs, et des musiciens chantaient aux accords de la flûte une hymne de jouissance[6]. » Bougainville semble du reste avoir laissé une grande liberté à ses hommes, mais une escale de neuf jours est trop brève pour que ses marins en viennent à prendre des décisions irréversibles. Les choses se passent différemment pour Cook. À la fin de la première relâche de trois mois, en juillet 1769, alors que les préparatifs de départ sont presque terminés, Cook se trouve confronté à

1 *Id.*, p. 205.
2 *Id.*, t. 2, p. 62.
3 Louis-Antoine de Bougainville, *op. cit.*, p. 226.
4 *Ibid.*
5 *Ibid.*
6 *Id.*, p. 235.

des désertions : « Ce jour, [9 juillet] vers le milieu de la garde, Clement Webb et Samuel Gibson, jeunes hommes qui étaient tous deux soldats de marine, trouvèrent moyen de sortir du fort, où on ne les trouva pas le lendemain matin. Tout le monde savait qu'on devait être au complet à bord le lundi, et que le navire appareillerait un ou deux jours après[1]. » Cook comprend tout de suite qu'ils ont dessein de rester dans l'île mais attend d'abord leur retour. « Les deux hommes n'étant pas revenus ce matin [10 juillet], je commençai à m'enquérir d'eux, et j'appris par quelques habitants qu'ils étaient allés dans les montagnes, qu'ils avaient chacun une femme et ne voulaient pas revenir[2]. » Sa réaction est très brutale : il retient comme otages un nombre significatif de chefs tahitiens, et les échange ensuite contre ses marins que les insulaires lui remettent à contrecœur. Interrogés, les jeunes déserteurs déclarèrent qu'ils avaient fait la connaissance de deux jeunes filles auxquelles ils étaient vivement attachés et que c'était pour elles qu'ils voulaient rester. Ils reçurent chacun deux douzaines de coups de fouet pour avoir choisi une sédentarisation qu'ils savaient interdite. Un aide-canonnier essaie également de déserter à la fin du deuxième voyage en se jetant par-dessus bord pour rejoindre l'île à la nage, alors que le vaisseau quitte Tahiti, en mai 1774. Cook semble cette fois mieux comprendre la décision de James Marra, qui a beaucoup navigué et paraît sans attaches : « Où donc un tel homme aurait-il pu être plus heureux que dans l'une de ces îles ? où, sous un des meilleurs climats du monde, il pourrait non seulement trouver en abondance le nécessaire, mais jouir du superflu et des facilités qu'y offre la vie[3] ? » Sa sympathie ne va pas cependant jusqu'à lever la sanction disciplinaire, et James Marra est mis aux fers.

En se trouvant fixée à Tahiti pendant quelques décennies, l'île des Femmes montre qu'une longue tradition historique, qui remonte aux archipels mythiques de l'Antiquité, a peu à peu façonné l'imaginaire géographique des Européens. Car Tahiti est à la fois une île bien réelle et une île fantasmée, une pure invention occidentale. Elle illustre la capacité des voyageurs à identifier comme répondant précisément à ce qu'ils cherchent une petite terre lointaine, qui leur semble malgré tout issue des fondements mêmes de leur propre culture ; une île fabuleuse

1 James Cook, *op. cit.*, t. 1, p. 47.
2 *Id.*, t. 1, p. 48.
3 *Id.*, t. 1, p. 240.

où les hommes vivent heureux dans l'innocence et l'abondance ; une humanité authentique qui a su préserver l'Eden, où le travail n'a rien d'obligatoire, où les femmes sont belles et disponibles – une île d'avant la Chute. L'escale écourtée, effectuée par Bougainville en 1768, vérifie en quelque sorte scientifiquement la véracité du mythe : l'île des Femmes existe, les hommes de *La Boudeuse* et de *L'Étoile* y ont abordé. Mais la société tahitienne réelle, l'inégalité décevante des classes sociales qui la composent, les sacrifices humains, rien de tout cela n'avait d'abord retenu l'attention. Bougainville a beau tempérer ensuite son enthousiasme initial, il n'entamera plus la légende à laquelle chacun veut croire – en attendant la venue des baleiniers qui transformeront l'amour libre en prostitution pure et simple dès la fin du XVIIIe siècle, puis celle des missionnaires qui se hâteront de vêtir les corps dénudés. Et les femmes cesseront de se rendre en toute liberté à bord des bâtiments en escale. De ce moment, l'île des Femmes est rendue à son errance originelle, elle est de nouveau à découvrir, c'est-à-dire à recréer.

Qu'elle trouve un ancrage momentané aux Antilles ou à Tahiti, l'île-refuge occupe une place privilégiée dans les représentations insulaires. Placée hors des atteintes du temps, exotique puisqu'à mille milles de l'univers habituel, elle est l'unique lieu où peut s'épanouir un mode de vie archaïque et protecteur. Comme terre d'innocence, qui a su préserver la liberté et la douceur des mœurs, elle symbolise le retour vers un état perdu de la civilisation, vers une humanité primordiale, et devient la réduction inversée du continent perverti. Elle est donc perçue comme un territoire qui résiste, où l'on peut jouir des bonheurs condamnés partout ailleurs, et elle réenchante momentanément un monde corrompu où l'homme a l'impression de ne plus pouvoir trouver sa place.

Parallèlement, comme territoire exigu dont on peut s'assurer la possession rapide, l'île a concentré des obsessions très humaines, au premier rang desquelles le désir de s'enrichir. C'est bien souvent ce désir-là, tantôt caché derrière le prétexte d'une grande curiosité pour l'inconnu, tantôt clairement assumé, qui a motivé l'embarquement du voyageur pour des pays lointains. Et par conséquent, ce qui devait réenchanter la vie a parfois très vite achevé de la pervertir, la volonté de faire fortune ayant conduit les hommes à d'étranges entêtements dans la recherche d'îles susceptibles de répondre à leurs attentes.

… AVEC TOUT L'OR DU MONDE ?

DES DIAMANTS ET DES PLUMES ROUGES

L'une des premières vocations de l'île errante, encore non trouvée mais que l'on finira par atteindre un jour, c'est de receler des richesses infiniment désirables, rares dans le pays où l'on vit, mais d'une profusion telle dans l'île lointaine que ce qui est, chez soi, tenu pour précieux est là-bas considéré comme tout à fait ordinaire. En ce sens, l'île incarne une sorte de droit au rêve, uniformément répandu, seule varie la notion de bien rare et cher : alors que les Occidentaux partent à la recherche de diamants, d'or et d'argent, les hommes de Tahiti s'embarqueraient volontiers pour rapporter des plumes de perroquets rouges.

Cette quête jamais achevée peut placer le voyageur dans une situation insolite, et il se révèle alors sous un jour déconcertant, qui oblige à remettre en question ce que l'on pensait connaître de lui. Car les naturels savent parfois habilement protéger les richesses de leur île ; et l'île apparaît alors insaisissable, répulsive, comme si elle savait se défendre seule contre ses prédateurs. C'est toute l'histoire d'Elie Ripon aux Philippines. En 1626, ce capitaine d'origine suisse se trouve au service de la Compagnie Hollandaise des Indes Orientales. Il a, comme mercenaire, gravi les échelons de la hiérarchie militaire : c'est un bon chef de guerre et un aventurier qui n'a peur de rien, devenu familier de la mort, de la torture, des massacres. Il quitte fin mars 1626 les petites îles de Timor et Solor « pour aller vers Saquedane ès îles Philippines[1] », et il s'y rend avec l'intention d'y trafiquer des diamants. À son arrivée, les marchands du lieu l'initient, par courtoisie pense Ripon, à un rite étrange : au cours d'une négociation muette

1 Elie Ripon, *Voyages et aventures aux Grandes Indes, Journal inédit d'un mercenaire, 1617-1627*, présentation et notes Yves Giraud, postface de Gérard A. Jaeger, Paris, Les Éditions de Paris, 1997, 205 p., p. 156.

menée avec des traficants invisibles, les marchands déposent sur un tapis, en un lieu convenu, à l'écart, « un monceau d'or de sable avec un monceau de sel marin[1] », puis frappent un gong et se retirent. Les traficants invisibles viennent alors déposer leurs diamants sur le tapis. Puis frappent le gong et se retirent. L'une ou l'autre partie complète éventuellement son offre pour que l'échange puisse s'effectuer à la satisfaction de tous. Les traficants invisibles emportent alors le sel et l'or, donnant ainsi leur accord tacite pour que les marchands à leur tour emportent les diamants. La transaction s'achève sans qu'aucun contact n'ait été établi entre eux. Le procédé a étonné Ripon, suffisamment pour qu'il prête une oreille attentive aux racontars des marchands qui lui assurent que ces traficants invisibles « sont des nains de deux et trois pieds de long, et ont une longue queue jusques à terre, et habitent en terre en des tanières, comme renards [...][2] ». Pourtant Ripon n'est pas crédule habituellement[3], il conduit son récit sans passion ni émotion particulières la plupart du temps, du même ton égal d'un homme qui en a vu beaucoup et se contente de témoigner. Mais, après la mise en condition à laquelle les insulaires viennent de le soumettre, il perd visiblement son assurance, et ne se montre plus guère hardi pour trafiquer des diamants : « Je leur ai répondu que je ne voulais pas avoir à faire avec tels marchands inconnus et invisibles[4]. » Toute sa représentation des lieux s'en trouve alors affectée, car l'île paraît plongée elle aussi dans une atmosphère où plus rien ne s'explique par les lois naturelles connues : « Car quand on pense marcher par le pays, on est tout ébahi qu'on tombe mort sans voir personne[5] », ce qui, pour un homme accoutumé à monter à l'assaut contre des adversaires bien réels et à se battre au corps à corps, est proprement inconcevable sans doute ! Ripon avait d'abord une vision favorable de l'endroit : « Ce pays est tout plein de rivières, et disent que [ces traficants invisibles] pêchent les diamants dedans les rivières, et cela est bien à croire car j'en ai vu briller dans l'eau [...][6]. » A-t-il émis l'hypothèse d'en ramasser lui-même pour éviter la

1 *Id.* p. 157.
2 *Ibid.*
3 Ripon a fait de l'oiseau de Paradis, par exemple, une description très exacte, et il remet clairement en cause les légendes tenaces qui couraient depuis longtemps à propos de cet oiseau.
4 Elie Ripon, *op. cit.*, p. 157.
5 *Ibid.*
6 *Ibid.*

négociation inquiétante ? Les marchands lui assurent en tout cas « qu'il y avait aussi des Portugalais et Espagnols qui avaient amené des plongeurs pour penser pêcher les diamants eux-mêmes ; mais quand ils étaient entrés dedans l'eau, ils n'en ressortaient point, et cela fut cause qu'ils quittèrent tout[1]. » Ripon ne semble pas s'être trop attardé non plus. Il donne dans les paragraphes qui suivent une description rapide des Philippines, mais de l'île elle-même où il a séjourné, il ne dit rien. Et s'il a fait emplette de diamants : « J'ai pris congé après avoir fait toutes mes affaires[2] », c'est probablement auprès des marchands susdits, et selon les modalités fixées par eux. L'absence de tout commentaire ultérieur sur son étrange aventure laisse supposer qu'il est resté troublé et perplexe, ce qui surprend chez un homme par ailleurs pragmatique, peu impressionnable, presque blasé. L'île aux diamants elle-même devient dans son récit une entité translucide, elle demeure immergée dans son extravagante histoire à la manière des diamants dans la rivière. Ainsi, l'on est tenté parfois de penser qu'en réalité *il n'y a pas d'île*, qu'une île apparaît et existe uniquement par la représentation que le voyageur s'en fait, par le rêve effervescent qu'il construit autour d'elle, et par ce qu'il croit en avoir compris.

Aux diamants du capitaine Ripon, font bizarrement écho les plumes rouges des perroquets de l'île d'Amsterdam, que les Tahitiens tenaient pour des joyaux. En avril 1774, Cook revient à Tahiti pour la seconde fois de son voyage. Cela fait deux ans qu'il a quitté l'Angleterre, et le stock de produits d'échange dont il dispose a considérablement diminué. Mais à la fin de l'année précédente, il avait relâché dans l'archipel des Tonga[3]. Et il a rapporté de l'île d'Amsterdam, à titre de curiosité, des plumes de perroquets rouges. Or, les plumes rouges ont une valeur inestimable à Tahiti et dans l'archipel de la Société. Dans la communauté d'origine, pré-européenne, l'île était divisée en chefferies dominées par des clans qui comportaient un chef, ses adjoints et des nobles. Comme descendants des dieux polynésiens, les nobles portaient traditionnellement des ceintures de plumes rouges, symboles de leur pouvoir. Cook lui-même rapporte qu'il a vu ces plumes orner ce qu'il appelle les « tabliers de

1 *Ibid.*
2 *Id.*, p. 159.
3 Abel Tasman avait découvert l'archipel des Tonga en 1643. Il avait nommé les îles les plus importantes Amsterdam, Rotterdam et Middelburg. Cook les appelle « îles de l'Amitié ».

danse » ainsi que des couronnes en feuilles de bananier dans les diverses manifestations auxquelles il a assisté.

Le 24 avril, il reçoit la visite du roi Otou et d'autres chefs, qui lui apportent quantité de denrées locales. « J'ai déjà raconté, écrit Cook, que lorsque nous étions à l'île d'Amsterdam nous avions récolté, entre autres curiosités, des plumes de perroquets rouges. Quand ils l'apprirent, tous les principaux habitants des deux sexes cherchèrent à gagner nos faveurs en nous apportant des fruits et d'autres produits de l'île, afin d'obtenir de ces précieux joyaux[1]. » Sans cette réserve de plumes, constate Cook, il lui aurait été difficile de pourvoir le navire des vivres nécessaires, et il est soulagé de cette aubaine qui lui ouvre de nouveau de belles possibilités de troc alors qu'il n'avait en fait plus rien à proposer. Mais lorsqu'il s'apprête à quitter l'île, à la mi-mai, et alors que de jeunes Tahitiens s'offrent à rentrer avec lui en Angleterre, il est confonté à une exigence du roi un peu particulière : « Otou m'importunait beaucoup pour que j'en emmène un ou deux, chargés de récolter pour lui des plumes rouges dans l'île d'Amsterdam, qui auraient couru la chance de trouver un moyen de revenir[2]. » S'embarquer pour aller quérir des trésors sur une terre inconnue, s'en remettre au hasard pour revenir au pays chargé des richesses convoitées, et tenter l'aventure malgré tout, au risque de se perdre – que d'expéditions ont été montées en Europe à destination d'îles lointaines hypothétiques, selon ces mêmes données de départ ! La norme se trouve abolie, et c'est également en cela que réside l'étrange pouvoir du voyageur : il ouvre les portes d'un autre monde. Il peut donc rapporter des diamants négociés par des nains invisibles, dans une île irréelle susceptible *d'effacer* à tout moment un visiteur trop curieux. Ou tenter sa chance pour aller chercher les plumes rouges des perroquets d'Amsterdam, lui qui n'a jamais navigué qu'avec la terre en vue, et sans du tout savoir comment il reviendra. Il peut également, s'il est Européen d'origine, aller « cueillir » l'or des îles tropicales, que le soleil brûlant fait pousser en terre, à la façon de plantes exubérantes.

---

1 James Cook, *op. cit.*, p. 231.
2 *Id.*, p. 239.

LES MINES : UNE QUESTION D'ENSOLEILLEMENT

En effet, selon la physique médiévale, l'or croissait en terre par une véritable alchimie naturelle : les rayons du soleil avaient la vertu d'engendrer les métaux précieux, l'or en particulier. Il paraissait par conséquent plus facile d'en trouver dans la zone dite torride, où l'action du soleil était particulièrement violente sur les terres minérales. La quête de l'or est donc associée dès l'origine à la découverte de l'île (puisque toute terre découverte et abordée par sa façade maritime a d'abord été pensée comme île.) Une telle conviction reparaît par intervalles dans les relations de voyage au cours des XVIe et XVIIe siècles, et justifie la recherche de l'île de l'Or, si fréquemment menée par les navigateurs de cette époque.

Colomb adhère totalement à cette thèse, qu'il évoque dès son arrivée aux Antilles en novembre 1492 : « À cause de cette chaleur qu'il dit avoir supportée aux Indes, l'amiral suppose que dans les régions qu'il était en train de visiter il devait y avoir beaucoup d'or[1]. » Car le navigateur que nous reconnaissons comme un précurseur, qui a ouvert les voies nouvelles et bouleversé la représentation du monde, reste un homme du Moyen-Âge, il en a les croyances et les conceptions. C'est un lecteur de Marco Polo, et il ne remet en question aucune des légendes transmises par le *Devisement du Monde.* Il croit à l'île des Femmes, à la montagne d'eau qui forme le nombril de la terre, à la germination de l'or sous l'action du soleil. Il en précise les causes lors de son troisième voyage aux Antilles en 1500 : « Dans toutes ces îles se produisent beaucoup de choses précieuses, en raison de la douceur de la température qui leur vient du ciel, à cause de leur position même, qui est rapprochée du point le plus haut du monde[2]. » Pour Colomb en effet la terre a la forme d'une poire, ronde mais dotée d'un renflement à la queue[3]. Découvrant les Indes par l'ouest, comme il le croit, il se trouve par conséquent sur ce renflement, point le plus élevé et le plus proche du soleil, donc dans des îles où l'or doit pousser en abondance – nécessairement.

1 Christophe Colomb, *Œuvres, op. cit.*, p. 83. Cité par Las Casas.
2 *Id.*, p. 235.
3 *Id.*, p. 231.

La formulation retenue par les voyageurs ne laisse généralement pas de doute sur la manière dont l'or prolifère dans les îles tropicales. En novembre 1529, les frères Parmentier atteignent la côte de Sumatra. Ils prennent contact avec des indigènes, et ils abordent immédiatement avec eux leurs deux centres d'intérêt, le poivre et l'or : c'est pour en acquérir qu'ils ont entrepris le voyage. Le même terme « croître » est utilisé dans les deux cas, puisqu'il s'agit en somme de deux produits qui demandent, pour se développer, des conditions climatiques identiques : « et nous montrèrent du poivre, disans qu'il en croissoit force en cette isle, et qu'il y croissoit de l'or[1]. » Le Testu emploie le même terme en 1556 dans sa *Cosmographie*, par exemple lorsqu'il présente la carte des Antilles « ou sont les illes de la Coube et Espaignolle, en laquelle croît de l'or [...][2]. » En 1609, João dos Santos analyse en détail le processus d'action du soleil sur les terres du Monomotapa, en particulier l'influence de ses rayons, « qui outre de les épurer et de les convertir en or, faisait jaillir l'or même hors de la terre avec une telle force, comme l'aurait fait une plante qui veut naître, et particulièrement dans ces endroits où il apparaît à la surface de la terre[3]. » La puissance de la germination, le sol qui se fendille sous la poussée, tout effectivement semble annoncer que l'or et la plante lèvent selon le même processus : « Ce qui était clairement montré où il y avait de grosses mines[4], parce que là on voyait la terre crevassée en de nombreux endroits et les pépites d'or se trouvaient dans les ouvertures qu'elle faisait[5]. »

Le XVIIe siècle ne paraît pas avoir sensiblement modifié la thèse de la croissance d'un or engendré par le grand soleil tropical. Lorsque Souchu de Rennefort s'interroge en 1666 sur l'éventuelle présence de mines d'or et d'argent à Madagascar – de l'existence desquelles les Européens n'ont

1 Jean et Raoul Parmentier, *Le discours de la navigation de Jean et Raoul Parmentier, voyage à Sumatra en 1529, description de l'Isle de Sainct-Domingo*, publié par Ch. Shefer, Genève, Slatkine Reprints, 1971, 202 p., p. 60.

2 Guillaume Le Testu, *Cosmographie Universelle selon les navigateurs tant anciens que modernes, par Guillaume Le Testu, pillote en la mer du Ponent, de la ville françoise de Grace*, Présentation de Frank Lestringant, Paris, Arthaud, Direction de la Mémoire, du Patrimoine et des Archives, Carnets des Tropiques, 2012, 240 p, F. LII. – *La Coube* désigne Cuba, l'*Espaignolle* Haïti/Hispaniola.

3 João dos Santos, *op. cit.*, p. 220.

4 « Mine » est ici synonyme de « minerai ». Le terme de « mine » désigne dans les récits aussi bien la pépite trouvée en terre qu'un véritable gisement aurifère.

5 *Ibid.*

pu acquérir aucune preuve jusqu'alors – sa conclusion reste révélatrice : « Ils ont de l'or et de l'argent : mais nous ne sçavons pas si ces metaux sont originaires de leur païs ; et j'estime que s'ils le tirent de chés eux, c'est de la partie de l'isle la plus proche de la ligne, dont nous n'avons encore rien d'asseuré[1]. » Quant à Barthélémy Carré, lorsqu'il analyse en 1670 le régime des moussons en Inde, sa conviction est clairement exprimée : « [...] l'air et la mer ayant moins de corps et de subsistance que la terre, je trouve que les effets du soleil sont bien moins admirables sur ces deux éléments que ceux qu'il produit dans le sein de la terre, où il a la vertu de produire l'or, de donner la beauté et l'éclat aux pierreries et aux diamants dans le centre des plus durs rochers qu'il pénètre d'une manière inconnue aux hommes [...][2]. » Finalement, l'hypothèse de ces îles susceptibles de fournir de l'or en quantité, et que l'on estimait donc se trouver de préférence dans la zone torride, a stimulé les courages et justifié l'envoi d'expéditions qui ne seraient peut-être pas parties si ces croyances n'avaient pas été aussi solidement ancrées dans les esprits. En arrière-plan de surcroît, l'idée qu'Ophir[3] – d'où, selon les Écritures, on apportait l'or au roi Salomon – devait se (re)trouver quelque part sur les routes maritimes nouvellement ouvertes, était également un formidable moteur en même temps qu'un très vieux rêve.

L'ÎLE DE L'OR

... L'île de l'or est la plus instable de toutes les îles errantes, il semble qu'elle ait été objet de fantasme et de convoitise dès l'aube de notre histoire. Suivant le rapport des Carthaginois, Hérodote en situait une dans une île étroite toute proche de la Libye : « On y passe aisément

1 Urbain Souchu de Rennefort, *Relation du premier voyage de la Compagnie des Indes orientales en l'isle de Madagascar ou Dauphine, par M. Souchu de Rennefort, secrétaire de l'État de la France orientale*, À Paris, chez Pierre Aubouin, 1668, 340 p., Livre II, p. 260.

2 Barthélémy Carré, *Le courrier du Roi en Orient, Relations de deux voyages en Perse et en Inde, 1668-1674*, présenté et annoté par Dirk van der Cruysse éd., Paris, Librairie Arthème Fayard, 2005, 1210 p., p. 148.

3 Jean-Michel Racault, *Mémoires du Grand Océan, Des relations de Voyages aux littératures francophones de l'océan Indien*, Paris, PUPS, coll. Lettres Francophones, 2007, 286 p., p. 21.

du continent [...]. Il y a dans cette île un lac, de la vase duquel les filles du pays tirent des paillettes d'or avec des plumes d'oiseaux frottées de poix[1]. » Encore existe-t-il là une technique de cueillette, que l'on supposera inutile dans certaines îles tropicales où il devait suffire de se baisser pour ramasser les pépites. Au cours de la seconde expédition conduite par Vasco de Gama, en 1502, la flotte remonte le canal du Mozambique et quatre vaisseaux détachés de l'escadre font escale à Sofala, place importante du trafic de l'or : « Nous nous dirigeâmes vers une île nommée Sofala, où on trouve plus d'or que nulle part au monde, lit-on dans le manuscrit de Vienne. Là réside un roi, dont on prétend qu'il faisait autrefois à Notre-Seigneur des offrandes d'or[2] ; mais le roi actuel est un païen. Dans cette île nous avons acheté contre des perles de verre, des anneaux de cuivre, des miroirs et du lainage 25 000 méticals d'or : un métical est infiniment plus lourd qu'un ducat[3]. » Selon Tomé Lopes, qui participe à cette même expédition, l'on aurait dû en obtenir bien davantage, d'autant plus que des Maures rencontrés à l'île de Mozambique leur ont assuré qu'ils possédaient « des livres et des écritures selon lesquelles c'est de cette même mine que le roi Salomon tirait tous les trois ans tout son or [...][4]. » L'île de Sofala est en effet l'une des premières identifications possibles d'Ophir, comme le souligne João dos Santos en 1609[5], puisqu'elle draine tout l'or venu du Monomotapa, un or que l'on y trouve « en fine poudre avec le sable ; en grains, comme des perles petites et grosses ; en pépites, les unes si massives qu'elles semblent fondues ; d'autres faites en petites branches avec beaucoup d'ergots ; d'autres enveloppées et mélangées avec la terre [...], dont les vides et les trous sont pleins de terre rouge qui ne sont pas encore transformés en or mais [la terre rouge] montre bien, par sa couleur, qu'elle va aussi se transformer en or[6]. » Cependant, pour Pigafetta, qui navigue vers les Moluques par l'est avec l'expédition Magellan, ce sont les escales effectuées dans l'archipel des Philippines qui répondent à son

1 Hérodote, *op. cit.*, Livre IV, Melpomène, CXCV.

2 Variation ou déformation de l'histoire du Roi Salomon ?

3 « Le manuscrit de Vienne » in *Voyages de Vasco de Gama, Relations des expéditions de 1497-1499 et 1502-1503*, Récits et Témoignages traduits et annotés par Paul Tessier et Paul Valentin, Préface de Jean Aubin, Paris, Chandeigne, coll. Magellane, 1995, 399 p, p. 310-311.

4 Tomé Lopes, in *Voyages de Vasco de Gama*, *op. cit.*, p. 210.

5 João dos Santos, *op. cit.*, p. 216-217.

6 *Id.*, p. 221.

attente en mars 1521 : « En l'île de ce roi qui vint à la nef il y a des mines d'or, qu'on trouve en pièces grandes et grosses comme des noix et des œufs, fouillant en terre. Et tous les vaisseaux en quoi il se sert sont de même, et encore aucunes parties de sa maison [...][1]. » En mai suivant, l'île de Mindanao confirmera sa première impression : « La plus grande commodité qui soit en cette île est l'or en abondance. [Les indigènes] nous montrèrent certaines petites vallées, nous faisant signe qu'il y avait autant d'or comme ils avaient de cheveux, mais qu'ils n'avaient point de ferrements ni engins pour le tirer, et davantage qu'ils n'en voudraient prendre la peine[2]. » Les Philippines sont donc supposées regorger d'or, un métal jugé sans grand intérêt par les insulaires qui n'en voient pas l'utilité directe : ils mangent certes dans de la vaisselle d'or, mais disposent de peu de vivres, riz et poisson constituant l'ordinaire des repas même chez le roi, ce qui laisse positivement Pigafetta sur sa faim[3]. Francesco Carletti, qui passe à Manille en juin 1596, rapporte que les Espagnols y sont désormais installés à demeure : « Jadis, affirme-t-il, ils gagnaient sur l'or, dont ces îles abondent, un bénéfice de 150 pour cent. Aujourd'hui ce n'est plus le cas [...][4] ». Sans doute les convictions initiales de Pigafetta sur les ressources des Philippines se sont-elles avérées trop optimistes ? Le commerce des marchandises apportées par les Chinois à Manille s'est révélé, tous comptes faits, bien plus lucratif que celui de l'or... Néanmoins, lorsque Mullet des Essards, commis aux revues sur la frégate la *Dryade*, se trouve faire escale lui aussi à Manille, en octobre 1788, il incrimine le manque de volonté des colons plus que l'absence significative de l'or : « [...] le caractère apathique des Espagnols encore abâtardis dans cette contrée lointaine paraît s'opposer aux avantages que cette colonie offrirait à toute autre nation plus industrieuse. Ils n'exploitent pas les mines, les naturels se contentent de tirer le sable des rivières, de le laver et d'en extraire les paillettes d'or qu'ils rencontrent pour les échanger contre des piastres[5]. » Nous sommes donc assez loin

---

1 Antonio Pigafetta, in *Le Voyage de Magellan (1519-1522)*, *op. cit.*, t. 1, p. 133.

2 *Id.*, p. 177.

3 *Id.*, p. 176.

4 Francesco Carletti, *Voyage autour du monde de Francesco Carletti*, introduction et notes de Paolo Carile, traduction de Frédérique Verrier, Paris, Chandeigne, coll. Magellane, 1999, 350 p., p. 132.

5 Louis-Gabriel Mullet des Essards, *Voyage en Cochinchine, 1787-1789*, Livre de mer de Louis-Gabriel Mullet des Essards commis aux revues sur la frégate *la Dryade*, retranscrit

de l'Eldorado suggéré par le récit de Pigafetta… Ainsi, le mirage d'îles dotées de mines fabuleuses a conduit régulièrement les navigateurs à des identifications hâtives, vite suivies de déceptions, puisque, même si des gisements sont assez souvent découverts dans les terres nouvelles, l'île de l'Or, telle que les voyageurs l'imaginent, ne l'est toujours pas. Les lieux où elle apparaît transitoirement recoupent en fait la progression des Découvertes : Hispaniola atteinte par Colomb, Sofala par Vasco de Gama, les Philippines par Magellan, ont été successivement envisagées comme les îles de l'Or. Chacune d'entre elles s'est confondue alors pour un temps avec l'Ophir des Anciens enfin localisé. De même, l'expédition de découverte menée par Alvaro de Mendaña entre 1567 et 1569 faisait suite aux rumeurs qui couraient depuis 1560 à Lima sur les mines d'or du roi Salomon, dont on pensait qu'elles se trouvaient *à l'ouest* dans les îles de la mer du Sud. L'archipel découvert par Mendaña a reçu le nom de « Archipel des Salomon », parce que retrouver les gisements où le roi venait s'approvisionner était précisément la finalité du voyage, et que Mendaña se croyait proche du but.

Mais la région de Malacca-Sumatra reste sans doute celle qui a réuni le plus de suffrages. En 1520, Diogo Pacheco fut envoyé de Malacca pour découvrir les îles de l'Or que l'on disait se trouver *à l'ouest* de Sumatra. Il sera, en conduisant cette recherche, le premier Européen à avoir fait le tour de l'île. Fernão Mendes Pinto est lui aussi envoyé à Sumatra par Pero de Faria, capitaine de Malacca nouvellement nommé en juin 1539. Officiellement sous couvert d'ambassade. Officieusement Pero de Faria « attendait surtout des informations véritables sur tout ce que je verrais dans ce pays, rapporte Pinto, et espérait que j'y entendrais parler de l'*île de l'Or*, car il avait résolu d'écrire à Son Altesse de quoi il retournait[1]. » À son retour, Pinto remet à Faria tous les renseignements demandés sur l'île de Sumatra et : « Je lui apportai également par écrit l'information qu'il m'avait demandée sur l'*île de l'Or*, laquelle, aux dires de tous, se tient face au fleuve *Calandor*, par cinq degrés sud, entourée de nombreux écueils et de grands courants, et peut être éloignée de quelque cent soixante lieues de cette pointe de

---

par son descendant Bruno BIZALION, Paris, Les Édition de Paris, 1996, 159 p., p. 93.

1 Fernão Mendes Pinto, *Pérégrination*, récit traduit du portugais et présenté par Robert Viale, Paris, La Différence, coll. Minos, 2002, 987 p., p. 78. « Son Altesse » désigne le roi dom João III, voir p. 99.

l'île de *Samatra*[1]. » En somme, il ne l'a pas vue, mais sait où la trouver... Dom João III averti envoya à sa découverte plusieurs expéditions qui demeurèrent sans effet, divers incidents graves ayant entravé le bon déroulement des navigations entreprises. « On ne reparla plus, depuis lors, de cette découverte, qui serait semble-t-il si profitable au bien commun de notre royaume, regrette Pinto, s'il plaisait à Notre Seigneur que cette île vînt à se trouver[2]. » Sumatra elle-même est demeurée longtemps une sorte de point d'ancrage des rêves d'or. Seul change le nom du royaume qui en produit le plus. Lorsque Henrique Dias raconte le naufrage de la nef *São Paulo*, perdue en janvier 1561 sur la côte de Sumatra, il mentionne au passage l'or que l'on trouve dans un royaume du centre de l'île : « Le pays renferme toutes les richesses que les âmes des mortels convoitent et désirent, une grande quantité d'or très fin de Menang-kabo, dont il arrive tous les ans à Malacca 12 ou 15 quintaux. C'est de là, comme certains le disent et le prétendent, que Salomon tirait l'or qu'il envoyait chercher et que ses nefs lui rapportaient pour la construction du Temple[3]. » João dos Santos n'ignore pas cette hypothèse en 1609, émise initialement, pense-t-il, par Flavius Josèphe, dont il rapporte les propos : « [...] à savoir que la région d'Ophir, d'où ils apportaient l'or à Salomon, était l'île de Sumatra, située en Inde, sur la côte de Malacca[4]. » Comme de nombreux auteurs se sont rangés à cette opinion, Dos Santos ne tranche pas (même si pour lui l'identification Ophir-Sofala ne fait guère de doute), et il note au passage que Flavius Josèphe nomme Sumatra la « terre dorée[5] ». Ces conjectures réapparaissent ensuite très régulièrement dans les récits de voyage. Celui de Vincent Leblanc en 1649 : « *Malaca* est un Royaume puissant, que quelques uns pensent estre la *Chersonese* d'or des anciens, et l'*Ophir* de Salomon, à cause qu'on trouve force or en quelques endroits de l'isle de *Sumatra* qui en est proche, et

1 *Id.*, p. 98.
2 *Id.*, p. 99.
3 Henrique Dias, *Relaçaõ da viagem e naufragio da nao S. Paulo que soy para a India no anno de 1560*, sous le titre *Naufrage de la nef São Paulo à l'Île de Sumatra en l'année 1561*, p. 89-197 in *Histoires tragico-maritimes, trois naufrages portugais au XVIe siècle*, traduction de Georges Le Gentil, préface de José Saramago, Paris, Chandeigne, coll. Magellane, 1999, 220 p., p. 168-169.
4 João dos Santos, *op. cit.*, p. 217-218.
5 *Id.*, p. 218.

que comme nous avons déjà dit, les anciens croyoient estre jointe à la terre ferme[1]. » Tradition livresque et expérience vécue ne concordent pas, visiblement, pour Guidon de Chambelle qui, comme mercenaire au service de la V.O.C., a rejoint Malacca en juin 1646 pour raisons de service : « Tu noteras, lecteur, que Malacca est la Chersonèse dorée. Les gens disent qu'il y a cinquante ans qu'on pêchait de l'or sur le rivage de la mer. Même il y a encore de petites îles où on en trouve[2]. » Relayer la rumeur, c'est la faire vivre malgré tout, et la concession des petites îles où l'on peut encore aller « pêcher de l'or » tempère un peu l'impression d'être arrivé trop tard, quand les réserves que l'on disait inépuisables sont finalement épuisées. Lorsque Gautier Schouten fait en 1665 le point sur les thèses les plus discutées, sa conviction personnelle rejoint finalement celle de João dos Santos : « Quelques uns ont prétendu que cette isle [*i. e.* : Sumatra] est l'Ophir de l'Écriture Sainte. D'autres ont dit que c'étoit Malaca. Mais l'opinion la plus probable est pour Zofale, ville sur la côte orientale d'Afrique, où le roi Salomon envoioit querir de l'or par la mer Rouge[3]. »

Bien d'autres localisations ont été envisagées cependant, et si l'île de l'Or a beaucoup erré, c'est peut-être parce que les voyageurs eux-mêmes l'emportent dans leurs coffres en quittant leur pays, qu'elle les accompagne tout au long de leur périple, et qu'elle se sédentarise à leur manière, pour des temps toujours brefs, au gré des escales. En attendant de la trouver tout de bon, ils en parlent beaucoup, elle leur fournit de longues parenthèses de rêve au cours des navigations, pendant lesquelles ils peuvent, au sens propre, construire des châteaux en Espagne. En 1561, quelques semaines avant de faire naufrage, la nef *São Paulo* navigue au large de l'Australie et les passagers sont intrigués par la présence d'oiseaux qu'ils

1 Vincent Le Blanc, *Les Voyages fameux du sieur Vincent Le Blanc marseillais, qu'il a faits depuis l'âge de douze ans jusques à soixante, aux quatre parties du Monde*, Rédigés fidèlement sur ses Mémoires et Registres par Pierre Bergeron, Paris, Germain Clousier, 1649, 3 parties, 1 vol. (276 – 179 – 150 p.), t. 1, p. 153.

2 Jean Guidon de Chambelle, *Voyage des Grandes Indes Orientales, commençant depuis le 26 décembre 1644 [...]*, in *Mercenaires français de la V.O.C., La route des Indes Hollandaises au XVIIe siècle, Le récit de Guidon de Chambelle (1644-1651) et autres documents*, Présentation, Transcription et notes de Dirk van der Cruysse, Paris, Chandeigne, coll. Magellane, 2003, 287 p., p. 71 *sqq.*, p. 130.

3 Gautier Schouten, *Voiage de Gautier Schouten aux Indes Orientales, commencé l'An 1658 et fini l'An 1665*, traduit du hollandais, chez Pierre Mortier, Amsterdam, 1708, 2 vol., 509-492 p., t. 2, p. 125.

attrapent à la main quand ils se posent sur le navire : « Nous pensions qu'ils arrivaient de l'île de la Poudrière, auprès de laquelle on se croyait, et aussi des îles d'Or, à la hauteur desquelles nous étions parvenus[1] ». Ce toponyme, qui désigne en fait des îles imaginaires dont personne ne sait rien, suffit à susciter des vocations à bord : « Il y avait chez nous des hommes si avides que leur intention fut de se jeter sur cette côte. Ils disaient qu'on devait y aborder. [...] Ils formaient déjà des projets, construisaient mille châteaux en l'air. Beaucoup, gens de naissance et de condition infimes, prétendaient à mieux que d'épouser des comtesses au Portugal[2]. » L'obsession de l'or hante les récits, et ce, depuis le début des Découvertes. Un des buts de la conquête des Canaries n'était-il pas d'ouvrir la route pour atteindre *le fleuve de l'Or*, c'est-à-dire le Sénégal, que l'on prenait alors pour un bras du Nil ? Avant de reprendre sa navigation vers Sumatra, la nef *São Paulo* avait déjà laissé une partie de ses passagers au Brésil en octobre 1560, « cent et quelques hommes, partis à la découverte de la Rivière de l'Or, où le gouvernement envoyait alors un capitaine[3]. » D'une manière générale, comme toutes les îles errantes, l'île de l'Or se trouve toujours plus au large. Un navigateur conséquent la situe souvent *à l'ouest* de son point de départ, comme si elle avait obtenu, en profitant du soleil jusqu'à ses derniers rayons, sa complète métamorphose en métal précieux. Les courants, les écueils, voire la traîtrise des indigènes, empêchent seulement de l'atteindre. En 1649, Vincent le Blanc rapporte que « vers Sumatra, sont les isles d'*Andreman* ou *Andemaon*, c'est-à-dire, isles d'or, fort fameuses pour estre habitées de peuples *Antropophages*[4] ». Longtemps l'existence de telles îles ne paraît pas avoir été mise en doute par le commun des voyageurs. Simplement, divers accidents ont empêché de les reconnaître comme on l'avait prévu.

Bien entendu, les îles de l'Or, et même Ophir, ont été localisées également aux Antilles, peu de temps après les découvertes de Colomb. Dans un mémoire sur Saint-Dominigo, où il semble s'être rendu entre 1520 et 1526, Jean Parmentier note : « [...] à sept ou huit lieües du bout de la mer, y a une haute montagne apellée la Mine, pour ce que c'est

1 Henrique Dias, « Le naufrage de la nef São Paulo », in *Histoires tragico-maritimes*, *op. cit.*, p. 139.
2 *Ibid.*
3 *Id.*, p. 111.
4 Vincent Le Blanc, *op. cit.*, t. 1, p. 135.

vraye mine d'or ; et y a grande quantité d'or, mais ne veulent point amuser à le tirer [...][1]. » En 1609, João dos Santos signale que l'une des Antilles a été identifiée par certains comme l'ancienne Ophir : « D'après [le parisien Vatable], Ophir est une île située dans la mer du sud découverte par Christophe Colomb, qu'il appela Espagnola, très abondante en or fin [...]. Gaber [fut le] port de la mer Rouge, d'où les flottes de Salomon partaient chercher l'or et puisque cette île était si loin, les navires mirent trois ans à faire l'aller-retour[2]. » Mais Dos Santos ne croit pas cette assertion recevable, à cause de la longueur et des difficultés d'une telle navigation. Pourtant, Vincent Le Blanc rapporte en 1649 que l'on trouve aux Antilles des pépites d'un or absolument pur : « La plus grande pierre ou morceau que j'aye peu voir, n'estoit pas de plus de trois livres ; et toutesfois il s'en est porté au Roy d'Espagne du poids de dix voire vingt livres. On en tira un [...] en Cuba, du poids de trois mil trois cens dix peses, [...] et comme on le portoit par merveille en Espagne avec force autres richesses, le navire se perdit dans la mer[3]. » Colomb avait été, en 1492, le premier découvreur de Cuba, le premier navigateur à vouloir absolument reconnaître l'île de l'Or. Cipangu et Babecque, comme nous le verrons dans l'étude suivante, furent à la fois son Ophir et son Eldorado. De multiples raisons avaient conduit l'Amiral à chercher les îles de l'Or avec un entêtement tel qu'il met aujourd'hui encore ses commentateurs mal à l'aise. Il avait en particulier conçu le projet, non de construire comme Salomon un Temple à Jérusalem, mais d'y reconquérir le Saint-Sépulcre, et l'île d'Or trouvée aurait permis aux Rois Catholiques – et à leur amiral – d'aller délivrer la Terre Sainte.

La quête de cette autre *Non Trubada* qu'est l'île de l'Or est donc vouée à l'échec. Non parce qu'elle n'existe pas. Les pierres précieuses, les plumes rouges et les pépites d'or peuvent se « cueillir » effectivement dans un certain nombre d'îles. Mais parce que ce que cherche le voyageur dépasse largement ce que l'île abordée pourra jamais lui offrir. Si le premier atterrage lui permet d'abord de concrétiser ses illusions, et d'en prolonger un temps la douceur, quelques investigations plus approfondies

1 Jean Parmentier, « Mémoire de ce qui est contenu en l'isle de Saint Dominigo », in *Le discours de la Navigation*, *op. cit.*, vol. 2, p. 91.
2 João dos Santos, *op. cit.*, p. 218.
3 Vincent Le Blanc, *op. cit.*, livre 3, p. 120-121.

le détrompent nécessairement. Il quitte alors une île pour une autre qui parviendra mieux, croit-il, à satisfaire ses exigences. Et son voyage devient, comme celui de Colomb aux Antilles, un cabotage anxieux à la recherche d'une introuvable Cipangu, d'une inaccessible Babeque.

ET LE DIABLE A BIEN RI

BABEQUE ET CIPANGU

Colomb atteint par l'ouest ce qu'il pense être les Indes. Il cherche Cipangu, c'est-à-dire le Japon, dont Marco Polo avait écrit que ses habitants « [...] ont tant d'or qu'on ne saurait le compter ; ils le trouvent dans leur île et personne n'oserait enlever et emporter de l'or de l'île parce que peu nombreux sont les marchands du continent qui s'y rendent, tant elle est éloignée ; aussi ont-ils un or innombrable dont ils ne savent que faire[1]. » Polo avait également décrit le palais du seigneur de l'île, « tout couvert d'or fin [...], tout le pavement du palais et de ses pièces est fait de pavés d'or fin longs et larges qui ont bien deux doigts d'épaisseur. Pareillement, toutes ses fenêtres sont aussi d'or fin [...][2]. » Colomb est parti vers l'ouest avec ces images-là dans la tête. Le lendemain de son arrivée à San Salvador, (île Watling ? aux Bahamas) à peine a-t-il débarqué et pris contact avec les indigènes qu'il cherche des indices : « Pour ma part, je faisais bien attention et m'efforçais de me rendre compte s'il y avait de l'or[3]. » Il ne peut communiquer que par signes, et pourtant il croit avoir compris qu'en allant vers le sud « on arrivait à une contrée dont le roi possédait de grands vases de ce même métal et qui pouvait disposer de lui en grande quantité[4]. »

Dès ce moment, il convient de s'interroger sur la pertinence des « traductions » proposées et sur le sens exact de telles « conversations » : il semble que l'amiral ait régulièrement attribué à ses interlocuteurs, dont il ne parle pas la langue et qui ne parlent pas la sienne, des opinions

---

1 Marco Polo, *La description du monde*, *op. cit.*, p. 379.

2 *Ibid.*

3 Christophe Colomb, *Œuvres*, *op. cit.*, p. 45.

4 *Id.*, p. 46.

et des discours qui étaient ceux qu'il souhaitait entendre, parce qu'ils corroboraient ses propres hypothèses et confirmaient en premier lieu sa quête personnelle. Son désir intense le conduit par conséquent à interpréter les signes, tout ce qu'il voit et entend lui paraît plaider en faveur de ses idées. Il quitte donc rapidement San Salvador – où les Indiens portent à peine un petit morceau d'or pendu au nez – pour l'île plus au sud, peut-être la vraie : « [...] je ne veux pas m'attarder davantage, et je préfère voir si je peux trouver l'île de Cipangu[1]. » Commence alors une errance inquiète, entre certitudes affichées et déceptions minimisées, d'une île à l'autre parmi les Antilles. Colomb fait escale à Sainte Marie de la Conception (Cayo Rum ?) parce que les Indiens qu'il a fait capturer à San Salvador pour lui servir de guides lui « disaient que les habitants de celle-ci portaient de gros bracelets d'or aux jambes et aux bras[2]. » Il n'y trouve pas ce qu'il cherche, et un premier doute l'effleure concernant la crédibilité de ses interlocuteurs : « Je supposais qu'ils disaient tout cela afin de nous tromper et de pouvoir se sauver plus facilement[3] », mais il continue de suivre leurs indications pourtant, qui le conduisent à la Fernandina (Long Island ?). Les guides en effet « font des signes, écrit Colomb, pour m'expliquer qu'on trouve ici de grandes quantités d'or, et que les gens le portent aux bras, sous forme de bracelet, aux jambes, dans les oreilles et au cou[4]. » Il dit son regret de ne pas pouvoir mieux reconnaître les terres si belles qu'il vient juste d'aborder et de s'en aller si vite mais, explique-t-il, « je ne veux pas perdre davantage mon temps et je me propose, au contraire, de toucher un grand nombre d'îles, pour y chercher de l'or. [...] il est certain que je ne me trompe pas et qu'avec l'aide de Notre-Seigneur je finirai par le découvrir à sa source même[5]. » Mais à son arrivée à la Fernandina, il faut de nouveau enquêter, l'or ne coule nulle part, et c'est plutôt son absence qui crève les yeux des visiteurs. Colomb envisage de faire le tour de l'île « parce que, si j'ai bien compris, il doit y avoir des mines d'or quelque part dans l'île ou tout près d'elle[6]. » Mais justement il a mal compris, et les échanges des jours suivants avec les indigènes lui laissent penser qu'il devrait plutôt

1 *Ibid.*
2 *Id.*, p. 48.
3 *Ibid.*
4 *Id.*, p. 50.
5 *Ibid.*
6 *Id.*, p. 52.

naviguer vers le sud et le sud-est, jusqu'à « Samoet, qui est l'île ou la ville où se trouve l'or. C'est du moins ce que disent tous les habitants d'ici qui viennent visiter le navire[1]. » Il quitte de nouveau Samoet (île Crooked ?) pour Cuba, puisque, dit-il, « je crois comprendre aux signes que me font tous les Indiens [...] qu'il s'agit de l'île de Cipangu, dont on raconte des choses si merveilleuses[2]. »

Il y a, dans cette quête d'une île inaccessible, une dimension presque tragique. Toute la pensée de l'amiral semble douloureusement tendue vers la localisation continuellement ajournée des mines d'or. Parce qu'il doit rapporter aux Rois Catholiques la preuve que leur confiance en lui était justifiée ? Parce que sa propre fortune en dépend ? Parce que l'homme qui a assisté à la prise de Grenade veut maintenant reprendre Jérusalem ? « Car c'est à cela, écrit-il aux Rois, que je me suis engagé envers vos Altesses ; que tout le bénéfice de mon entreprise devait être dépensé pour la conquête de Jérusalem[3]. » Il navigue donc maintenant en direction de Cuba, une terre plus belle encore que les précédentes, qui l'étaient déjà beaucoup. Les Cubains, pacifiques et timides, difficiles à apprivoiser, finissent par s'enhardir jusqu'à venir sur les navires : « L'amiral ne vit aucun homme qui portât sur lui quelque chose en or[4]. » Le pays visiblement produit du coton, du mastic, mais l'or est plus loin au sud-est, dans une île que les Indiens appellent Babeque : « Dans cette île, selon ce qu'ils lui expliquaient par signes, les habitants cueillaient la nuit de l'or sur les plages, à la lumière des chandelles, et ils le martelaient ensuite en forme de barres[5]. » Pendant quelque temps, ce nom de Babeque réapparaît comme une hantise dans le journal de Colomb, il y revient à cinq reprises entre le 12 et le 20 novembre, dans des termes presque toujours identiques : « [...] ce qu'il désirait plus que toute autre chose, c'était d'arriver à l'île qu'on appelait Babeque, car il savait, par les renseignements qu'il avait reçus, qu'il y avait là beaucoup d'or[6]. » Aux dires des Indiens, il faudra pour l'atteindre trois jours d'une navigation que l'amiral entreprend dès que le vent lui devient favorable. L'obsession de Colomb a-t-elle contaminé

---

1 *Ibid.*
2 *Id.*, p. 61.
3 *Id.*, p. 135.
4 *Id.*, p. 68.
5 *Id.*, p. 74.
6 *Id.*, p. 77.

son entourage ? Martin Alonzo, qui commande la caravelle la *Pinta*, se désolidarise de la flotte dans la nuit du 21 au 22 novembre « pour se rendre à l'île de Babeque, où les Indiens prétendent que l'on trouve de grandes quantités d'or[1]. » De son côté, empêché d'abord par les vents contraires et le temps défavorable, l'amiral touche l'extrémité orientale de Cuba, dont il aurait aimé reconnaître les promontoires aperçus « mais il renonça à cette idée, à cause du grand désir qu'il avait toujours d'arriver à l'île de Babeque [...][2] ». Tout se passe alors comme si le navigateur, à force de suivre son idée fixe, manquait l'une après l'autre chacune des îles découvertes ; comme si les îles abordées se dissolvaient au fur et à mesure qu'il les avait atteintes, pour ne consentir le droit à l'existence qu'à la seule Babeque, dont personne n'a jamais su dire s'il s'agissait d'une île réelle, qui aurait pu être identifiée alors avec Inagua Grande ? ou d'une province d'Haïti dont le nom se serait perdu par la suite ? ou peut-être de l'île d'Haïti elle-même ? à moins qu'il ne s'agisse de la Jamaïque ? Sur sa route vers Babeque, Colomb reconnaît pourtant l'île de la Tortue puis Haïti, qu'il nomme l'île Espagnole, parce qu'elle lui apparaît comme un double embelli de la Castille.

Et l'errance devient infinie. Le surlendemain de son atterrage, Colomb songe déjà à explorer le détroit entre la petite île de la Tortue et la grande île d'Haïti « parce que, selon ce qu'en racontaient les Indiens qui l'accompagnaient, c'était par là qu'il fallait passer pour aller à l'île de Babeque[3]. » Ainsi, toute l'histoire de la découverte se réduit par moments à l'obsession d'un homme qui ne parvenait pas à se défaire d'une représentation mentale ancienne ; à la navigation d'un marin d'exception, mais qui se dirigeait selon une géographie du rêve héritée de Marco Polo, et qui voulait à toute force la faire coïncider avec la géographie réelle qui se révélait à lui. Colomb interprète donc les gestes des Indiens de façon à ce qu'ils confirment le schéma préétabli dans sa tête à lui. Il a brièvement conscience parfois de ce gigantesque malentendu : « De jour en jour nous comprenons mieux ces Indiens et eux-mêmes ils finissent par nous comprendre mieux, bien qu'il leur arrive souvent de nous comprendre à l'envers[4]. » En attendant, il ne trouve pas d'or à

1 *Id.*, p. 84.
2 *Id.*, p. 98.
3 *Id.*, p. 105.
4 *Ibid.*

la côte d'Haïti qu'il a abordée, et le jeune cacique du pays auquel un Indien explique que l'amiral cherchait de l'or et qu'il voulait aller à Babeque relance la quête : « Le roi lui répondit [...] qu'en effet il y avait beaucoup d'or dans ladite île. Il montra même à l'un des hommes de l'amiral [...] le chemin que l'on devait suivre, en disant que l'on pouvait y arriver en deux jours de navigation[1]. »

Aussi Colomb éprouve-t-il, malgré les déceptions régulières, le sentiment de toucher au but : « L'amiral s'imaginait qu'il se trouvait à deux pas de la source de l'or, et que Dieu devait lui montrer l'endroit précis où l'or se produit[2]. » Il s'en estime à trente ou quarante lieues, et les objets d'or que les caciques et les indigènes commencent à se procurer pour les lui apporter le confortent dans l'idée qu'il doit pouvoir remonter jusqu'à l'origine de cet or venu d'ailleurs : « Je suppose qu'ils n'en ont dans ces contrées que de très petites quantités, quoique je pense aussi qu'ils sont très proches de l'endroit où il se produit et où l'on doit en trouver de grandes quantités[3]. » Parallèlement, il continue de communiquer par signes avec les insulaires, pour recouper ou compléter les informations obtenues, et rapporte un échange avec un vieillard qui apparemment aurait su mimer avec une étrange justesse la pensée secrète de l'amiral : « [...] ce vieillard lui disait que dans certaines îles tout était en or; et que dans certaines autres il y en avait tellement, qu'on le recueillait et on le passait au tamis [...] et on en faisait des barres, ou bien des objets de toute espèce dont il indiquait par signes la façon[4]. »

À Haïti même, l'or que les indigènes de bonne volonté réussissent à mettre entre les mains de l'amiral est suffisant pour entretenir sa foi en des mines voisines et donc l'inciter à poursuivre les recherches. Les renseignements recueillis se font également plus précis : il y a effectivement de l'or dans l'île Espagnole, mais surtout il y en a à Cibao, qui est le nom d'une province de cette même île – et l'amiral, frappé sans doute par la relative similitude des deux toponymes, pense aussitôt qu'il s'agit de Cipangu : « Parmi les endroits où ils disaient que l'on ramassait de l'or, ils firent aussi mention de Cipangu, qu'ils appelaient Cibao. Ils assuraient qu'on y trouvait de l'or en quantité, et que le

1 *Id.*, p. 112.
2 *Id.*, p. 115.
3 *Id.*, p. 116.
4 *Id.*, p. 117.

cacique du pays avait jusqu'aux pavillons qui étaient faits en or travaillé au marteau[1]. » Donc, les indigènes confirment le récit de Marco Polo. Ou plutôt ils confirment les représentations personnelles de Colomb, qui ne s'en est dépris à aucun moment, a perçu la côte de Cuba comme étant celle de Cathay, c'est à dire la Chine, et trouve par conséquent légitime et particulièrement convaincant que le Japon-Cipangu lui soit indiqué par les Indiens comme situé à l'est de Cuba. En somme, tout concorde. Est-ce l'inquiétude, la fièvre de l'or, la peur de ne pas aboutir ? Le 25 décembre, l'amiral voulut « se reposer quelque peu, car il y avait deux jours et une nuit qu'il n'avait pas fermé l'œil[2]. »

Jusqu'à son départ anticipé des Antilles au début de janvier 1493[3], Colomb apparaît effectivement comme un homme fatigué et anxieux. Peut-être d'abord parce que la *Santa Maria*, qui était son navire, s'est échouée sur un banc de sable cette nuit de Noël où il dormait et n'a pu être renflouée. Peut-être à cause de l'insubordination de Martin Alonzo, qui, après avoir abandonné la flotte du 21 novembre au 6 janvier, prétend au retour « qu'il n'avait pas trouvé de traces de l'existence de l'or, dans son expédition à l'île de Babeque[4]. » De surcroît, Alonzo revient en assurant que des Indiens – autres que les captifs qui habituellement leur servent de guides et de truchements à bord – lui avaient certifié que l'on trouvait de nombreuses mines dans l'île Espagnole elle-même. Colomb, qui ne dispose plus que de la *Nina* et de la *Pinta* dont les capitaines ne lui obéissent pas, mesure sa solitude. Il semble donc s'arrêter raisonnablement à l'idée qu'il valait mieux dans un premier temps se fixer au point d'arrivée de l'or, en attendant d'avoir des moyens plus sûrs de préciser son point de départ. Aussi laisse-t-il en s'en allant un petit établissement fortifié sur la côte, dans un endroit qui lui paraît bien situé, « en même temps que le plus rapproché des mines d'or[5]. » Mais rien par ailleurs n'a changé dans son esprit, et la quête paraît seulement mise entre parenthèses par nécessité. L'île Espagnole pourrait-elle être Cipangu[6] ? qu'en est-il de Babeque ? – « ce Babeque ne s'est jamais laissé voir », constatait Las Casas avec un peu de malice. Juste avant de partir,

1 *Id.*, p. 128.
2 *Id.*, p. 129.
3 *Id.*, p. 57 : Colomb pensait d'abord rentrer en Espagne en avril 1493.
4 *Id.*, p. 144.
5 *Id.*, p. 145.
6 *Id.*, p. 142.

Colomb dit avoir appris qu'au-delà de Cuba, du côté sud, « il y avait une autre grande île, dans laquelle on trouvait encore plus d'or que dans la première ; à tel point qu'on pouvait y ramasser des grains gros comme des fèves, tandis que dans l'île Espagnole les grains d'or qu'on pouvait trouver dans les mines ne dépassaient pas la grosseur d'un grain de blé. Il dit que cette autre île s'appelle Yamaye[1]. »

Ainsi Colomb partit à la découverte, muni d'une géographie et de certitudes qui n'appartenaient qu'à lui, cherchant avec ténacité, au milieu de centaines d'îles bien réelles et vite délaissées, Cipangu et Babeque, les deux seules qu'il n'avait guère de chance de trouver. Bizarrement, la récurrence de ces toponymes sous sa plume, la place confuse et obsédante qu'il leur accorde au milieu des préoccupations quotidiennes liées à la navigation, sa foi indéfectible dans leur existence, qui le détermine à remettre à la voile et quitter un rivage où il aurait souhaité souvent s'attarder un peu, confèrent à ces îles improbables une véritable présence dans le texte, voire une sorte de prépondérance : les îles réelles se trouvent quelque peu disqualifiées, comme si finalement l'« imagination presque malade[2] » de l'amiral avait fini par subvertir le récit. Et de fait, l'incapacité à prendre de la distance avec une information que l'expérience vient continuellement démentir conduit souvent les voyageurs à recréditer avec entêtement une hypothèse dont ils finissent, sur le long terme, par devenir les dupes.

MADAGASCAR SANS OR[3]…

Il arrive qu'à leur retour, des voyageurs évoquent sans ménagement les désillusions qui attendent les candidats au départ pour les îles lointaines. Embarqué sur le *Saint-Jean-Baptiste* en mars 1671, François

1 *Id.*, p. 145. C'est la Jamaïque.

2 Alexandre Cioranescu, in Christophe Colomb, *Œuvres*, *op. cit.*, préface, p. 14.

3 Sur les difficultés à évaluer le potentiel exact de Madagascar, on peut consulter : 1. Sophie Linon-Chipon, *Gallia Orientalis, Voyages aux Indes orientales, 1529-1722, Poétique et imaginaire d'un genre littéraire en formation*, Paris, P.U.P.S., coll. Imago Mundi, 2003, 691 p., p. 531-539. – 2. Henri Froidevaux, « La question de l'or à Madagascar au XVIIe siècle », in *Questions diplomatiques et coloniales*, Revue de politique extérieure, Paris, tome XX, septembre 1905, p. 286-291.

de L'Estra avait rejoint aux Indes l'escadre royale conduite par Jacob Blanquet de la Haye ; après la défaite des Français assiégés à Sao Tomé par les Hollandais, il revient à Amsterdam en juin 1675, sur un vaisseau délabré prêté par l'ennemi. En attendant de rentrer à Dunkerque, il loge pendant deux jours chez un aubergiste qui est en fait un rabatteur de la V.O.C., un « vendeur d'âmes » qui piège les étrangers exilés et désargentés pour les amener à s'enrôler comme mercenaires ou comme matelots. À cette occasion, L'Estra fait très clairement le point sur ce qui attend les hommes éventuellement recrutés pour les Indes : « [...] au lieu de les envoyer en des lieux où on leur dit que les diamants sont fort communs et où l'or et les perles sont en abondance, on les mène dans des îles désertes où on les fait travailler comme de malheureux esclaves le reste de leur vie, ou pour combattre avec les armes du pays[1]. » Mais les voix discordantes ne pèsent guère face à la rumeur qui crédite les îles tropicales de richesses fabuleuses dont on peut s'assurer rapidement la possession. La séduction agit même lorsque la présence de mines non seulement reste à prouver, mais que les doutes les plus sérieux planent sur leur existence. Combien de voyageurs se sont ainsi embarqués pour Madagascar[2], avec la conviction que l'île produisait de l'or et de l'argent, alors qu'après deux siècles d'escales, et même après des séjours de plusieurs années, personne n'avait connaissance d'aucun gisement précis ? « La question de l'origine exogène ou non de l'or qui circule à Madagascar est posée à peu près dans tous les textes[3] », constate Jean-Michel Racault dans *Mémoires du Grand Océan*. Et il faut bien admettre que, si personne n'est sûr qu'il y a des mines dans l'île, tout le monde en fait l'objet du discours, et l'or est d'abord un « or de paroles ». À l'île réelle se superpose obstinément une île hypothétique, une perspective d'île – situation assez fréquente du reste dans les récits de voyage – mais l'or possible de Madagascar semble avoir focalisé l'attention de voyageurs issus des nations européennes les plus diverses, et conduit quelques-uns des découvreurs potentiels à des élucubrations étonnantes. Tandis que, de leur côté, les Malgaches essaient tantôt d'exploiter l'idée fixe des Occidentaux à leur profit, tantôt se laissent contaminer par elle.

1 François de L'Estra, *Le voyage de François de L'Estra aux Indes Orientales*, (1671-1676), introduction, traduction et notes de Dirk van der Cruysse, Paris, Chandeigne, coll. Magellane, 2007, 351 p. (glossaire, notes, bibliographie et table), p. 270.

2 Voir Sophie Linon-Chipon, *Gallia Orientalis*, *op. cit.*, p. 531-539.

3 Jean-Michel Racault, *op. cit.*, p. 49.

Il y a d'abord les voyageurs capables de pondération. Ils rapportent les rumeurs persistantes sur la présence de l'or, mais se montrent discrets, voire laconiques, et prennent de surcroît quelques précautions oratoires. Parmi eux, certains pensent manifestement que l'or de Madagascar existe sans doute, mais dans des quantités nettement moins importantes que le discours ne le laisse entendre. En 1639, Johann Albrecht von Mandelslo, un voyageur allemand qui rentre en Europe, séjourne dans l'île pendant deux mois. Il écrit : « [Les Malgaches] ont de l'argent et du fer et selon certains, des mines d'or. (Ils reconnaissent l'or à son odeur.) [...][1]. » Il restreint donc immédiatement l'annonce (qui n'est pas exempte d'étrangeté malgré tout) et ne s'attarde pas. Pas plus d'ailleurs qu'Étienne de Flacourt, ce qui a de quoi surprendre davantage, puisque lui a vécu à Madagascar de 1648 à 1655, et que, comme résident, il aurait pu asseoir peu à peu une opinion pertinente sur ses observations personnelles. Mais il n'y est visiblement pas parvenu et se montre, peu ou prou, réduit à des conjectures. Il paraît sûr qu'il y a de l'or produit dans l'île car « [...] cet or, observe-t-il, n'est en aucune façon semblable à l'or que nous avons en Europe, étant plus blafard mais presque aussi doux à fondre que du plomb[2]. » Il a constaté que les Grands le portent comme ornements et en ont hérité de leurs ancêtres[3]. En revanche il ne peut pas dire d'où il vient : « Les Zafferamini sont les plus riches en or qu'ils tiennent caché, et n'en font paraître que le moins qu'ils peuvent à nous autres Français, [...][4]. » Il rapporte également la conversation qu'il a eue avec un orfèvre du pays d'Anossi : « [...] ses ancêtres sont venus de Vohemaro et [...] en ce lieu, il y a bien de l'or que l'on trouve au pays [...][5] », mais sans autre précision. À la réflexion, l'or travaillé dans la province d'Anossi par les orfèvres ne viendrait donc pas de l'Anossi... Même si on lui a dit que les Portugais avaient fait exploiter deux mines autrefois dans cette région, visiblement Flacourt ignore où elles se situent[6]. Il revient sur la

1 Johann Albrecht von Mandelslo, *Voyage en Perse et en Inde (1637-1640)*, le journal original traduit et présenté par Françoise de Valence, Paris, Chandeigne, coll. Magellane, 2008, 270 p., p. 179.

2 Étienne de Flacourt, *Histoire de la Grande Ile Madagascar, Composée par le sieur de Flacourt, Directeur général de la Compagnie Française de l'Orient*, présentée et annotée par Claude Allibert éd., Paris, Inalco, Karthala, 1995, 656 p., p. 170.

3 *Ibid.*

4 *Id.*, p. 169.

5 *Id.*, p. 134.

6 *Id.*, p. 135.

question peu après et son témoignage s'avère encore moins concluant : « J'ai appris que vers le nord de la rivière d'Yonghelahé, il y a un pays où l'on fouille de l'or. Et *j'ai toujours ouï-dire* par les Grands d'Anossi, que c'est vers ce pays là qu'est la source de l'or, ou bien il faut qu'il y en ait eu partout, car il n'y a aucun Grand de cette terre qui n'en ait beaucoup [...][1]. » En fin de compte, Flacourt ne possède aucune information fiable à l'issue d'un séjour de sept ans, n'a connaissance d'aucun gisement précis, ne peut faire état que de propos invérifiables, et ne sait pas non plus en quelle quantité l'or est extrait. Ce qui explique peut-être le scepticisme de voyageurs qui passent à Madagascar au cours de la décennie suivante. Souchu de Rennefort constate brièvement en 1666 : « Ils ont de l'or et de l'argent : mais nous ne sçavons pas si ces metaux sont originaires de leur païs[2] », ce qui signifie que les Malgaches continuent à garder le secret, tandis que Dellon envisage clairement en 1668 l'hypothèse d'un or venu du continent africain : « [...] quelques fois on en tire de l'or, et c'est l'esperance d'en trouver quelque mine qui a contribué à l'établissement de la Compagnie ; mais jusques icy toutes les recherches ont été inutiles, [...] selon toutes les apparences, celuy que ces Affriquains possedent ne vient que de la communication qu'ils ont avec les habitans de la terre ferme[3]. » Dans les faits, il semble que, s'ils n'ont trouvé nulle part les fabuleux filons de quartz aurifère dont rêvent tous les aventuriers qui débarquent dans leur île, les Malgaches connaissent malgré tout quelques gisements limités, en particulier un certain nombre de ruisseaux et de cuvettes, dans lesquels le ruissellement mécanique des eaux crée des placers rentables mais sans doute rapidement épuisés. C'est en tout cas dans ce sens que seront menées diverses investigations au cours du XIXe siècle, et c'est également ce que laissait présager, dès 1717, le témoignage de Le Gentil de la Barbinais qui, lors d'une escale à Bourbon, a rencontré « dans cette isle un Espagnol qui y est établi depuis peu, et qui ayant demeuré long-tems à *Madagascar*, en avoit rapporté une livre de fort bel or qu'il avoit pris dans un Ruisseau de cette isle [...][4] ». L'on trouve finalement juste assez d'or entre les mains

1 *Id.*, p. 143.

2 Urbain Souchu de Rennefort, *op. cit.*, p. 260.

3 Charles Dellon, *Relation d'un voyage des Indes Orientales par M. Dellon [...]*, à Paris, chez Claude Barbin, 1685, 3 parties en 1 vol, chap. VI, p. 33-34.

4 Guy Le Gentil de la Barbinais, *Nouveau voyage autour du monde par M. Le Gentil, enrichi de plusieurs Plans, Vues et Perspectives, [...]*, Amsterdam, Pierre Mortier, 1728, 3 tomes,

des indigènes pour entretenir chez les étrangers de passage l'espérance de mines encore non découvertes.

Car il y a également les rêveurs enthousiastes, auxquels ni l'emphase ni l'exagération ne font peur, comme l'Anglais William Davenant en 1637. Vers cette époque, Robert de Bavière, neveu de Charles 1er d'Angleterre, avait le projet de coloniser Madagascar et Davenant célébra par avance son expédition dans un poème hyperbolique qui anticipait la découverte de l'or : « Les uns travaillent avec ardeur dans des mines vierges d'où ils extraient de l'or si étincelant que l'œil du chimiste céleste ne peut en soutenir l'éclat : plût à Dieu que mon âme eût apporté ici mon corps, non comme poète, mais comme mineur[1] ! » L'engouement pour les mines de Madagascar semble ne s'être jamais totalement démenti. Lorsque le Suédois Johan Gustaf Spaak s'efforce en 1727 d'intéresser de hauts dignitaires de son pays « dans l'affaire Madécasse », les indications géographiques qu'il fournit pour localiser l'or sont d'une imprécision presque comique. Qu'importe, puisque lui compte, pour parvenir à ses fins, faire alliance avec les pirates établis à Madagascar : « Ces pirates sont tous des marins consommés et je sais pertinemment qu'ils ont découvert entre l'Est et l'Ouest des îles riches en or, qu'ils cherchent, *dit-on*, à défendre. Il y a là, pour la Suède, une occasion de faire un plus grand profit qu'on n'en a jamais fait ailleurs jusqu'ici ; c'est pourquoi j'assure que j'apporterai mille tonneaux d'or lors de mon premier retour en Suède[2]. » L'on ne peut s'empêcher de songer à Christophe Colomb : quittant Haïti le 3 janvier 1493, il disait que « s'il avait eu avec lui la caravelle *Pinta*, il aurait pu rapporter au moins un tonneau plein d'or[3]. » Quant au révérend Hirst, chapelain du navire de guerre anglais le *Lenox* et secrétaire du contre-amiral Cornish qui commandait ce vaisseau en 1759, il est lui aussi tombé, d'une autre façon, dans une forme de démesure après une relâche dans la baie de Saint-Augustin. Les preuves qu'il avance de l'existence de l'or sont pour

---

345-227, 199 p., t. 3, p. 100.

1 William Davenant, *Madagascar*, Poème écrit en l'honneur du Prince Rupert, in Alfred et Guillaume Grandidier éd., *Collection des ouvrages anciens concernant Madagascar*, Paris, Comité de Madagascar, 1903-1920, 9 volumes, t. 2, p. 459-460.

2 Johan Gustaf Spaak, « Rapport humble et respectueux aux nobles et illustres personnages de Suède intéressés dans l'affaire Madécasse », in Alfred et Guillaume Grandidier éd., *op. cit.*, t. 5, p. 173.

3 Christophe Colomb, *Œuvres*, *op. cit.*, p. 140.

le moins hasardeuses : « Madagascar est divisé en une foule de petits États, dont le plus grand est celui des Bouques qui, *m'ont dit les indigènes*, abonde en mines d'or, [...]. Et il y a tout lieu d'ajouter foi à cette assertion, car les dents de beaucoup des moutons et des bœufs que nous avons tués à notre bord étaient recouvertes d'une couche métallique, de sorte qu'on eût dit qu'elles étaient en cuivre, ce que les mineurs, *m'a-t-on dit*, considèrent comme un indice sûr de l'existence de minerais sous les pâturages où paissent ces animaux[1]. » L'invraisemblable processus d'osmose mis en avant dans la lettre du révérend a du moins le mérite de rappeler que tout peut servir de preuve à partir du moment où la conviction du voyageur est pré-établie.

Cependant, la recherche indiscrète et réitérée de l'or, la demande insistante adressée aux indigènes pour localiser les mines alors que visiblement ces derniers ne souhaitent pas du tout en partager le produit, paraissent s'être assez tragiquement retournées contre les Français. Désireux de s'approprier les armes et les biens personnels de leurs visiteurs, les Malgaches à l'occasion ont utilisé l'or comme appât pour faire tomber dans un guet-apens ceux qui avaient accepté de les suivre. En 1668, Dellon rapporte que « les Grands du Pays appellez Rohandrian, jaloux de nos François, ont fait plusieurs fois des alliances artificieuses, pour les attirer dans des lieux écartez, où ils les massacroient, sous prétexte de leur montrer ces mines[2]. » Jusqu'à l'épilogue par conséquent, l'or est resté objet du discours : il *est* parce qu'il est *dit*. Tous les récits concordent sur ce point, et utilisent les mêmes tournures : « j'ai ouï dire », « m'ont dit les indigènes », « m'a-t-on dit ». Falsifiée par les fantasmes des voyageurs, l'île controuvée doit son aura merveilleuse au fait que chacun se paie de mots. Les indigènes parlent d'or pour spolier les étrangers venus les spolier : « Ces exemples assez frequens, conclut Dellon, ont rebuté les plus curieux, et l'on ignore toujours s'il y a veritablement de l'or à Madagascar [...][3]. » L'or de surcroît est considéré comme un bien précieux par les Malgaches eux-mêmes, qui le « tiennent caché en terre, et en sont adorateurs, lui portant honneur comme à un Dieu[4], »

1 Relâche du navire de guerre anglais le *Lenox* dans la baie de Saint-Augustin, « Lettre du révérend M. Hirst », in Alfred et Guillaume Grandidier éd., *op. cit.*, t. 5, p. 297.

2 Charles Dellon, *op. cit.*, p. 34.

3 *Ibid.*

4 Étienne de Flacourt, *op. cit.*, p. 143. – Du Bois confirme que les Malgaches enterrent leurs objets de valeur pour les retrouver dans une autre vie in *Les Voyages faits par le sieur D.B.*

peut-être parce que les objets d'or qu'ils possèdent doivent les accompagner dans l'au-delà après leur mort. Aussi la demande pressante des Français peut-elle, à l'occasion, leur être retournée par les Malgaches. Ils voient les Français en possession de bijoux d'or, d'objets de culte et de monnaies en or. Si les Français ne possèdent pas eux-mêmes de mines, mais possèdent de l'or en telle quantité dans leurs vaisseaux, n'est-ce pas parce qu'ils savent comment l'obtenir ? Flacourt rapporte le naufrage d'un navire hollandais en route pour Batavia. Il transportait cinq cents personnes et s'échoua vers 1636 à la côte de Caremboulle, au sud de l'île. Parmi les naufragés, qui presque tous meurent de mort violente ou de misère, se trouvaient deux Français qui « demeurèrent quelque temps chez Dian Mammori, qui les voulait obliger à faire de l'or et, pour ce, leur faisait de grandes menaces[1]. » Étrange renversement de la situation. On a exigé des Malgaches qu'ils révèlent la présence de mines dont ils n'avaient pas toujours une connaissance exacte et dont le rendement de toute façon aurait été insuffisant pour répondre à l'attente. Le chef malgache exige maintenant des deux Français qu'ils fabriquent de l'or en quantité grâce à des talents cachés, il considère la production de l'or comme découlant de connaissances occultes dont les deux voyageurs évidemment ne disposent pas. Est-ce parce que les Français n'ont pas hésité parfois à en faire accroire aux Malgaches ? ne leur ont-ils pas conté qu'ils savaient faire pousser le fer : « ils nous demandoient comment nous faisions pour avoir d'aussi grosses barres de fer [...], raconte Carpeau du Saussay en 1664 ; nous leur faisions acroire que nous plantions des épingles et des aiguilles en France, et qu'au bout d'un certain temps elles grossissoient comme ils voyoient[2]. » Et même si les Malgaches ont vite compris qu'on les moquait, pourquoi les Français n'auraient-ils pas, malgré tout, un secret pour fabriquer de l'or ? Chacune des deux parties crédite la partie adverse de savoirs dissimulés qu'en réalité ni l'une ni l'autre n'a jamais possédés. Parallèlement, la démarche de Dian Mammori conduit à admettre que, s'il avait à ce point besoin de

(Du Bois) aux isles Dauphine ou Madagascar et Bourbon ou Mascarenne, ès années 1669, 70, 71 et 72. Ensemble les mœurs, religions, forces, gouvernements et coutumes des habitants desdites Isles, avec l'Histoire naturelle du pays, Paris, Claude Barbin, 1674, 234 p., p. 126.

1 *Id.*, p. 138.

2 Carpeau du Saussay, *Voyage de Madagascar, connu aussi sous le nom de l'isle de Saint-Laurent*, Par M. de V... Commissaire Provincial de l'Artillerie de France, Paris, J. L. Nyon, 1722, 301 p., p. 251.

l'aide des alchimistes étrangers, c'est que Madagascar ne recelait pas toutes les mines qu'on lui prêtait avec tant d'acharnement, et qu'un or continuellement exploité en paroles et uniquement extrait des discours avait fini par donner naissance à une île de vent.

… ET SANS ARGENT

Cette situation, tragique et burlesque à la fois, puisque le voyageur poursuit, au mépris de sa vie, une île-mirage qu'il n'atteindra jamais mais qu'il ne cesse d'explorer en imagination, s'aggrave encore lorsqu'il s'agit des mines d'argent dont on a cru pouvoir doter Madagascar. De nombreux voyageurs se disent sûrs de leur existence : ils ont vu tellement d'argent entre les mains des Malgaches, il faut bien qu'ils l'aient trouvé quelque part dans leurs provinces ? Et les indigènes ont, en effet, thésaurisé dans leur île, au fil du temps, un argent qu'elle ne produit pas, et qu'elle n'a jamais produit.

La rumeur selon laquelle on trouvait de l'argent à Madagascar est répandue très tôt par les récits des premiers navigateurs. En juillet 1529 par exemple, quelques-uns parmi les hommes du *Sacre* et de la *Pensée*, vaisseaux des frères Parmentier, vont à terre et tombent dans un guet-apens tendu par les Malgaches. Guet-apens qui coûte la vie à trois Français, ce qui n'a pas empêché les rescapés de revenir aux vaisseaux chargés de sable ramassé sur le rivage : ils « recueillirent de l'arène d'entre la mer et la rivière, qui sembloit estre semée de petites lumineures ou escailles d'or ou d'argent menu comme du sablon, et pour ce aucuns disoient qu'il y avoit nombre d'argent[1]. » C'est presque toujours ainsi que la légende prend naissance. Paillettes qui scintillent sur la plage, reflets lumineux dans la vague qui roule, accréditent aussitôt l'idée d'un métal précieux en suspension dans l'eau ou le sable. Une vérification entreprise dès le lendemain semble confirmer le premier soupçon puisque « […] on fit passer une once de la dite arène par la cendre, et y fut trouvé un grain ou deux d'argent fin[2] », ce qui suffit à déclencher le processus de gros-

1 Jean et Raoul Parmentier, *op. cit.*, p. 36.
2 *Ibid.*

sissement habituel : « [...] au soir fut délibéré de retourner au dit lieu pour avoir de l'eau et pour voir s'il y avoit des mines d'argent [...][1] ». Les investigations menées paraissent d'abord tout à fait concluantes : « [...] fut regardée l'arène et la mer qui estoit au bord d'icelle, qui sembloit toute argentée, fut conclu que c'estoit mine d'argent par ceux qui se disoient à ce connoistre[2]. » Mais les deux capitaines – Jean et Raoul Parmentier – paraissent moins convaincus ; ils calculent que le rapport temps et coût nécessaires à l'entreprise d'une part, rendement obtenu d'autre part, ne serait guère satisfaisant et leur conclusion infirme assez brutalement le scénario enthousiaste de leurs compagnons : « [...] ils trouvèrent qu'il y auroit plus de perte que de gain ; parquoy fut conclu de ne s'y plus arrester[3]. » Cependant, au fil des escales, les voyageurs ont eu le sentiment que l'argent était plus commun que l'or, qui reste le privilège des Grands à Madagascar, et la conviction que l'île recèle des mines d'argent hante également les relations. Les mines sont évoquées comme bien réelles, mais rapidement, sans commentaires, puisque personne n'a jamais rien appris d'éventuels gisements, pour lesquels aucune hypothèse n'est jamais émise, (à la différence de l'or, pour lequel des gisements variables peuvent être parfois suggérés). Lorsqu'il s'agit de la production de l'argent, l'énoncé se réduit à : « [Les Malgaches] ont de l'argent et du fer [...][4] », ou bien : « ils ont de l'or et de l'argent[5] ». Si complément d'information il y a, il sanctionne la coupable paresse des insulaires qui n'exploitent pas leurs richesses : « Ils ont de plus des mines d'argent très bon, mais ils sont si paresseux qu'ils ayment mieux vivre du jour à la journée que de travailler[6]. » Ce qui ne renseigne guère sur la situation des mines prétendues.

Il arrive alors ce qui arrive toujours dans ce cas-là : l'île qui ne répond pas à l'attente se dédouble, elle engendre une île plus petite – une île d'île – dont la localisation exacte reste bien sûr à préciser, mais sa survenue dans un contexte décourageant réinitialise la quête : l'exiguïté d'une petite terre, sa compréhension aisée, sa proximité, tout rassure, et l'existence des mines d'argent s'en trouve re-dynamisée. L'enquête

---

1 *Ibid.*
2 *Id.*, p. 37.
3 *Id.*, p. 37-38.
4 Johann Albrecht von Mandelslo, *op. cit.*, p. 179.
5 Urbain Souchu de Rennefort, *op. cit.*, p. 260.
6 Vincent Le Blanc, *op. cit.*, Livre II, p. 10.

jusqu'alors demeurée inaboutie, puisque le territoire de la Grande Île la dissolvait en pistes innombrables et invérifiables, se concentre sur l'île en réduction et la ramène à une échelle réconfortante. Ainsi, à une brève distance de Madagascar erre pendant tout le XVIe siècle la petite île d'Oetabacam, riche en mines d'argent, qui a longtemps focalisé l'espoir. Île qui de plus reste à conquérir, selon Andrea Corsali en janvier 1515 : « Près de cette île [Madagascar], il s'en trouve, dit-on, une autre toute petite qu'on appelle Oetabacam, et qui est riche en argent ; étant donnée la quantité qu'on en voit à Mozambique et sur la côte, il ne peut en être autrement. Les Portugais n'y ont pas encore été[1]. » Une île-trésor, échappée à la main-mise portugaise, une île inespérée. En 1572, Porcacchi recentre à son tour le rêve ébréché sur l'île-miniature qui en permet la restauration : « Auprès de cette île [Madagascar], il y en a une autre petite, nommée Oetabacam, qui renferme beaucoup d'argent dont le titre est meilleur que celui de l'île de Saint-Laurent[2]. » L'existence de l'île et ses richesses minières sont également signalées en 1575 par André Thevet dans la *Cosmographie Universelle* : « Pres de ce port de Guare [baie de Saint-Augustin] est situee une petite isle, descouverte seulement de mon temps, quoy que lon frequentast assez le long de celle coste, laquelle se nomme *Oetabacan*, vis-à-vis de Madagascar, tirant de la part du Nort [...]. Elle est fort abondante en argent : et se chargeans là ceux de Mosambique, il fault penser que les mines en sont bonnes et parfaictes[3]. » Sur la carte « au naturel » qu'il a dessinée (voir ill. 6 p. 122), Thevet représente sept mornes mystérieux, tumulus aux formes généreuses dont on peut se demander s'ils ne figurent pas les mines d'argent en pleine exubérance. Il reste que Oetabacam est une île imaginaire, que si Madagascar possède quelques gisements d'or elle n'en a aucun d'argent, et que les Européens, pour s'approprier celui qu'ils voient, porté en menilles et en anneaux par les Malgaches[4], rêvent avec obstination d'en découvrir la source.

1 « Lettre d'Andrea Corsali, Florentin, au duc Julien de Médicis, datée de Cochin le 6 janvier 1515 », in Alfred et Guillaume Grandidier éd., *op. cit.*, t. 1, p. 52.

2 Thomaso Porcacchi de Castiglione, *L'isola piu famosa del mondo*, 1572, in Alfred et Guillaume Grandidier éd., *op. cit.*, t. 1, p. 118. – « L'île de Saint-Laurent » désigne Madagascar.

3 André Thevet, *La Cosmographie Universelle d'André Thevet cosmographe du Roy* [...], à Paris, chez Guillaume Chaudière, rue St Jacques, à l'enseigne du Temps, et de l'Homme sauvage, 1575, 4 tomes en 2 volumes, livre IV, chap. V, p. 105-106.

4 Étienne de Flacourt, *op. cit.*, p. 169.

D'où vient-il ? Des situations récurrentes retiennent l'attention dans les récits. Lorsqu'un vaisseau fait escale à Madagascar pour « rafraîchir », la manière dont la traite s'effectue peut déjà donner quelques éléments de réponse. En mai 1620, Augustin de Beaulieu séjourne deux semaines dans la Grande Île et tente d'organiser le troc avec les indigènes. Il n'y parvient que très difficilement : lors de la première prise de contact le 22 mai, « un des sauvages qui paraissait être le principal d'entre eux, jeta ses vues sur [un] sifflet d'argent et demanda à le voir avec beaucoup d'importunité[1]. » Le lecteur suppose d'abord que c'est le sifflet en tant qu'objet qui a séduit. Les jours qui suivent montrent que si le sifflet en soi a effectivement pu plaire, la chaîne d'argent par laquelle il est suspendu au cou du patron Berville a plu au moins autant. Toutes les autres marchandises d'échange, rassades[2], couteaux, peignes, objets de fer ou d'étain, draps de diverses couleurs, se sont trouvées immédiatement dépréciées, et Beaulieu, qui a impérativement besoin d'embarquer du bétail pour ses équipages, peine à faire commencer la traite. Deux jours se passent en tractations pénibles. Le soir du deuxième jour, « Monsieur de Montévrier est revenu à bord, écrit Beaulieu, et m'a assuré que lesdits sauvages demeuraient fermés à ne vouloir traiter autre chose qu'en troc de chaînes d'argent[3]. » Si les rassades et autres marchandises finissent par être échangées contre des moutons et de la volaille, les bœufs ne le seront que contre des chaînes d'argent, et Beaulieu, qui songe à reprendre la mer, cède devant l'inflexibilité des Malgaches : « Le dernier de mai, Monsieur de Montévrier a été à terre avec environ quatre onces de chaîne d'argent, qu'il a troquées contre six puissants bœufs que j'ai fait saler[4]. » Il existe donc bien un intérêt des Malgaches pour ce métal, au moins aussi marqué que l'intérêt des Français. Un léger doute subsiste : c'est peut-être le sifflet qui est malgré tout à l'origine de la demande ? à moins que, pour une raison ignorée de Beaulieu, la chaîne d'argent en tant qu'objet ait retenu l'attention et suscité la convoitise du chef ? Il semble que non. Flacourt rapporte en effet que vers 1536, un navire

1 Augustin de Beaulieu, *Mémoires d'un voyage aux Indes Orientales*, introduction, notes et bibliographie de Denys Lombard, Paris, École Française d'Extrême-Orient, Maisonneuve et Larose, coll. « Pérégrinations asiatiques », 1996, 261 p., ill. 16 p., p. 52.

2 Rassade : chapelets de verroterie, perles de verre coloré destinées à la traite.

3 Augustin de Beaulieu, *op. cit.*, p. 54.

4 *Id.*, p. 59.

hollandais qui avait fait naufrage sur la côte de Caremboule portait une véritable cargaison d'argent, que les Malgaches s'approprièrent en harcelant les survivants qui s'écartaient dans le pays : « Ceux des Ampatres se mettaient en embuscade dans les bois, et les tuaient en trahison, pour avoir leurs vêtements et leur argent, dont ils avaient grande quantité. Car avant que la barque partît[1], les Officiers leur répartirent une grande quantité d'argent, jusques à donner à chacun deux cents et trois cents pièces de huit, [...][2]. » Il apparaît en effet que les vaisseaux Européens qui faisaient le voyage des Indes Orientales quittaient leur pays avec des réserves en argent souvent très importantes, destinées au fonctionnement de leurs établissements en Inde et en Insulinde, autant qu'aux nombreux échanges commerciaux. Le *Santiago* qui naufrage en 1585 sur les Bancs de la Juive en transportait douze tonnes. Le *Terschelling*, qui échoue sur les bancs de sable dans le golfe du Bengale en octobre 1661, avait quitté Batavia pour Hugli, siège de la Compagnie des Indes néerlandaises au Bengale, en emportant quelque 130 000 florins, dont les naufragés utilisent une petite partie afin de confectionner... une ancre pour stabiliser leur radeau : « [...] le charpentier avisa le capitaine qu'avec la quantité de pièces d'argent qu'il y avait sur le navire, qui pesaient beaucoup, on pouvait faire une ancre ou un contrepoids pour s'opposer aux mouvements des courants[3]. » Dès 1656, Flacourt est bien conscient que l'argent trouvé entre les mains des Malgaches n'est pas extrait localement. De très nombreux vaisseaux se sont jetés à la côte dans le sud-ouest de Madagascar, en essayant de gagner la baie de Saint-Augustin la plupart du temps, et ont été pillés par les indigènes, devenus riches en piastres et en objets d'argent récupérés en vertu du droit d'épave, élargi éventuellement aux naufragés qu'ils dépouillaient : « [...] c'est de là, conclut Flacourt, où il y a tant d'argent en ce pays, et principalement aux Ampatres, Careboulles et Mahafalles[4]. » Les historiens modernes ne proposent pas d'autre explication que celle avancée par Flacourt[5].

1 Les naufragés avaient construit une barque longue sur laquelle cent hommes (sur les cinq cents qui se trouvaient à bord du vaisseau) s'étaient embarqués afin de rejoindre Batavia.

2 Étienne de Flacourt, *op. cit.*, p. 138.

3 Frans Janssen van der Heiden, *Naufrage du Terschelling*, *op. cit.*, p. 59.

4 Flacourt, Étienne de, *op. cit.*, p. 138.

5 Allibert, Claude, Appareil critique pour Flacourt, p. 485.

Ironie de l'histoire, absurdité de la quête, qui conduisirent finalement les Européens à s'enquérir d'un argent qu'ils avaient apporté eux-mêmes pour l'essentiel ; à inventer de toutes pièces une petite île qui n'existait pas, au large des côtes sur lesquelles leurs vaisseaux éventrés avaient laissé couler les trésors contenus dans les cales. On prétendait Oetabacam extrêmement riche en mines d'argent, il suffisait juste de la reconnaître dans le canal du Mozambique. Et finalement oui, la source que l'on cherchait était bien là, dans l'imagination des hommes, dans leur capacité à lire les signes, à les interpréter dans le sens de leurs désirs. À donner des réponses convaincantes en l'absence de toute question initiale, puisqu'il n'y a jamais eu de mines d'argent à Madagascar.

Le diable a-t-il ri ? sans doute. Il a dû trouver les découvreurs diaboliques : ils pouvaient, sans son aide, créer des îles fantômes, les exploiter par avance en pensée, être hantés par elles à en perdre la raison, bref, succomber à des mirages d'îles qui savaient les faire se damner tout seuls bien mieux que lui n'aurait jamais su y parvenir.

CONCLUSION

L'île errante séduit. Elle retient l'attention du lecteur, après avoir retenu celle de voyageurs qui trouvent toujours une occasion de l'évoquer. Sa présence supposée fascine, effraie vaguement aussi, et cette peur diffuse n'est qu'une des multiples données capables de justifier l'intérêt qu'elle suscite. Son instabilité géographique l'a dotée d'une aura particulière, qui lui permet de concentrer sur son territoire étrangement évolutif les diverses figures imaginaires de l'île, aussi antithétiques qu'elles puissent apparaître d'abord. Car l'île errante peut abriter des forces irrationnelles et menaçantes avec lesquelles l'homme s'efforce de composer, et qui en font un lieu inquiétant, d'un accès difficile, d'un abord répulsif. Mais elle peut aussi accéder à la demande vitale, irrépressible, de retour à une harmonie originelle perdue, ce qui fait d'elle, alors, une île accueillante, une terre d'innocence restée à l'écart de toutes les corruptions. Les tempêtes peuvent en interdire l'accès, les démons brutaliser les voyageurs qui s'entêtent à l'aborder, comme à l'île Pollouoys dans l'archipel des Maldives. Mais un rituel magique qui la rend invisible peut également protéger ceux qui viennent y chercher refuge, comme dans l'île des Sept Cités quelque part en Atlantique. L'île errante est donc en mesure d'incarner les exigences impossibles, fondamentales et toujours excessives des découvreurs qui la cherchent. Exigences qui peuvent englober aussi bien la tentation de l'aventure extrême que le désir d'acquérir des richesses immenses, que le besoin de repos ou d'authenticité dans un espace marginalisé, perçu comme protecteur à cause de la clôture rassurante que seule une île est capable d'offrir. Aussi l'île errante est-elle polymorphe, sans contours précis, sans gisement connu. Dans la mesure où elle participe d'un univers mouvant et mal délimité, non seulement elle peut vagabonder, mais elle n'est jamais installée non plus dans une représentation mentale stable qui bornerait son aura. Si elle n'a pas de réalité, elle possède une vérité intrinsèque, ce qui lui donne une sorte de préséance, un avantage incommensurable sur toutes les autres îles, immobilisées, circonscrites, immédiatement réduites à elles-mêmes et si vite désenchantées.

Par voie de conséquence, il n'existe pas de cartes géographiques de l'île errante, mais il en existe une multitude de cartes mentales. Demeurées pour la plupart inachevées dans l'esprit des découvreurs, elles ont quelquefois inspiré des cartes véritables, qui mettent en lumière le lien tissé serré entre réel et imaginaire. Torriani représentant San Porandon ou Thevet Oetabacam fixent ainsi, par un tracé décisif, une perception mobile et fabuleuse, révélant un sens des lieux et une organisation du territoire qui parlent d'abord de leur attente personnelle et toute subjective. Mais pas uniquement. La carte mentale (figurée ou non par le dessin) est aussi une représentation ébauchée à partir de tout ce qui se dit sur l'île depuis longtemps. Elle illustre une rumeur persistante, elle circonscrit un désir, elle implique tout le groupe social qui croit en l'existence de l'île, et qui a d'avance esquissé le relief, précisé le dessin des côtes, imaginé la végétation, anticipé les mines d'or et les paysages. Elle a donc également valeur collective. La carte d'Oetabacam par exemple suggère une île-jardin, dont l'espace enrichi et complexifié évoque assez bien « la belle île » que tous les voyageurs ont en tête, sur tous les océans. Comme monde en réduction qui focalise la curiosité et l'espoir, une telle île est investie d'une demande qui dépasse toujours ce que la réalité pourrait effectivement offrir, et c'est l'extrême ouverture de cette construction culturelle qui la pérennise et en fait la magie.

Malgré tout, la thèse récurrente de l'île errante dans les récits de voyage interroge. Elle est bien sûr induite par des connaissances nautiques insuffisantes, et reflète une perception du monde restée approximative et empirique. Mais en arrière-plan, tout se passe comme si les recherches tâtonnantes dont l'île est l'objet, ne pouvant pas s'appuyer sur la science et la raison, appelaient une compréhension différente – humaine et sensible – des grands espaces traversés. Il semble alors que l'île qui extravague réponde également à d'autres finalités que celles qui sont avancées dans les relations :

1. La thèse de l'île errante aboutit en effet à une appropriation de l'espace maritime informe. Elle réinstaure une cohésion générale dont l'absence est perçue comme angoissante, presque insupportable. Elle

autorise une unité de perception là où il n'existe qu'incompréhension et précarité. Émanation de l'aporie océane, l'île s'affirme, par identité ou par mimétisme, en osmose avec son espace d'émergence, dont les lignes sont également imprévisibles, mobiles, fuyantes, toujours reperdues. Elle y introduit une sorte de rationalité inespérée – voire désespérée – en participant à la construction globale et logique d'un espace perturbant puisque par essence continuellement déconstruit.

2. Par ailleurs, l'île errante flotte, comme les voyageurs, sur l'océan des possibles. Toutes les incertitudes qui gangrènent la navigation et en font une aventure moralement éprouvante trouvent un exutoire dans l'hypothèse d'une île dérivant à faible distance du vaisseau. Comme terre mal repérée, elle constitue effectivement un vrai danger et peut donc focaliser le soupçon et la crainte. Juan de Nova ou les Basses de la Juive restent ainsi, pendant deux siècles, les fantômes malfaisants du Canal du Mozambique, prêtant un nom et une représentation à une peur qui sans cela resterait elle aussi flottante, partant, impossible à dominer. Car le Canal est en fait constellé de mauvais pas tous également dangereux, mal connus, évités plus souvent par chance que par industrie ou par une connaissance exacte des passages réellement navigables sans risques.

3. L'île errante par conséquent possède assez rarement dans les récits l'idéalité absolue d'un paradis perdu. C'est plutôt une île variable, dont les métamorphoses reflètent les incertitudes des navigateurs, offrent un support adaptable à toutes leurs attentes, un exorcisme à leurs questions sans réponses, un but toujours renouvelé à leur quête inaboutie. Elle concentre sur elle des angoisses qui ne savent à quel danger se vouer ; des désirs qui ne peuvent ni se dire ni se fixer, et dont elle devient le double équivoque mais salutaire. C'est une île finalement disponible et humaine, accessible au rêve du navigateur, à défaut de l'être à son vaisseau. On ne la rencontre donc qu'exceptionnellement, par hasard, jamais deux fois : chercher vaut mieux que trouver. En ce sens, l'île errante endosse et assume ce qui, dans la condition du voyageur, n'est pas à sa mesure et le dépasse.

4. Sa vérité se concentre finalement tout entière dans le discours qui accrédite son existence et construit sa représentation : ce sont les strates successives de ce discours qui l'ont édifiée. La rumeur la déplace et la modifie comme la mer déplace et modifie les bancs de sable, elle en souligne les caractères distinctifs, les grossit, les façonne. Elle la

circonscrit peu à peu, et les Canariens savaient décrire San Porandon mieux que s'ils y étaient allés.

L'île errante est donc avant tout une île en mots – ceux qui se disent et ceux qui s'écrivent. Nous n'avons rien étudié d'autre en somme qu'une île de papier, qui témoigne de cette sourde dictature de l'écrit : les récits des voyageurs, en la portant jusqu'à nous, l'ont empêchée de s'engloutir définitivement.

C'est donc également une île sans conclusion – sans début ni fin, puisqu'elle n'a jamais atteint une forme fixe, ni acquis une position définitive. Comme les rêves dont elle est porteuse, comme les errances en mer dont elle est la conséquence, elle a fini par se dissoudre, confondue avec les attentes du découvreur ou avec les interrogations qui ont pesé sur un moment de son voyage. Le calcul exact des longitudes, puis l'avènement d'une navigation qui n'a plus rien laissé au hasard ont raréfié, puis exclu son apparition. L'efficacité et la rationalité ont remplacé les forces mal domptées qu'elle incarnait – dont le manque est implicite dans la société actuelle – et les océans modernes ont beaucoup perdu de leur charme.

BIBLIOGRAPHIE

BIBLIOGRAPHIE PRIMAIRE
Textes du corpus

APRÈS DE MANNEVILLETTE, Jean-Baptiste-Nicolas-Denis d', *Instructions sur la Navigation des Indes Orientales et de la Chine pour servir au Neptune Oriental*, à Paris chez Demonville et à Brest chez Malassis, 1775, 588 p.

BEAULIEU, Augustin de, *Mémoires d'un voyage aux Indes Orientales*, introduction, notes et bibliographie de Denys Lombard, Paris, École Française d'Extrême-Orient, Maisonneuve et Larose, coll. Pérégrinations asiatiques, 1996, 261 p., ill. 16 p.

BENEDEIT, *Le Voyage de Saint Brendan*, édition bilingue, texte, traduction, présentation et notes par Ian SHORT et Brian MERRILEES, Paris, Honoré Champion, coll. Champion Classique, 2006, 207 p.

BERGAMO, Matteo da, *Les deux récits de Matteo da Bergamo*, in *Voyages de Vasco de Gama, op. cit.*, p. 320-340.

BERNARDIN DE SAINT-PIERRE, Jacques-Henri, *Voyage à l'Ile de France, 1768-1771*, Pascal Dumaih, éd. (à partir des *Œuvres Complètes*, t. 1 et 2, dir. A. Martin, Paris, 1818), Clermont-Ferrand, éditions Paléo, Géographes et Voyageurs, La collection de sable, 2008, 364 p.

BONTEKOE, Willem Ysbrantsz, *Journal ou description mémorable d'un voyage aux Indes Orientales par Willem Ysbrantsz Bontekoë, de Hoorn, contenant les nombreuses et périlleuses aventures qui lui sont arrivées*, sous le titre *Le naufrage de Bontekoë et autres aventures en mer de Chine (1618-1625)*, traduit et présenté par Xavier de Castro et Henja Vlaardingerbroek, Paris, Chandeigne, coll. Magellane, 2001, 239 p.

BOUGAINVILLE, Louis-Antoine de, *Voyage autour du monde par la frégate du Roi La Boudeuse et la flûte L'Étoile*, édition présentée, établie et annotée par Jacques Proust, Paris, Gallimard, coll. folio classique, 2010, 477 p.

BRUNEAU DE RIVEDOUX, Jean-Arnaud, Capitaine, *Histoire véritable de certains voyages périlleux et hasardeux sur la mer – 1599 –* édition, présentation et notes de Alain-Gilbert Guéguen, préface de François Bellec, Paris, Les Éditions de Paris, 1996, 126 p.

CARDOSO, Manuel Godhino, *Relation du naufrage de la nef Santiago,* in *Le naufrage du Santiago sur les « Bancs de la Juive » (Bassas da India, 1585)*, Relations traduites par Philippe Billé et Xavier de Castro, Préface de Michel L'Hour, Paris, Chandeigne, coll. Magellane, 2006, 190 p., p. 37-123.

CARLETTI, Francesco, *Voyage autour du monde de Francesco Carletti*, introduction et notes de Paolo Carile, traduction de Frédérique Verrier, Paris, Chandeigne, coll. Magellane, 1999, 350 p.

CARPEAU DU SAUSSAY, *Voyage de Madagascar, connu aussi sous le nom de l'isle de Saint-Laurent*, Par M. de V…, Commissaire Provincial de l'Artillerie de France, Paris, J.L. Nyon, 1722, 301 p.

CARRE, Barthélemy, Abbé, *Le Courrier du Roi en Orient, Relations de deux voyages en Perse et en Inde, 1668-1674*, présenté et annoté par Dirk van der Cruysse éd., Paris, Librairie Arthème Fayard, 2005, 1210 p.

CAUCHE, François (MORISOT C-B., éd.), *Relations véritables et curieuses de l'Isle de Madagascar et du Brésil […]*, Paris, A. Courbé, 1651, 3 parties en 1 vol., 307-212-158 p., in-4.

CHALLE, Robert, *Journal du voyage des Indes Orientales, Relation de ce qui est arrivé dans le royaume de Siam en 1688*, textes inédits publiés d'après le manuscrit olographe par Jacques Popin et Frédéric Deloffre éd., Genève, Droz, coll. Textes Littéraires Français, 1998, 474 p.

CHOISY, François-Timoléon de, *Journal du voyage de Siam*, présenté et annoté par Dirk van der Cruysse, Paris, Fayard, 1995, 462 p.

COLOMB, Christophe, *Œuvres*, présentées, traduites de l'espagnol et annotées par Alexandre Cioranescu, Paris, Gallimard, coll. Mémoires du passé pour servir au temps présent, 1961, 527 p.

CONTI, Nicolò de', *Le voyage aux Indes de Nicolò de' Conti (1414-1439)*, préface de Geneviève Bouchon, les récits de Poggio Bracciolini et de Pero Tafur traduits par Diane Ménard et présentés par Anne-Laure Amilhat-Szary, Paris, Chandeigne, coll. Magellane, 2004, 174 p.

COOK, James, *Relations de voyages autour du monde*, choix, introduction et notes de Christopher Lloyd, traduction de l'anglais par Gabrielle Rives, Paris, Éditions La Découverte, 1987, deux tomes, 308 et 157 p.

DA MOTTA, Aleixo, *Routier de la navigation des Indes Orientales*, in Thévenot, *Relation de divers voyages curieux*, 2e partie, 1673, in Grandidier, Alfred et Guillaume, *op. cit.*, t. 1, 1903, p. 141 – 143.

DELAFOSSE, Eustache, *Voyage d'Eustache Delafosse sur la côte de Guinée, au Portugal et en Espagne (1479-1481)*, transcrit, traduit et présenté par Denis Escudier, avant-propos de Théodore Monod, Paris, Chandeigne, coll. Magellane, 1992, 182 p.

DELLON, Charles, *Relation d'un voyage des Indes Orientales par M. Dellon [...]*, à Paris, chez Claude Barbin, 1685, 3 parties en 1 vol.

DIAS, Henrique, *Relaçaõ da viagem e naufragio da nao S. Paulo que soy para a India no anno de 1560*, sous le titre *Naufrage de la nef São Paulo à l'Île de Sumatra en l'année 1561*, in *Histoires tragico-maritimes, trois naufrages portugais au XVIe siècle*, traduction de Georges Le Gentil, préface de José Saramago, Paris, Chandeigne, coll. Magellane, 1999, 220 p., p. 89-197.

DO COUTO, Diogo, *Da Asia*, Decade VII, Livre IV, ch. V, p. 310-318, in Grandidier, Alfred et Guillaume, *op. cit.*, t. 1, 1903, p. 97-105.

DOS SANTOS, João, *Ethiopia Orientale, L'Afrique et l'Océan Indien au XVIe siècle, La relation de João dos Santos*, introduction, traduction et notes de Florence Pabiou éd., Préface de Rui Manuel Loureiro, Paris, Chandeigne, coll. Magellane, 2011, 768 p.

DUBOCAGE, Michel-Joseph, *Journal du Capitaine Dubocage, Voyage à la Chine par le Cap-Horn, découverte de Clipperton, 1707-1716*, présenté, transcrit, annoté par Claude et Jacqueline Briot, membres du Centre Havrais de Recherche Historique, Books on Demand, Paris, 2010, 419 p.

DUBOIS, *Les Voyages faits par le sieur D. B. (Du Bois) aux isles Dauphine ou Madagascar et Bourbon ou Mascarenne, ès années 1669, 70, 71 et 72. Ensemble les mœurs, religions, forces, gouvernements et coutumes des habitants desdites Isles, avec l'Histoire naturelle du pays*, Paris, Claude Barbin, 1674, 234 p.

FLACOURT, Étienne de, *Histoire de la Grande Ile Madagascar, Composée par le sieur de Flacourt, Directeur général de la Compagnie Française de l'Orient*, présentée et annotée par Claude Allibert éd., Paris, Inalco, Karthala, 1995, 656 p.

FORBIN, Claude, Comte de, *Mémoires du Comte de Forbin (1656-1733)*, Édition présentée et annotée par Micheline Cuénin, Paris, 1993, Mercure de France, 571 p.

GAMA, Vasco de, *Voyages de Vasco de Gama, Relations des expéditions de 1497-1499 et 1502-1503*, Récits et Témoignages traduits et annotés par Paul Tessier et Paul Valentin, Préface de Jean Aubin, Paris, Chandeigne, coll. Magellane, 1995, 399 p.

GOMBERVILLE, Marin Leroy de, *L'exil de Polexandre et d'Ericlée*, Paris, Toussaint du Bray, 1619, 638 p.

GRANDIDIER, Alfred et Guillaume éd., *Collection des ouvrages anciens concernant Madagascar*, Paris, Comité de Madagascar, 1903-1920, 9 volumes.

GUIDON DE CHAMBELLE, Jean, *Voyage des Grandes Indes Orientales, commençant depuis le 26 décembre 1644 [...]*, in *Mercenaires français de la V.O.C., La route des Indes Hollandaises au XVIIe siècle, Le récit de Guidon de Chambelle (1644-1651) et autres documents*, Présentation, Transcription et notes de Dirk van der Cruysse, Paris, Chandeigne, coll. Magellane, 2003, 287 p., p. 71 *sqq.*

HEEMSKERK, Jacques van, *Relâche aux îles Comores et Maurice de Jacques van Heemskerk (1601-1602)*, in H. Soete-Boom, *Derde voornaemste Zeegetogt na Oost-Indien onder Jacob Heemskerk (1601-1603)*, Amsterdam, 1648, in Alfred et Guillaume Grandidier, *op. cit.*, t. 1, 1903, p. 271 *sqq.*

HEIDEN, Frans Janssen van der, *Le naufrage du Terschelling sur les côtes du Bengale (1661)*, le récit de Frans Janssen van der Heiden, traduit et annoté par Henja Vlaardingerbroek et Xavier de Castro, Paris, Chandeigne, coll. Magellane, 1999, 219 p.

HERBERT, Thomas, *Relation du voyage de Perse et des Indes Orientales par Thomas Herbert*, traduite de l'anglais par M. de Wicquefort, Paris, chez Jean du Puis, 1663, 632 p., extraits in Grandidier, Alfred et Guillaume éd., *op. cit.*, t. 2, 1904, p. 379-404 et p. 406-430.

HERODOTE, *Histoire*, traduite du grec par P. H. Larcher, avec des notes de Bossard et alii, Paris, Charpentier libraire – éditeur, 1850, 2 vol., 466 et 416 p.

HOFFMANN, Johann-Christian, pasteur, *Voyage aux Indes Orientales, un jeune Allemand au service de la V.O.C. : Afrique du Sud, Maurice, Java (1671-1676)*, texte traduit, présenté et annoté par Marc Delpech, préfacé par Martine Acerra, établi par Éric Poix, Besançon, Éditions La Lanterne Magique, 2007, 198 p.

HOMERE, *L'Odyssée*, « Poésie Homérique », texte traduit et établi par Victor Bérard, Paris, Société d'édition « Les belles lettres », coll. des Universités de France, 1968, (1re éd. 1924), 3 tomes, 206, 225 et 212 p.

IBN BATTÛTA, « Voyages et Périples, Présent à ceux qui aiment à réfléchir sur les curiosités des villes et les merveilles des voyages », in *Voyageurs arabes, IBN FADLÂ, IBN JUBAYR, IBN BATTÛTA, et un auteur anonyme, op. cit.*, p. 370 – 1050.

KERSAUSON, Olivier de, *Ocean's Songs*, document, Paris, J'ai lu, coll. Arthaud Poche, 2010, 188 p.

L'ESTRA, François de, *Le voyage de François de L'Estra aux Indes Orientales*, (1671-1676), introduction, traduction et notes de Dirk van der Cruysse, Paris, Chandeigne, coll. Magellane, 2007, 351 p. (glossaire, notes, bibliographie et table).

LA BOULLAYE-LE GOUZ, François de, *Les voyages et observations du Sieur de La Boullaye-Le Gouz, Gentilhomme Angevin [...]*, à Paris, chez Gervais Clousier au Palais, sur les gradins de la Sainte Chapelle, 1653, 571 p.

LA ROQUE, Jean de, *Voyage de l'Arabie Heureuse, Les Corsaires de Saint-Malo sur la route du café, 1708-1710 et 1711-1713*, préface de Jean-Pierre Brown, texte établi et annoté par Éric Poix, Besançon, La Lanterne Magique, 2008, 206 p.

LE BLANC, Vincent, *Les Voyages fameux du sieur Vincent Le Blanc marseillais, qu'il a faits depuis l'âge de douze ans jusques à soixante, aux quatre parties du Monde*, Rédigés fidèlement sur ses Mémoires et Registres par Pierre Bergeron, Paris, Germain Clousier, 1649, 3 parties, 1 vol. (276 – 179 – 150 p.)

Le Gentil de la Barbinais, Guy, *Nouveau voyage autour du monde par M. Le Gentil, enrichi de plusieurs Plans, Vues et Perspectives, [...]*, Amsterdam, Pierre Mortier, 1728, 3 tomes, 345-227-199 p.

Le Testu, Guillaume, *Cosmographie Universelle selon les navigateurs tant anciens que modernes, par Guillaume Le Testu, pillote en la mer du Ponent, de la ville françoise de Grace*, Présentation de Frank Lestringant, Paris, Arthaud, Direction de la Mémoire, du Patrimoine et des Archives, Carnets des Tropiques, 2012, 240 p.

Leguat, François, *Voyages et aventures de François Leguat et de ses compagnons en deux îles désertes des Indes orientales,* 1690-1698, Jean-Michel Racault et Paolo Carile éd., Paris, Les Éditions de Paris, Coll. Voyages et récits, Domaine Protestant, 1995, 269 p.

Lery, Jean de, *Histoire d'un voyage faict en la terre du Brésil (1578)*, 2e édition, 1580, texte établi, présenté et annoté par Frank Lestringant, éd., Paris, Le Livre de Poche, coll. Bibliothèque Classique, 1994, 670 p.

Linschoten, Jan Huyghen van, *Histoire de la navigation de Jean Hugues de Linscot, Hollandois, et de son voyage aux Indes Orientales* [...], avec annotations de Bernard Paludanus, Amsterdam, H. Laurent, 1610, repro. Paris, Hachette, 1972, 275 p.

Linschoten, Jan Huyghen van, *Le Grand routier de mer, de Jean de Linschoten... contenant une instruction des routes et cours qu'il convient tenir en la navigation des Indes orientales [...]*, Amsterdam, chez J. E. Cloppenburch, 1619, in-f°, II – 181 p.

Lopez, Tomé, « Navigation aux Indes Orientales, écrite par Tomé Lopez [...] », in *Voyages de Vasco de Gama [...], op. cit.*, p. 203-282.

Lougnon, Albert, *Sous le signe de la tortue. Voyages anciens à l'Ile Bourbon (1611-1725)*, relations recueillies par Albert Lougnon, Saint-Denis de la Réunion, Azalées Éditions, 1992, 4e édition.

Magellan, Fernand de, *Le voyage de Magellan (1519-1522), La relation d'Antonio Pigafetta et autres témoignages*, édition de Xavier de Castro en collaboration avec Jocelyne Hamon et Luís Filipe Thomaz, Paris, Chandeigne, coll. Magellane, 2007, avec le concours du CNL et de la fondation Gulbenkian, 2 vol., 1087 p.

Mandelslo, Johann Albrecht von, *Voyage en Perse et en Inde (1637-1640)*, le journal original traduit et présenté par Françoise de Valence, Paris, Chandeigne, coll. Magellane, 2008, 270 p.

Mandeville, Jean de, *Voyage autour de la Terre*, traduit et commenté par

Christiane Deluz, Paris, Les Belles Lettres, coll. La Roue à Livres, 2004, 301 p.

MARTIN, François, *Mémoires de François Martin, fondateur de Pondichéry (1665-1696)* publiés par A. Martineau avec une introduction de Henri Froidevaux, Paris, Société d'éditions Géographiques, Maritimes et Coloniales, t. 1, 1931, puis Société de l'Histoire des Colonies Françaises, t. 2 et 3, 1932, 1934, 690, 598, 410 p.

MARTINS, Pedro, *La lettre du Père Pedro Martins S. J., écrite à Goa le 9 décembre 1586 sur le naufrage de la nef « Santiago »*, in *Le naufrage du Santiago, op. cit.*, p. 133-176.

MEGISER, Jérôme, *Description véridique, complète et détaillée de l'Île Madagascar [...]*, Altenburg in Meissen, 1608, in Grandidier, Alfred et Guillaume, *op. cit.*, t. 1, 1903, p. 431.

MELET, « Relation de mon voyage aux Indes orientales par mer », présentée par Anne Sauvaget, *Études Océan Indien*, Paris, Inalco n° 25-26, 1999, p. 95-289.

MERCENAIRES FRANÇAIS DE LA VOC, *La route des Indes hollandaises au XVIIe siècle, le récit de Guidon de Chambelle et autres documents*, présentation, transcription et notes de Dirk van der Cruysse, Paris, Chandeigne, 2005, avec le concours du CNL et de l'ambassade du royaume des Pays-Bas à Paris, 287 p.

MOCQUET, Jean, *Voyage à Mozambique et Goa, La relation de Jean Mocquet*, texte établi et annoté par Xavier de Castro, préface de Dejanirah Couto, Paris, Chandeigne, coll. Magellane, avec le concours de la Commission Portugaise pour la commémoration des découvertes, 1996, 238 p.

MULLET DES ESSARTS, Louis-Gabriel, *Voyage en Cochinchine, 1787-1789*, Livre de mer de Louis-Gabriel Mullet des Essards commis aux revues sur la frégate *la Dryade*, retranscrit par son descendant Bruno BIZALION, Paris, Les Édition de Paris, 1996, 159 p.

OVIDE, *Les Métamorphoses*, in *Œuvres Complètes*, traduction nouvelle par MM. Th. Burette et alii, Paris, C.-L.-F. Panckoucke, 1834-1836, 10 volumes, t. VI, v. 336-339, p. 314.

PARMENTIER, Jean et Raoul, de Dieppe, *Le discours de la navigation de Jean et Raoul Parmentier, voyage à Sumatra en 1529, description de l'Isle de Sainct-Domingo*, publié par Ch. Shefer, Genève, Slatkine Reprints, 1971, 202 p.

PIGAFETTA, Antonio, *La relation d'Antonio Pigafetta et autres témoignages*, in *Le Voyage de Magellan (1519 – 1522), op. cit.*, t. 1, p. 77-261.

PINGRE, Alexandre-Gui, *Voyage à Rodrigue. Le transit de Vénus de 1761. La mission astronomique de l'abbé Pingré dans l'océan Indien*, texte inédit établi et présenté par Sophie Hoarau, Marie-Paule Janiçon et Jean-Michel Racault, éd., Paris, SEDES, Le Publieur, coll. Bibliothèque Universitaire et Francophone, 2004, 374 p.

PINTO, Fernão Mendes, *Pérégrination*, récit traduit du portugais et présenté par Robert Viale, Paris, La Différence, coll. Minos, 2002, 987 p.

PLINE L'ANCIEN, *Histoire naturelle de Pline*, avec la traduction en français, par E. Littré et alii, Paris, Firmin-Didot et Cie, 1877, 2 vol., XVII-740, 707 p.

POLO, Marco, *La description du Monde*, édition, traduction et présentation par Pierre-Yves Badel, Paris, Le Livre de Poche, Coll. Lettres Gothiques, L.G.F, 1998, 509 p.

POLO, Marco, *Le Devisement du monde*, édition critique publiée sous la direction de Ph. Ménard, Genève, Droz, 9 tomes, 2001-2009.

PURCHAS, Samuel, *His pilgrimes, contayning a history of the world in sea voyages and land travels by Englishmen and others*, Glasgow, 1905-1906, 20 vol.

PYRARD DE LAVAL, François, *Voyage de Pyrard de Laval aux Indes orientales* (1601-1611), suivi de *La relation du voyage des Français à Sumatra de François Martin de Vitré (1601-1603)*, édition et notes de Xavier de Castro, Chandeigne, coll. Magellane, Paris, 1998, 2 vol., 511-511 p.

QUIRÓS, Pedro Fernández de, *Histoire de la découverte des régions australes, Iles Salomon, Marquises, Santa Cruz, Tuamotu, Cook du Nord et Vanuatu*, traduction et notes de Annie Baert, préface de Paul de Deckker, Paris, L'Harmattan, 2001, 345 p.

RANGEL, Manoël, *Naufrage de la nef Conceição sur les bas-fonds de Pêro dos Banhos en l'année 1555*, in *Histoires tragico-maritimes, trois naufrages portugais au* XVIe *siècle*, *op. cit.*, p. 19-88.

RIPON, Élie, Capitaine, *Voyages et aventures aux Grandes Indes, Journal inédit d'un mercenaire, 1617-1627*, présentation et notes Yves Giraud, postface de Gérard A. Jaeger, Paris, Les Éditions de Paris, 1997, 205 p.

RUELLE, Jacques, « Relation de mon voyage tant à Madagascar qu'aux Indes orientales (1665-1668) », présentée et annotée par Jean-Claude Hébert, *Études Océan Indien*, Paris, Inalco, n° 25-26, 1999, p. 9-94.

SARIS, John, *8e voyage de la Compagnie anglaise des Indes Orientales*, in Purchas, *His Pilgrimes*, *op. cit.*, t. 1, 1625.

SCHOUTEN, Gautier, *Voiage de Gautier Schouten aux Indes Orientales, commencé l'An 1658 et fini l'An 1665*, traduit du hollandais, chez Pierre Mortier, Amsterdam, 1708, 2 vol., 509-492 p.

SCHWARTZ-BART, Simone, *Ti Jean l'Horizon*, roman, Paris, Éditions du Seuil, coll. Points, 1979, 314 p.

SERNIGI, Girolamo, « Les trois lettres italiennes » in *Le voyage de Magellan (1519-1522), op. cit., p. 171-182.*

SOUCHU DE RENNEFORT, Urbain, *Relation du premier Voyage de la Compagnie des Indes Orientales en l'isle de Madagascar ou Dauphine, par M. Souchu de Renefort, secretaire de l'État de la France Orientale*, à Paris, chez Pierre Aubouin, 1668, 340 p.

SOUCHU DE RENNEFORT, Urbain, *Histoire des Indes Orientales*, à Paris, chez A. Seneuze, rue de la Harpe, D. Hortemels, rue Saint Jacques, 1688, 571 p.

TAVERNIER, Jean-Baptiste, *Les six voyages de Jean-Baptiste Tavernier, écuyer baron d'Aubonne, qu'il a fait en Turquie, en Perse et aux Indes [...]*, Paris, Gervais Clouzier et Claude Barbin, 1676, 2 vol. (30-698-8, 8-525 p.).

THEVET, André, *Les Singularités de la France Antarctique (1557)*, sous le titre *Le Brésil d'André Thevet*, édition intégrale établie, présentée et annotée par Frank Lestringant, Paris, Chandeigne, coll. Magellane, 1997, 446 p.

THEVET, André, *Le Brésil d'André Thevet, Les Singularités de la France Antarctique (1557)*, nouvelle édition intégrale établie, présentée par Frank Lestringant, Paris, Chandeigne, poche relié, 2011, 578 p.

THEVET, André, *La Cosmographie Universelle d'André Thevet cosmographe du Roy* [...], à Paris, chez Guillaume Chaudière, rue St Jacques, à l'enseigne du Temps, et de l'Homme sauvage, 1575, 4 tomes en 2 volumes.

THEVET, André, *Le grand Insulaire et Pilotage d'André Thevet, Angoumoisin, Cosmographe du Roy dans lequel sont contenus plusieurs plants d'Isles habitées et déshabitées, et description d'Icelles*, manuscrit, 1586, 2 tomes, 413 – 230 feuillets.

TRANSYLVANUS, Maximilianus, « Les chroniques de Maximilianus Transylvanus », in *Le Voyage de Magellan*, *op. cit.*, p. 883-918.

VARTHEMA, Ludovico di, *Itinerario de Ludovico di Varthema, bolognese, [...]*, sous le titre : *Le voyage de Ludovico di Varthema en Arabie et aux Indes orientales, (1503-1508)*, traduction par Paul Teyssier de Paris, Chandeigne, coll. Magellane, 2004, 365 p., notes, bibliographie, index, table, [1re édition : Rome, 1510].

VELHO, Alvaro, « La relation anonyme attribuée à Àlvaro Velho », in *Voyages de Vasco de Gama*, *op. cit.*, p. 85-168.

VESPUCCI, Amerigo, *Le nouveau monde, Les voyages d'Amerigo Vespucci*, traduction, introduction et notes de Jean-Paul Duviols, Paris, Chandeigne, coll. Magellane, 2005, 303 p.

VOYAGEURS ARABES, *IBN FADLÂ, IBN JUBAYR, IBN BATTÛTA, et un auteur anonyme*, textes traduits, présentés et annotés par Paule Charles-Dominique, Paris, NRF Gallimard, coll. La Pléiade, 1995, 1409 p.

ZURARA, Gomès Eanès de, *Chronique de Guinée (1453)*, traduction et notes de Léon Bourdon avec la participation de Robert Ricard, Théodore Monod, Raymond Mauny et Elias Serra Ràfols, préface de Jacques Paviot, Paris, Chandeigne, coll. Magellane, avec le concours de la Fondation Gulbenkian, 2011, 589 p.

BIBLIOGRAPHIE SECONDAIRE
Études critiques et ouvrages de référence

ABEYDEERA, Ananda, « Taprobane, Ceylan ou Sumatra ? Une confusion féconde », *Archipel 47, Études interdisciplinaires sur le monde insulaire*, sous le patronage de l'EHESS, publiées avec le concours du CNRS et de l'INALCO, Paris, Association Archipel, 1994, p. 87-123.

BABCOCK, William Henry, *Legendary islands of the Atlantic, a study in Medieval Geography*, American Geographica Society Research Series nº 8, New York, W. L. G. Editor, 1922, 196 p.

BAERT, Annie, *Le paradis terrestre, un mythe espagnol en Océanie : les voyages de Mendaña et de Quirós*, 1567-1606, préface de Christian Huetz de Lemps, Paris, Montréal, L'Harmattan, coll. Mondes océaniens, 1999, IV-351 p.

BONNEMAISON, Joël, « Vivre dans l'île. Une approche de l'îléité océanienne » in *L'espace Géographique*, publication du CNRS, Paris, Édition Belin, vol. 19, nº 19-20-2, p. 119-125.

BOUCHON, Geneviève, *Inde découverte, Inde retrouvée, 1498-1630 : études d'histoire indo-portugaise*, Paris, Centre Culturel Calouste Gulbenkian, Lisbonne, Commission nationale pour les commémorations des découvertes portugaises, 1999, imp. au Portugal, 402 p.

CABRERA, Adriana, « Voyage sur l'Amazone : la quête des Amazones par Charles de la Condamine », in Gérard Ferreyrolles et Laurent Versini, dir., *Le livre du monde, le monde des livres*, Mélanges en l'honneur de François Moureau, Paris, PUPS, 2012, 1167 p., p. 509-519.

CALLMANDER, Martin, W., *Biogéographie et systématique des Pandanacées de l'Océan Indien Occidental*, thèse de doctorat, Neuchâtel, 2003, 253 p.

CARAYOL, Rémy, « Mjombi, le mythe tenace de la cinquième île », *Kashkazi*, mensuel indépendant de l'archipel des Comores, nº 59, Moroni, janvier 2007.

COURCELLES, Dominique de, dir., *Parcourir le monde, Voyages d'Orient*, études réunies par Dominique de Courcelles, Paris, École des Chartes, coll. études et rencontres de l'École des Chartes, 2013, 234 p.

DAVIS, J. K., « The Nimrod's homeward voyage in search of doubtful islands », *The Heart of the Antarctic*, Philadelphia, J. B. Lippincott Company, 1909.

DELUMEAU, Jean, *La peur en Occident, XIVᵉ-XVIIᵉ siècles, une cité assiégée*, Paris, Fayard, 1978, 486 p.

FERREYROLLES, Gérard, et VERSINI, Laurent, dir., *Le livre du monde, le monde des livres*, Mélanges en l'honneur de François Moureau, Paris, PUPS, 2012, 1167 p.

FOUGÈRE, Éric, « Espace solitaire et solidaire des îles : un aperçu de l'insularité romanesque au XVIIIe siècle. » in *L'insularité, Thématique et représentations*, *op. cit.*, p. 135-141.

FROIDEVAUX, Henri, « La question de l'or à Madagascar au XVIIe siècle », in *Questions diplomatiques et coloniales, Revue de politique extérieure paraissant le 1er et le 15 de chaque mois*, Paris, tome XX, 1905, 800 p., septembre 1905, p. 286-291.

GAFFAREL, Paul, *« L'île des Sept Cités et l'île Antilia »*, Congresso Internacional de Americanistas, Actas de la Cuara Reunión, Madrid, 1883, vol. 1, p. 198-213.

GOMBAUD, Stéphane, *Îles, insularité et îléité. Le relativisme dans l'étude des espaces archipélagiques*, thèse de doctorat de l'Université de La Réunion, sous la direction de Jean-Louis Guébourg, 2007, TEL archives ouvertes, 1101 p.

GUÉBOURG, Jean-Louis, *Petites îles et archipels de l'océan Indien*, préface de Roger Brunet, Paris, éd. Karthala, 1999, 570 p.

GUIDOT, Bernard, « Le *Voyage de Saint Brendan* par Benedeit : une aventure spirituelle ? », in *L'Aventure Maritime*, *op. cit.*, p. 173 – 185.

GUYON, Loïc-P., co-dir., *Image et voyage : Représentations iconographiques du voyage, de la Méditerranée aux Indes orientales et occidentales, de la fin du Moyen âge au XIXe siècle*, Aix en Provence, Presses Universitaires de Provence, 2012, 319 p.

HOW, Thomas, *« Position et description des îles Comores, 1762-1766, utilisées par Alexandre Dalrymple pour établir ses cartes »* in Grandidier, Alfred et Guillaume, *op. cit.*, t. 5, 1907, p. 299.

L'HOUR, Michel, « On a marché sur les Bassas da India… », Préface à *Le Naufrage du Santiago*, *op. cit.*, p. 7-30.

LESTRINGANT, Frank, *Le livre des îles, atlas et récits insulaires de la Genèse à Jules Verne*, Genève, Droz, coll. « Les seuils de la modernité », vol. 7 (Cahiers d'Humanisme et Renaissance n° 64), 2002, 430 p.

LESTRINGANT, Frank, *Cosmographie Universelle selon les navigateurs tant anciens que modernes, par Guillaume Le Testu, pillote en la mer du Ponent, de la ville françoise de Grace*, *op. cit.*, présentation.

LINON-CHIPON, Sophie, *Gallia Orientalis, Voyages aux Indes orientales, 1529-1722, Poétique et imaginaire d'un genre littéraire en formation*, Paris, P.U.P.S., coll. Imago Mundi, 2003, 691 p.

LIVI, François, dir., *De Marco Polo à Savinio, écrivains italiens en langue française*, [actes du colloque, Paris, 10-11 mars 2000] / [organisé par le Centre de recherche Littérature et culture italiennes, l'AISLLI et l'istituto italiano di cultura di Paris], études réunies par François Livi, préf. de Christian Bec, Paris, P.U.P.S., 2003, 201 p.

MARIMOUTOU, Jean-Claude, & RACAULT Jean-Michel, co-dir., *L'insularité, thématique et représentations*, actes du colloque international de Saint-Denis de la Réunion, avril 1992, Paris, L'Harmattan, 1995, 479 p.

MARKALE, Jean, *L'Épopée celtique d'Irlande*, Paris, Payot, coll. Bibliothèque historique Payot, 1993, 264 p.

MEISTERSHEIM, Anne, *Figures de l'île*, préface de Jean-Louis Andreani, Ajaccio, DCL éditions, 2001, 173 p.

MÉNARD, Philippe, « Le problème de la version originale du Devisement du Monde de Marco Polo », in *De Marco Polo à Savinio, écrivains italiens en langue française, op. cit.*

MOLÈS, Abraham et ROHMER, Elisabeth, *Labyrinthes du vécu*, Paris, Librairie des Méridiens, 1982, 183 p.

MOLLAT DU JOURDIN, Michel, *Les explorateurs du XIII*[e] *au XVI*[e] *siècle, premiers regards sur des mondes nouveaux*, Paris, CTHS, 2005, 258 p.

MOSS, Ann, *Les recueils de lieux communs, méthode pour apprendre à penser à la Renaissance*, traduit de l'anglais sous la direction de Patricia Eichel-Lojkine, Genève, Droz, coll. Titre courant, n° 23, 2002, 549 p.

MOUREAU, François, *L'île, territoire mythique*, Paris, Aux Amateurs de Livres, coll. Littérature des Voyages, 1989.

MOUREAU, François, « L'Ile d'Amour à l'Âge Classique », in *L'insularité, Thématique et représentations, op. cit.*, p. 69-77.

MOUREAU, François, *Le théâtre des voyages, une scénographie de l'Âge Classique*, Paris, P.U.P.S., coll. Imago Mundi, 2005, 584 p.

OZANNE, Henriette, « La découverte cartographique des Moluques », in Monique Pelletier éd., *Géographie du monde au Moyen Âge et à la Renaissance*, Paris, éd. du CTHS, coll. Mémoire de la Section de géographie, 1989, 236 p.

RACAULT, Jean-Michel, (dir.) *L'aventure maritime*, Paris, L'Harmattan [cahiers du CRLH n° 12], 2001, 320 p.

RACAULT, Jean-Michel, (co-dir.) *L'insularité, Thématique et représentations, op. cit.*

RACAULT, Jean-Michel, *Mémoires du Grand Océan, des relations de voyages aux littératures francophones de l'océan Indien*, Paris, PUPS, coll. Lettres Francophones, 2007, 286 p.

RANDLES, W. G. L., *De la terre plate au globe terrestre : une mutation épistémologique rapide, 1480-1520*, Paris, Armand Colin, coll. Cahiers des Annales, n° 38, 1980, 120 p.

REQUEMORA-GROS, Sylvie, co-dir., *Image et voyage : Représentations iconographiques du voyage, de la Méditerranée aux Indes orientales et occidentales, de la fin du Moyen âge au XIX*[e] *siècle, op. cit.*

SAHLINS, Marshall David, *Des îles dans l'histoire*, trad. de l'anglais par un collectif de l'EHESS sous la dir. de Jacques Revel, trad. de *Islands of history*, Paris, Gallimard, le Seuil, 1989, 188 p.

SCHALANSKY, Judith, *Atlas des Îles abandonnées*, traduit de l'allemand par Elisabeth Landes, préface de Olivier de Kersauson, Paris, Arthaud, 2010, 139 p.

SUBRAHMANYAM, Sanjay, *Vasco de Gama : légende et tribulations du Vice-Roi des Indes*, trad. de l'anglais par Myriam Dennehy, Paris, Alma Éditeur, coll. Essai Histoire, 2012, 487 p.

TERRAMORSI, Bernard, « L'île fantôme de Washington Irving : le "rêve américain" et l'insularité », in *L'Insularité, Thématique et Représentations*, *op. cit.*, p. 433-441.

TORRIANI, Leonardo, *Historia de las Islas Canarias*, traduit de l'espagnol par Alexandre Cioranescu, Santa Cruz de Teneriffe, 1958.

WOODWARD, David, dir., *History of cartography*, en particulier vol. 3, *Cartography in the European Renaissance*, Chicago, University of Chicago Press, 2007, 2180 p.

INDEX DES LIEUX

INDEX DES VOYAGEURS

TABLE DES ILLUSTRATIONS

TABLE DES MATIÈRES

DEUXIÈME PARTIE

CAUSES SCIENTIFIQUES ET POLITIQUES

TROISIÈME PARTIE

QUELQUES MOBILES TRÈS HUMAINS

Achevé d'imprimer par Corlet Numérique,
à Condé-sur-Noireau (Calvados), en mars 2015
N° d'impression : 117031 – Dépôt légal : mars 2015
Imprimé en France